W0256862

Verständliche Wissenschaft

Zwanzigster Band

Physik für Jedermann

Von

Arthur Haas

Berlin · Verlag von Julius Springer · 1933

Physik für Jedermann

mit besonderer Berücksichtigung
der modernen technischen Anwendungen

Von

Arthur Haas
Dr. phil., Professor für Physik an der Universität in Wien

1. bis 5. Tausend

Mit 76 Abbildungen

Berlin · Verlag von Julius Springer · 1933

ISBN 978-3-642-98610-9   ISBN 978-3-642-99425-8 (eBook)
DOI 10.1007/ 978-3-642-99425-8

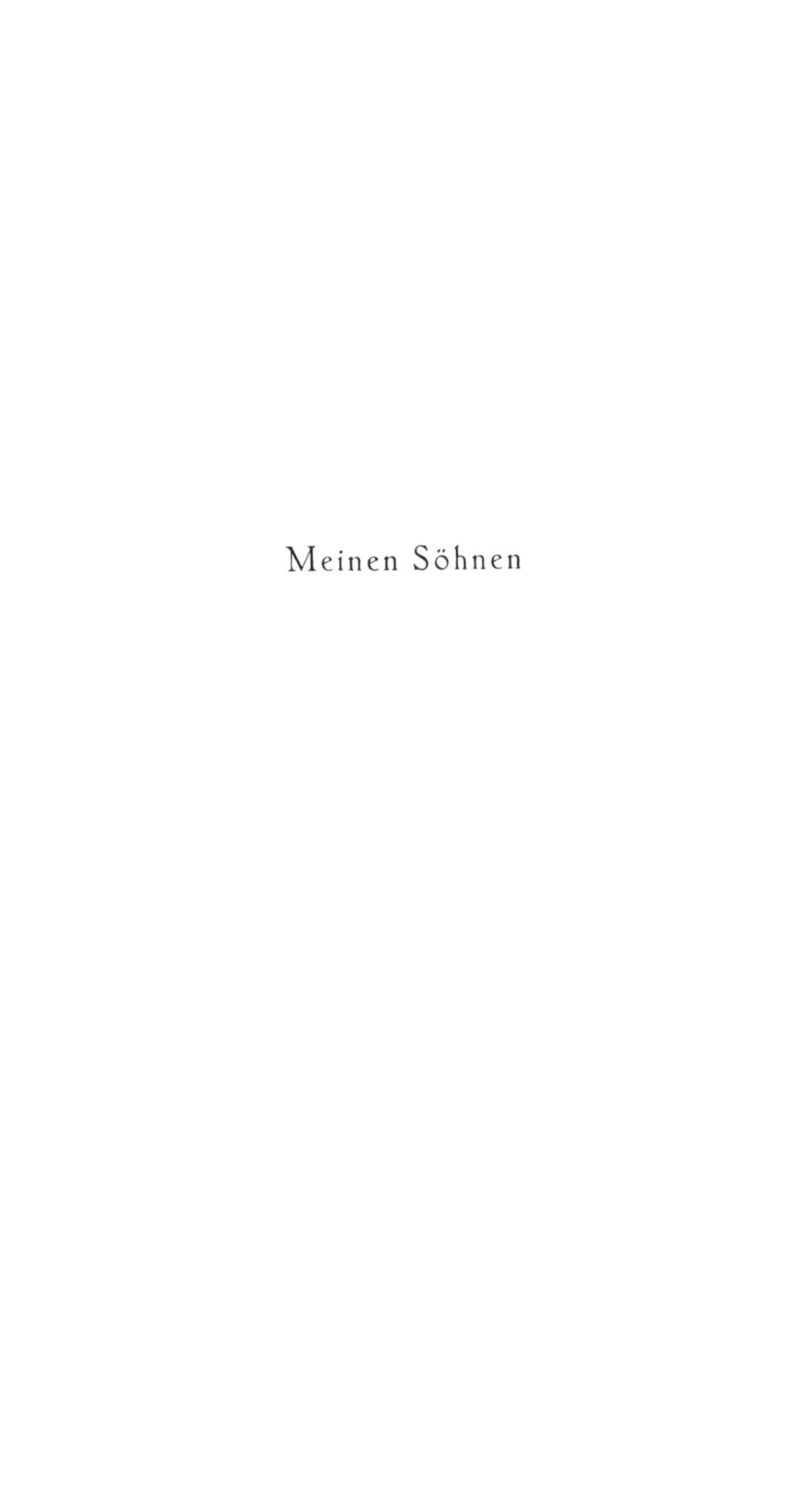

Meinen Söhnen

Vorwort.

Vielleicht zu keiner Zeit ist in weitesten Kreisen das Interesse an der Physik so lebhaft wie in der Gegenwart gewesen.
Fast Jahr für Jahr erfolgen physikalische Entdeckungen, die
neues Licht auf Fragen werfen, die seit den frühesten Zeiten
jeden tiefer denkenden Laien beschäftigt haben. Von Jahr
zu Jahr erweitert sich der Bereich technisch-physikalischer
Erfindungen, die, wie Rundfunk und Tonfilm, in das Alltagsleben eines jeden eingreifen und durch die die Physik zu
der eigentlichen Beherrscherin der modernen Zivilisation wird.

Über die wichtigsten Entdeckungen, Anschauungen und
Anwendungen der Physik soll das vorliegende Büchlein einen
gemeinverständlichen Überblick bieten. Um einen zu großen
Umfang zu vermeiden, wurde die Darstellung auf die Physik
im engeren Sinne, also auf die Lehre von Licht, Elektrizität,
Wärme und Materie unter Fortlassung von Mechanik und
Akustik beschränkt. Mathematische Formeln sind durchwegs
vermieden worden. Wer an den technischen Anwendungen
der Physik weniger Interesse hat, kann die betreffenden Abschnitte (25—30, 34—40, 51—54) überschlagen, ohne in
der Lektüre der übrigen Abschnitte behindert zu sein. Die
Theorien der modernen Physik konnten naturgemäß auch nur
knapp behandelt werden. Wer von dem gleichen Verfasser
eine eingehendere Darstellung dieser Theorien zu lesen wünscht,
sei auf des Verfassers populäres „Naturbild der neuen Physik‘‘
(3. Aufl. 1932) oder auf dessen „Einführung in die theoretische Physik‘‘ (5. u. 6. Aufl. 1930) verwiesen.

Für viele wertvolle Ratschläge, die mir bei der Ausarbeitung
der technisch-physikalischen Abschnitte zuteil wurden, bin

ich Herrn Ing. Erwin Winkel, Assistenten an der Technischen Hochschule in Wien, zu größtem Danke verpflichtet. Herzlichst danke ich für freundliche Hilfe auch Herrn Professor Ing. Ernst Felix Petritsch (Technische Hochschule Wien) und Herrn Professor Dr. Gustav Adolf Schwaiger, dem technischen Direktor des Wiener Rundfunks.

Wien, im November 1933. **Arthur Haas.**

Inhaltsverzeichnis.

Erster Teil.

Das Licht.

1. Die Geschwindigkeit des Lichtes.

Als im Frühjahr 1933 die Weltausstellung von Chicago eröffnet wurde, war es ein erhebendes Schauspiel, daß ein von dem Fixstern Arctur bereits vierzig Jahre früher entsandter Lichtstrahl durch eine geeignete Apparatur das Lichtmeer der Ausstellung entzündete[1]. Um die Zeit angeben zu können, durch die der Strahl des Arctur unterweg gewesen war, sind zwei Erkenntnisse notwendig: die durch ungemein feine astronomische Messungen gewonnene Kenntnis der Entfernung des Arctur und ferner die Kenntnis der Geschwindigkeit, mit der sich ein Lichtstrahl fortpflanzt. Ist es an sich staunenswert, daß die Bestimmung einer so ungeheuren Geschwindigkeit gelang, so bedeutete die Genauigkeit dieser Bestimmung einen besonders bewundernswerten Erfolg. Denn die moderne Physik vermochte die Lichtgeschwindigkeit so genau zu ermitteln, daß der mögliche Fehler kaum größer sein kann als ein Millionstel des gefundenen Betrags.

Der erste Forscher, der die Lichtgeschwindigkeit zu berechnen vermochte, war im 17. Jahrhundert der dänische Astronom Römer. Er fand, daß sich die Verfinsterungen der Monde des Planeten Jupiter scheinbar verspäten oder verfrühen, je nachdem die Entfernung des Jupiter von der Erde größer oder kleiner ist. Er erkannte bereits die Ursache dieser Anomalien darin, daß bei größerer Entfernung des Jupiter das Licht von den Jupitermonden bis zur Erde länger als bei kleinerer Entfernung braucht. Aus den bekannten astronomischen Entfernungen und der beobachteten scheinbaren Verspätung der Verfinsterung vermochte so Römer die *Lichtgeschwindigkeit* bereits im Jahre 1676 recht genau zu be-

---

[1] Der Lichtstrahl des Fixsterns fiel auf eine lichtempfindliche Zelle; vgl. Abschnitt 39.

stimmen. Er fand, daß das Licht in einer Sekunde ungefähr 3oo ooo Kilometer zurücklegt. Es braucht also zu der Zurücklegung einer Strecke von der Länge des Erdäquators nur den siebenten Teil einer Sekunde.

Seit der Mitte des 19. Jahrhunderts gelang es den Physikern, die Lichtgeschwindigkeit auch durch irdische Beobachtungen zu bestimmen, und die hierzu erdachten Methoden gelangten durch Einfügung stets neuer Kunstgriffe zu immer höherer Vollendung. Die bisher genauesten Messungen wurden 1921 bis 1926 von dem amerikanischen Physiker M i c h e l s o n durchgeführt.

Bei den Messungen Michelsons spielte die Hauptrolle ein vollkommen symmetrisches achtseitiges Glasprisma, das um seine vertikal gestellte Symmetrieachse sehr rasch rotieren konnte und dessen Seitenflächen vollkommen spiegelten. In einer Entfernung von etwa 35 Kilometern war überdies auf einem hohen Berge ein Spiegel angebracht. Infolge der Symmetrie des Prismas gab es acht Stellungen, die das rotierende Prisma in Intervallen von je einer Achteldrehung hintereinander einnahm und bei denen es möglich war, daß ein von der benutzten Lichtquelle auf das rotierende Prisma fallender Strahl zu dem fernen Spiegel gelangte, und ein von diesem fernen Spiegel zurückgeworfener Strahl nachher von dem Prisma in das Auge des Beobachters reflektiert wurde[1].

Infolgedessen sah bei Michelsons Messungen der Beobachter nur dann (auf dem Umwege über den fernen Spiegel) dauernd die Lichtquelle, wenn das Prisma in demselben Zeitintervall eine Achteldrehung ausführte, in dem das Licht von dem Prisma zu dem Spiegel auf dem fernen Berge und wieder zurück gelangte. Auf Grund von vielen hundert Beobachtungen[2] fand Michelson nach dieser Methode für die Lichtgeschwindigkeit

---

[1] Selbstverständlich ist hier nur das Grundprinzip der Michelsonschen Methode angegeben. Es ist klar, daß eine Fülle der mannigfachsten ergänzenden Kunstgriffe erforderlich war, um die Präzision zu ermöglichen, die Michelson tatsächlich erreichte.

[2] Das Prisma vollführte 530 Umdrehungen in der Sekunde; die Tourenzahl wurde mittels einer Stimmgabel gemessen. In dem 4240sten Teil einer Sekunde durcheilte das Licht den Weg hin und zurück.

299 796 Kilometer pro Sekunde.

Der mögliche Fehler beträgt hierbei nicht mehr als 4 Kilometer in der Sekunde; d. h. der richtige Wert liegt zwischen 299 792 und 299 800.

In der modernen Physik kommt, wie eingehender in verschiedenen späteren Abschnitten gezeigt werden wird[1], der Lichtgeschwindigkeit weit über das Gebiet der Optik eine grundlegende Bedeutung zu. Denn die Lichtgeschwindigkeit tritt auch in den wichtigsten Formeln der Elektrizitätstheorie auf. Sie erscheint als die obere Grenze der bei Bewegungen materieller Teilchen möglichen Geschwindigkeit. Sie verknüpft die beiden fundamentalsten Begriffe der Physik miteinander, nämlich die als gleichwertig erkannten Begriffe der Masse und der Energie[2]. So beherrscht heute in der Tat die Lichtgeschwindigkeit als die weitaus wichtigste feste Größe der Physik deren sämtliche Gebiete.

2. Die Wellenlänge des Lichtes.

Wer in einem durch eine Lampe künstlich erleuchteten Zimmer eine zweite Lampe einschaltet, tut dies in der Erwartung, dadurch die Beleuchtung des Zimmers zu verbessern; denn es erscheint im alltäglichen Leben selbstverständlich, daß die gemeinsame Wirkung zweier Lichtquellen die einer einzelnen übertrifft und daß die Hinzufügung von Licht zu Licht gesteigerte Helligkeit hervorruft. Daß indessen diese Annahme nur ungefähr richtig ist, zeigte die feinere physikalische Beobachtung. Sie enthüllte eine Tatsache, die zunächst wohl sehr überraschen mußte: daß nämlich unter Umständen das Hinzukommen von Licht zu Licht stellenweise Dunkelheit zu erzeugen vermag.

Die erste derartige Erscheinung, die die Physiker, und zwar schon in der zweiten Hälfte des 17. Jahrhunderts, entdeckten, waren die sogenannten *Newtonschen Ringe*. Wenn man eine schwach gekrümmte Linse (etwa ein Brillenglas) auf eine Glasplatte legt und unter Benutzung von Lichtstrahlen

---

[1] Siehe Abschnitte 18 und 58.

[2] Wie die Relativitätstheorie erkennen ließ, ist Energie gleich Masse multipliziert mit dem Quadrate der Lichtgeschwindigkeit; vgl. Abschnitt 75.

bestimmter, z. B. gelber Farbe im Mikroskop die Berührungsstelle von Linse und Glas betrachtet, so sieht man um die Stelle als Zentrum abwechselnd schwarze und weiße Ringe (Abb. 1).

Aus dieser Erscheinung hat bereits Newton diejenige Erkenntnis abgeleitet, die für die Entwicklung der Lehre vom Licht von grundlegender Bedeutung werden sollte: daß nämlich entlang einem Lichtstrahl die für sein optisches Verhalten maßgebenden Eigenschaften in bestimmten Längenabständen regelmäßig wiederkehren. Mit einem Ausdruck, der durch die Radiotechnik heute jedermann geläufig geworden ist, bezeichnet man diesen Längenabstand als die *Wellenlänge* des Lichtstrahls.

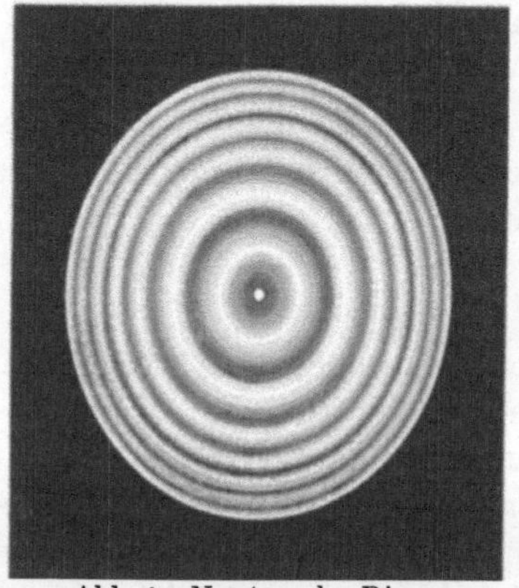
Abb. 1.   Newtonsche Ringe.

Physiker des 17. und 18. Jahrhunderts haben diese Vorstellung weiter ausgebaut, und den Vorgang der Fortpflanzung des Lichtes mit der jedermann wohl bekannten Ausbreitung solcher Wellen verglichen, die auf der Oberfläche eines Sees entstehen, wenn in ihn ein Stein geworfen wird. Bei solchen Wasserwellen wechseln Wellenberge mit Wellentälern, und einen ähnlichen Wechsel von Berg und Tal nahmen die Physiker auch bei den Wellen des Lichtes an.

Auf Grund dieser Vorstellung vermochte im Beginne des 19. Jahrhunderts Young nicht nur die Erscheinung der Newtonschen Ringe zu erklären, sondern auch die Wellenlänge des Lichtes tatsächlich zu berechnen. Er ging von der Erkenntnis aus, daß bei dem Zusammenwirken zweier Lichtstrahlen überall dort Dunkelheit auftreten müsse, wo stets ein Wellenberg eines Strahls mit einem Wellental des anderen zusammenfällt; es kommt dann, wie Young erkannte, an solchen Stellen zu einer wechselseitigen Auslöschung der Wirkungen der beiden Strahlen, zu sogenannter *Interferenz*.

4

Im Falle der Newtonschen Ringe interferieren, wie Young erkannte, die Strahlen, die von der Glasplatte zurückgeworfen werden, mit denjenigen, die von der Glaslinse reflektiert werden.

Diese Erkenntnis ermöglichte Young die Berechnung der Wellenlänge des Lichtes. Sie ergibt sich für verschiedene Farben verschieden, da, wie die Erfahrung zeigt, in blauem Licht die Ringe in kleineren Abständen aufeinanderfolgen als in rotem Licht. Für gelbes Licht, wie es z. B. durch Steinsalz in einem Gasbrenner erzeugt wird, ergibt sich die Wellenlänge nach der Youngschen Methode zu 5900 Ångström-Einheiten, wobei man unter einer derartigen Einheit (so benannt nach einem schwedischen Physiker) den hundertmillionsten Teil eines Zentimeters versteht. Die Wellenlänge des gelben Lichtes verhält sich also zu einem Zentimeter ungefähr so wie dieser zu einer Strecke von 200 Metern.

Mit dem Begriff der Wellenlänge hängt enge der der *Schwingungszahl* zusammen. Wenn wir innerhalb eines von Wellen durchzogenen Gebietes eine ganz bestimmte Stelle ins Auge fassen, so wechseln an dieser Stelle Wellenberg und Wellental in zeitlicher Aufeinanderfolge. Als Schwingungszahl wird nun diejenige Zahl bezeichnet, die es angibt, wie oft in einer Sekunde an einer und derselben Stelle der Wellenberg wiederkehrt.

In der Zeit, in der an einer bestimmten Stelle eine Schwingung ausgeführt wird, rückt die Welle gerade um eine Wellenlänge weiter. Die Welle schreitet also in einer Sekunde um soviel Wellenlängen fort, als die Schwingungszahl beträgt. Nun legt nach dem früher Gesagten eine Lichtwelle in einer Sekunde 300000 Kilometer zurück, und daher findet man z. B. die Schwingungszahl des gelben Lichtes, indem man 300000 Kilometer in Zentimeter umrechnet und durch die ebenfalls in Zentimetern ausgedrückte Wellenlänge dividiert[1]. So findet man, daß gelbes Licht in einer Sekunde die ungeheure Zahl von 500 Billionen Schwingungen ausführt. Unvorstellbar kurz ist demnach die Dauer einer solchen Schwin-

---

[1] Man hat 30 Milliarden durch 59 Millionstel zu dividieren!

gung; sie verhält sich zu einer Sekunde ungefähr so wie eine Sekunde zu einer Zeit von 3o Millionen Jahren.

3. Die Farben.

Sagen und Dichtungen aller Völker bekunden den tiefen Eindruck, den die Erscheinung des *Regenbogens* in Gemüt und Phantasie des Menschen hervorruft. Aus der bunten Mannigfaltigkeit der den Menschen umgebenden Farben erscheinen bei diesem großartigen, von der Natur gebotenen Schauspiel gleichsam die reinsten und schönsten Farben ausgewählt und in wunderbarer Regelmäßigkeit aneinandergereiht. Auf Rot folgt Orange, auf dieses Gelb, das auf dem Wege über Grün in Blau und schließlich in Violett übergeht.

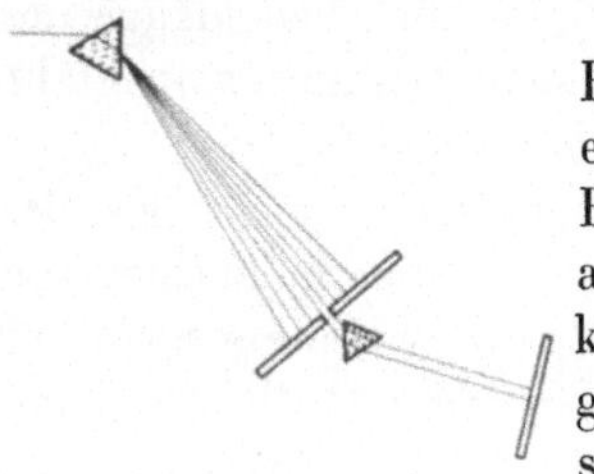

Abb. 2. Unzerlegbarkeit der Spektralfarben (schematisch).

Dieselbe Aufeinanderfolge der Farben, das sogenannte *Spektrum*, erhält man auch, wenn man ein Bündel von Lichtstrahlen, die man am besten von einem schmalen Spalt kommen läßt, durch ein dreikantiges Glasprisma hindurchsendet und sodann die durch das Prisma abgelenkten Strahlen auf einem weißen Schirme auffängt (Abb. 2). Es zeigt sich dabei, daß durch das Prisma die roten Strahlen am schwächsten und die violetten am stärksten abgelenkt werden. Wenn man aber nun, wie Newton zeigte, in dem Schirme eine kleine Öffnung anbringt und durch diese einen Strahl bestimmter Farbe austreten und auf ein zweites Prisma fallen läßt, so ruft dieses keinerlei Farbenänderung mehr hervor (vgl. Abb. 2). Damit erscheint es bewiesen, daß dasjenige Licht, das wir als weiß bezeichnen, eine zerlegbare Mischung von selbst nicht weiter zerlegbaren Strahlen der verschiedenen Regenbogenfarben darstellt.

Man überzeugt sich hiervon auch leicht, indem man eine Kreisscheibe in Sektoren teilt und diese so groß wählt, als der Ausdehnung der Hauptfarben im Spektrum entspricht. Wird die Scheibe, nachdem man die Sektoren in den entsprechenden

Farben bemalt hat, in rasche Umdrehung versetzt, so erscheint sie nahezu weiß [1].

Die in dem vorhergehenden Abschnitte erörterte Entdeckung Youngs bot nun die Möglichkeit, den qualitativ-subjektiven Begriff der Farbe durch den quantitativ-objektiven Begriff der Wellenlänge zu ersetzen. Es zeigte sich, daß der roten Grenze des Spektrums eine Wellenlänge von etwa 8000 und der violetten Grenze eine Wellenlänge von etwa 4000 Ångström-Einheiten entspricht und daß dazwischen vom Rot zum Violett die Wellenlänge in der Folge der Regenbogenfarben abnimmt. Dementsprechend nimmt die Schwingungszahl zu, und zwar von etwa 400 Billionen bei Rot bis zu ca. 800 Billionen bei Violett [2].

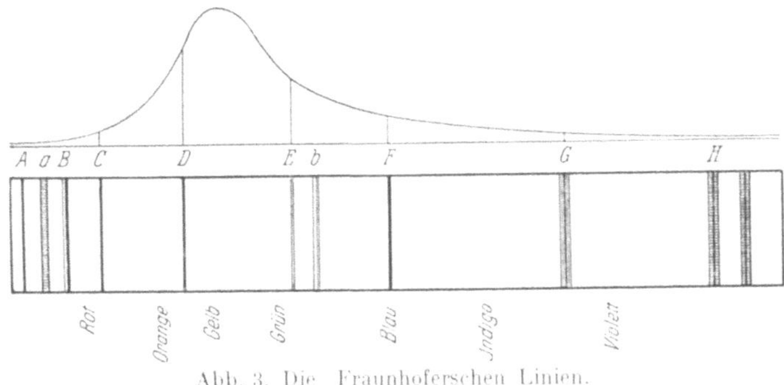

Abb. 3. Die Fraunhoferschen Linien.

Die Unterscheidung der einzelnen Spektralfarben ist natürlich recht willkürlich. Man kann kaum die Stelle fixieren, wo Grün aufhört und Blau beginnt. Indessen ist eine genaue Orientierung im Spektrum auf Grund der von F r a u n - h o f e r im Jahre 1814 entdeckten Tatsache möglich, daß das *Sonnenspektrum* von zahlreichen schwarzen *Linien* von ganz fester Lage durchzogen wird. Die stärksten dieser sogenannten Fraunhoferschen Linien werden in der Reihenfolge von Rot zu Violett mit den großen lateinischen Buchstaben von A bis H bezeichnet (vgl. Abb. 3).

---

[1] Ein grauer Ton ist nicht vermeidbar, weil die gebräuchlichen Malfarben keine reinen Spektralfarben sind.

[2] Wir gebrauchen das Wort Billion stets im Sinne von Million mal Million, also im Sinne der zwölften Potenz von zehn (10^{12}).

Rot und Violett stellen wohl die Begrenzungen des Spektrums dar, aber doch nur in subjektiver, nicht in objektiver Hinsicht. Nur für das Wahrnehmungsvermögen unseres Auges bedeuten diese beiden Farben Grenzen. Die Empfindlichkeit des photographischen Films hört keineswegs bei 4000 und 8000 Ångström-Einheiten auf; doch bleiben die jenseits dieser Grenzen vorhandenen Strahlen, die man als *ultraviolett* und *ultrarot*[1] bezeichnet, für uns unsichtbar und nur indirekt wahrnehmbar.

In der Tat vermag uns ein einfaches Experiment, das jeder leicht selbst durchführen kann, von der Existenz dieser unsichtbaren Farben zu überzeugen. Bringen wir gewöhnliches photographisches Kopierpapier an verschiedene Stellen des Spektrums, so zeigt es sich, daß die schwärzende Wirkung des Lichtes in der Richtung von Rot zu Violett zunimmt, aber jenseits des violetten Endes noch stärker als innerhalb des sichtbaren Spektrums ist und sich weit über das violette Ende erstreckt. Andererseits kann man sich mittels eines Thermometers leicht davon überzeugen, daß die Wärmewirkung der Sonnenstrahlen über das rote Ende hinausreicht.

Die Entdeckung der ultraroten und ultravioletten Strahlen war den Physikern bereits um das Jahr 1800 geglückt. Im Jahre 1888 entdeckte H e r t z [2], daß mittels rein elektrischer Apparate hergestellte Wellen (die später als Radiowellen eine so große Rolle spielen sollten) nichts anderes als Lichtwellen, allerdings von ganz außerordentlich großer Wellenlänge sind. Bekanntlich betragen die Wellenlängen der meisten Radiosender Hunderte von Metern, und selbst die allerkürzesten Radiowellen sind noch einige Zentimeter lang und überragen somit in ihrer Länge die des sichtbaren Lichtes noch rund hunderttausendfach.

Da dem Violett eine ungefähr doppelt so hohe Schwingungszahl wie dem Rot zukommt, sagt man auch, daß das sichtbare Spektrum eine Oktave umfasse; denn in der Musik sagt man dann von einem Tone, daß er um eine Oktave höher als ein anderer liege, wenn ihm doppelt so viel Schwingungen in der

---

[1] Statt des Wortes Ultrarot wird häufig auch das Wort Infrarot gebraucht.
[2] Vgl. Abschnitt 32.

8

Sekunde entsprechen. In diesem Sinne liegen die kürzesten
Radiowellen um ungefähr siebzehn Oktaven tiefer als das sichtbare Rot. Eine so ungeheure Kluft trennt die beiden wesens-
gleichen Erscheinungen; allerdings ist sie durch die moderne
Experimentalphysik bereits völlig überbrückt worden. Denn
zu dem Bereiche, der Wellenlängen von etwa ein Zehntel Millimeter bis zu einem Millimeter entspricht, vermochte die
experimentelle Forschung von beiden Seiten vorzudringen: sowohl von der optischen Seite mittels der Untersuchung ultra-
roter Strahlen als auch von der elektrischen Seite, indem es
gelang, immer kürzere und kürzere Wellen durch elektrische
Entladungen herzustellen. In der Tat ist bereits um das Jahr
1920 die Erzeugung elektrischer Wellen von nur ein Zehntel
Millimeter Länge gelungen, während schon früher ultrarote
Strahlen von ein Drittel Millimeter Länge gemessen worden
waren.

Wie bei den ultraroten ist auch bei den ultravioletten Strahlen die Erforschung nur allmählich unter Überwindung großer
Schwierigkeiten und mittels genialer Kunstgriffe gelungen.
Immerhin sind die Physiker allmählich bis zu etwa sechs Oktaven jenseits des sichtbaren Violett gelangt und haben damit den Anschluß an das Gebiet der *Röntgenstrahlen* gewonnen, bei denen man erkannt hatte, daß sie ebenfalls Licht, nur
von ganz enorm kleiner Wellenlänge darstellen [1].

Rechnen wir die ultraroten und ultravioletten Strahlen zu
dem Lichte im weiteren Sinne dieses Wortes hinzu, so umfaßt
somit selbst ohne Radiowellen und Röntgenstrahlen die Optik
etwa fünfzehn Oktaven, während die Musik nur sieben Oktaven umspannt. Aber von den fünfzehn optischen Oktaven
ist nur eine einzige, nämlich diejenige, welche die Regenbogenfarben von Rot bis Violett vereinigt, für das Auge wahrnehmbar. So enge sind selbst dem vollkommensten menschlichen Sinnesorgane die Grenzen der Wahrnehmung gezogen.

4. Die Beugung des Lichtes.

Daß sich das Licht geradlinig ausbreitet, daß infolgedessen
beleuchtete Körper scharf begrenzte Schatten werfen und ein

---

[1] Vgl. Abschnitt 61.

Sehen um eine Ecke unmöglich ist, gehört zu den primitiven Erfahrungen des die Natur beobachtenden Menschen. Gleichwohl müssen wir zufolge der Wellennatur des Lichtes erwarten, daß sich Lichtwirkungen auch in der unmittelbaren Umgebung der geraden Bahn äußern.

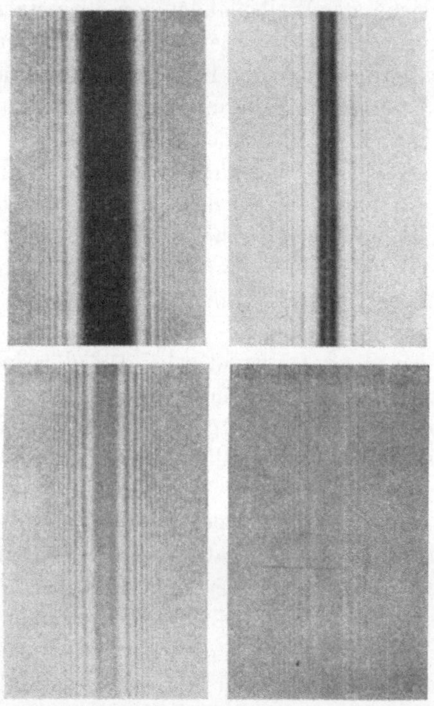

Abb. 4. Beugungserscheinungen an einem schmalen Schirm. (Nach Arkadiew aus Handb. d. Physik Bd. 20. Herausgeg. von H. Geiger und Karl Scheel. Berlin: Julius Springer 1928.)

In der Tat hat schon um das Jahr 1660 G r i m a l d i die *Beugung* des Lichtes entdeckt. Er ließ durch eine kleine Öffnung Licht in ein dunkles Zimmer eintreten und brachte scharfkantige Gegenstände in den Weg der Strahlen. Er fand, daß das Licht bei dem Vorübergehen an den Kanten aus seiner geraden Richtung abgelenkt, also gebeugt wird und daß in der Umgebung der beugenden Kante eine Reihe abwechselnd dunkler und heller Streifen entsteht. Die Abb. 4, 5 und 6 zeigen nach modernen photographischen Aufnahmen Beispiele solcher Beugungserscheinungen. Je schmäler das beugende Objekt ist, desto deutlicher offenbart sich, namentlich in einfarbigem Lichte, die Beugung.

Die Erklärung der Beugungserscheinungen auf Grund der Vorstellung der Lichtwellen war nicht leicht; sie gelang um das Jahr 1820 zuerst Fresnel, der überhaupt der Begründer einer exakten Theorie des Lichtes wurde. Im wesentlichen beruht die Fresnelsche Erklärung auf zwei Erkenntnissen: daß nämlich, worauf schon Huygens hingewiesen hatte, jeder von einer Welle erreichte Punkt selbst wieder Ausgangspunkt von neuen Wellen, sogenannten Elementarwellen, wird und daß diese Elementarwellen durch sogenannte Interferenz einander wechselseitig verstärken und schwächen.

Diese Deutung erklärt es auch, warum in gebeugtem weißen Lichte statt heller und dunkler Streifen vielfarbige Bänder

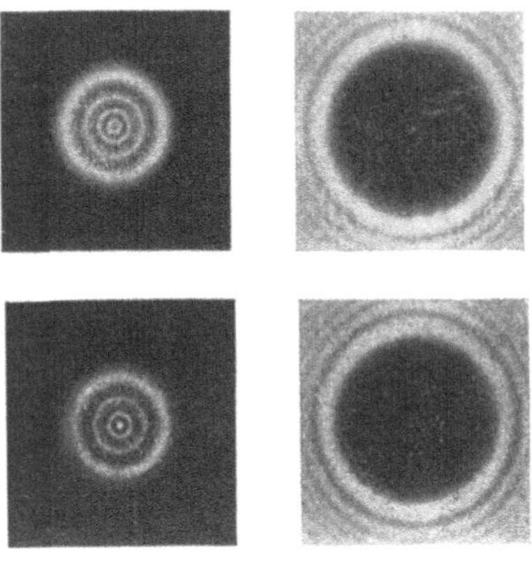

Abb. 5. Beugung an kreisförmiger Öffnung. (Nach Arkadiew aus Handb. d. Physik, Bd. 20. Herausgeg. von H. Geiger und Karl Scheel. Berlin: Julius Springer 1928.)

der auftreten. Denn diejenigen Stellen, an denen etwa rote Wellen einander wechselseitig besonders verstärken, können im allgemeinen nicht mit denjenigen Stellen zusammenfallen, wo größte Helligkeit für grünes oder für blaues Licht zu erwarten ist. Infolgedessen kann man durch Beugung Spektren hervorrufen, wozu man sich am besten der *Beugungsgitter* bedient.

Unter einem Gitter versteht man eine Reihe paralleler schmaler Spalte, die in genau gleichen Abständen aufeinander folgen. Am gebräuchlichsten sind Gitter, bei denen parallele

Striche mittels eines Diamanten in eine Glasplatte oder einen Metallspiegel eingeritzt sind. Die Zwischenräume zwischen zwei benachbarten Ritzen stellen dann die Spalte dar. Bei den vollkommensten Gittern kommen etwa 2000 Spalte auf den Millimeter.

Die Wirkung eines derartigen Gitters ist schematisch in Abb. 7 dargestellt. Es sind BC, DE, FG usw. die Ritze, also AB, CD, EF usw. die Spalte. Die Figur stellt ein Bündel von Lichtstrahlen dar, die schief durch das Gitter hindurchgehen. A′ ist der Fußpunkt des Lotes, das von C auf die Richtung des durch A gehenden Strahls gefällt wird. Der von A und

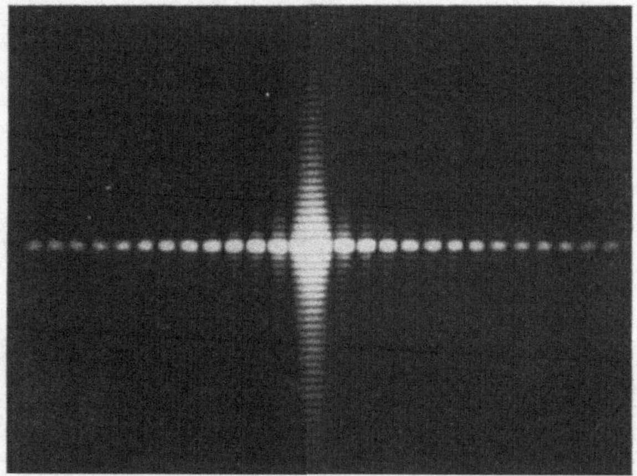

Abb. 6. Beugung an einem rechteckigen Spalt von $^1/_4$ mm Breite. (Aufnahme von A. Köhler.) (Aus Born, M.: Optik. Berlin: Julius Springer 1933.)

der von C kommende Lichtstrahl verstärken nun, wie aus der Theorie der Interferenz folgt, einander dann, wenn die Strecke AA′ gleich einer ganzen oder doppelten oder dreifachen Wellenlänge ist und so fort. Denn zwei Strahlen verstärken einander, wenn ihre Wellenberge zusammenfallen; und das ist eben der Fall, wenn die Strecke AA′, die den sogenannten „Gangunterschied" der beiden Strahlen darstellt, gleich einer Wellenlänge oder einem ganzzahligen Vielfachen einer solchen ist.

Der Winkel, den die Strahlen mit einer zum Gitter senkrechten Linie einschließen, also in Abb. 7 der mit φ bezeichnete Winkel, wird der Beugungswinkel genannt. Ist das Licht einfarbig, so erhält man die erste helle Linie für denjenigen Beugungswinkel, für den AA' gleich einer Wellenlänge wird, eine zweite helle Linie für denjenigen bereits größeren Beugungswinkel, für den AA' gerade gleich zwei Wellenlängen wird, und so fort. Dem entsprechend unterscheidet man Beugungswinkel erster, zweiter, dritter Ordnung und so fort.

Durch Messung des Beugungswinkels kann man also die Wellenlänge bei bekannter Spaltbreite ermitteln; diese ist aber gegeben, wenn man weiß, wieviel Ritze auf einen Zentimeter entfallen. Da die Herstellung der Gitter, bei der auf vollkommene Gleichheit der Abstände geachtet werden muß[1], mit wunderbarer Präzision möglich ist und da die Winkelmessungen sehr exakt vorgenommen werden können, können mittels der Beugungsgitter Wellenlängen mit einer Genauigkeit von ein Millionstel bestimmt werden.

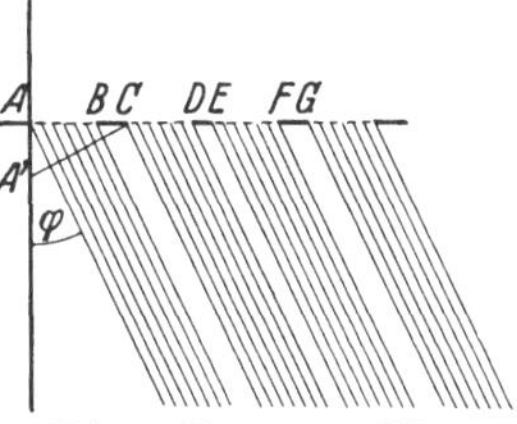

Abb. 7. Beugungsgitter.

Fällt auf ein Gitter weißes Licht, so lagern sich, da jeder Farbe ein anderer Beugungswinkel entspricht, die Linien verschiedener Farbe nebeneinander. Derart entstehen die schönen *Gitterspektren*, in denen die Farben nach ihren Wellenlängen aufeinanderfolgen; dabei wird Rot stärker abgebeugt als Violett. Das Spektrum zweiter Ordnung ist, soweit es sich um die sichtbaren Farben handelt, von dem Spektrum erster Ordnung noch völlig getrennt. Hingegen überdeckt der blauviolette Teil dritter Ordnung bereits den roten Teil zweiter Ordnung, und in den höheren Ordnungen überlagern sich die Spektren immer mehr übereinander, wodurch sie allerlei Mischfarben hervorrufen, die dem Weiß immer näher kommen.

Selbstverständlich ist die Benutzung der Beugungsgitter zur Wellenlängenbestimmung nicht auf den Bereich der sicht-

---

[1] Die Herstellung äußerst vollkommener Gitter (sog. Konkavgitter) ist vor allem das Verdienst des amerikanischen Physikers Rowland (um 1880).

baren Strahlen beschränkt. Mittels geeignet konstruierter Gitter konnte die spektroskopische Forschung weit in das Ultrarot vordringen, wobei im besonders langwelligen Ultrarot Drahtgitter verwendet werden. Auch in der Untersuchung der ultravioletten Strahlen haben sich die Beugungsgitter als wertvollstes Hilfsmittel bewährt. Ihrer Anwendung im besonders kurzwelligen Ultraviolett stellten sich allerdings Schwierigkeiten entgegen, die lange als unüberwindlich galten. Je kleiner nämlich die Größenordnung der zu messenden Wellenlänge ist, desto kleiner müßte auch der Spaltabstand gewählt werden; denn Beugungsspektren können nach der gewöhnlichen Methode nicht erzeugt werden, wenn die Wellenlänge wesentlich kleiner als der Spaltabstand ist. Durch einen sehr originellen Kunstgriff ist es indessen dem amerikanischen Physiker Arthur Compton 1925 gelungen[1], mit denselben Beugungsgittern, die der Messung sichtbaren Lichtes dienen, auch die rund zehntausendmal kleineren Wellenlängen von Röntgenstrahlen zu messen[2].

Sehr farbenprächtige Erscheinungen zeigen im zurückgeworfenen Lichte fein gestreifte Oberflächen, worauf z. B. das als Irisieren bekannte schöne Farbenspiel der Perlmutter beruht. Daß es hierbei nur auf geometrische Verhältnisse ankommt, sieht man daraus, daß man dasselbe Farbenspiel auch erhält, wenn man die Oberfläche der Perlmutter in schwarzem Siegellack abdrückt und nun an diesem Abdruck das Licht reflektiert wird. Schöne Beugungserscheinungen nimmt man auch wahr, wenn man durch das Gewebe eines Regenschirms (das eine Art Flächengitter darstellt) gegen eine Straßenlampe blickt. Zu den atmosphärischen Beugungsphänomenen gehört die bekannte Erscheinung des Hofes, von dem man bei zarter Bewölkung Mond oder Sonne umgeben sieht.

5. Die Interferenz des Lichtes.

Die Annahme einer Interferenz von Lichtwellen hatte, wie wir sahen, eine einfache Erklärung der Newtonschen Ringe

---

[1] Hierbei wurde das Phänomen der totalen Reflexion verwertet; vgl. Abschnitt 10.

[2] Vgl. Abschnitt 61.

und der Beugungserscheinungen ermöglicht. Begreiflicherweise waren darum die Physiker bestrebt, einen unmittelbaren Beweis für die Wellennatur des Lichtes durch ein Experiment zu erbringen, bei dem von zwei Lichtquellen kommende Strahlen direkt miteinander interferieren. Nach vielen vergeblichen Bemühungen verschiedener Forscher ist dieser experimentelle Nachweis im Jahre 1824 F r e s n e l durch seinen berühmten *Spiegelversuch* gelungen.

Bei diesem Versuche sendet ein scharf mit einfarbigem Lichte beleuchteter vertikaler Spalt Strahlen auf zwei unter einem sehr kleinen Winkel geneigte Spiegel. Dadurch entstehen zwei nahe beieinander liegende Spiegelbilder des Spaltes, die nun ihrerseits als zwei eng benachbarte Lichtquellen angesehen werden können (Abb. 8). Stellt man einige Meter von den Spiegeln entfernt einen weißen Schirm auf, so zeigen sich abwechselnd helle und dunkle Streifen. Sie liegen so, wie es auf Grund der wechselseitigen Interferenz derjenigen Strahlen zu erwarten ist, die von den beiden Spiegelbildern kommen. Je nach der Farbe

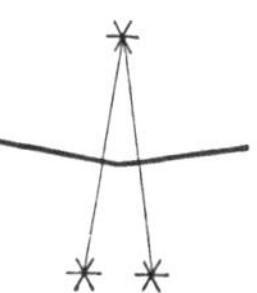

Abb. 8.
Schema des Fresnelschen Spiegelversuches.

des verwendeten Lichtes liegen die Streifen verschieden weit von einander; der Abstand erweist sich bei rotem Lichte am größten, bei violettem am kleinsten.

Es mag zunächst verwunderlich erscheinen, warum Fresnel bei seinem Versuch nicht natürliche, sondern künstliche Lichtquellen, nämlich Spiegelbilder benutzte. Der Grund lag darin, daß in der Tat alle früheren Versuche gescheitert waren, bei denen zwei von einander unabhängige Lichtquellen verwendet worden waren. Nur dann, wenn die zusammentreffenden Strahlen einen gemeinsamen Ursprung in einer und derselben Lichtquelle haben, besteht, wie die Erfahrung zeigt, zwischen den Strahlen eine so weit gehende Übereinstimmung, daß sich Interferenzphänomene ausbilden können[1].

Diese treten auch dann noch auf, wenn in der Zeit zwischen der Aussendung der beiden Strahlen die Lichtquelle viele Tausende von Schwingungen ausgeführt hat. Es ist gelungen,

---

[1] Diese Übereinstimmung bezeichnet man als Kohärenz.

Interferenzen noch bei Strahlen hervorzurufen, die einen „Gangunterschied" von 2 600 000 Wellenlängen hatten[1]. Um so viel Wellenlängen unterschieden sich die Wege, die die beiden Strahlen von der gemeinsamen Quelle zu der Stelle ihres Zusammentreffens zurücklegten[2], so daß auch ebensoviel Schwingungen die Zeitpunkte ihrer Aussendung trennten.

6. Undulations- und Emissionstheorie.

In der Geschichte der Optik nimmt einen breiten Platz der fast zweihundertjährige Kampf zwischen zwei Theorien des Lichtes ein, die einst in schroffem Gegensatz einander gegenüberstanden; es waren die *Undulations-* und die *Emissionstheorie*. Jene, die, wie schon erwähnt, von Huygens um das Jahr 1680 begründet wurde, faßte das Licht als eine wellenförmige Bewegung eines mysteriösen „Lichtäthers" auf; diese hingegen ließ das Licht aus kleinsten Teilchen, sogenannten Korpuskeln bestehen, die von den leuchtenden Körpern ständig emittiert werden sollen. Zu der Emissionstheorie hat wohl Newton, ungefähr gleichzeitig mit Huygens, den Grund gelegt, wenn er es auch absichtlich vermied, sich für eine bestimmte Hypothese über die Natur des Lichtes zu entscheiden. Erst seine Schüler haben sich dann mit Entschiedenheit zu der korpuskularen Auffassung bekannt, und seitdem blieben durch fast zwei Jahrhunderte die Physiker, die sich mit optischen Fragen beschäftigten, in zwei Lager gespalten.

Die Emissionstheorie fand eine starke Stütze vor allem in der geradlinigen Ausbreitung der Lichtstrahlen[3]; aber ihre Anhänger wurden zum Schweigen gebracht, als Fresnel durch seinen Spiegelversuch unwiderlegbar zeigte, daß Licht, zu Licht gebracht, Dunkelheit hervorbringen kann; auch die Beugungsphänomene schienen für die Undulations- und gegen die Emissionstheorie zu sprechen.

---

[1] Der Nachweis so weit gehender Interferenzfähigkeit ist Lummer und Gehrcke gelungen.

[2] Es war dies eine Wegdifferenz von etwa ein Meter; natürlich handelte es sich nicht um direkte Wege!

[3] Denn die Geradlinigkeit der Lichtstrahlen erschien damit als natürliche Folge des bekannten mechanischen Beharrungsgesetzes.

16

Seit der Mitte des 19. Jahrhunderts galt darum die Emissionstheorie als für immer erledigt; doch im Beginne des 20. Jahrhunderts lernten die Physiker überraschenderweise neue Phänomene und Gesetzmäßigkeiten kennen, die zu einer Erneuerung der längst aufgegebenen *korpuskularen* Auffassung zwangen.

Zu diesen Erscheinungen gehörte vor allem der sogenannte *lichtelektrische Effekt*. Die Physiker wußten seit dem Ende des 19. Jahrhunderts, wovon in anderen Abschnitten dieses Buches noch eingehend die Rede sein wird, daß die kleinsten Materieteilchen, die es überhaupt gibt, die sogenannten *Elektronen*, negativ elektrische Partikeln von ganz bestimmter, bekannter Ladung und ganz bestimmter, ebenfalls wohl bekannter Masse sind (nämlich von 9.10^{-28} Gramm). Um das Jahr 1900 fanden nun die Physiker, daß von einem Metall, das mit violettem oder ultraviolettem Lichte bestrahlt wird, solche Elektronen mit enormer Geschwindigkeit fortgeschleudert werden[1]. Aber noch merkwürdiger war die damit zusammenhängende Beobachtung, daß eine Steigerung der Intensität des Lichtes (also, wie wir im sichtbaren Spektralbereiche sagen würden, eine Steigerung der Helligkeit) keineswegs die Geschwindigkeit der ausgelösten Elektronen zu erhöhen vermag, sondern nur deren *Zahl*.

Vom Standpunkte der Undulationstheorie aus erscheint diese Erfahrungstatsache völlig unverständlich; sie zwingt vielmehr zu dem Schluß, daß das Licht aus einzelnen Teilchen besteht, und daß einzelne Elektronen durch einzelne Lichtteilchen losgelöst werden. Denn wenn dies der Fall ist, bedeutet Steigerung der Lichtintensität nur Vermehrung der Zahl der auftreffenden Lichtteilchen und somit Erhöhung der Zahl der Auslösungsprozesse, während der einzelne Auslösungsprozeß selbst stets der gleiche bleibt und somit stets dem wegfliegenden Elektron die gleiche Geschwindigkeit erteilt — vorausgesetzt, daß an der Farbe des Lichtes nichts geändert wird.

Der lichtelektrische Effekt offenbarte so deutlich die Existenz individueller Lichtkorpuskeln. Die optische Emissions-

---

[1] Vgl. Abschnitt 69.

theorie, in der man nur ein historisches Kuriosum, nur eine längst abgetane naive Verirrung früherer Zeiten zu sehen gewohnt war, erschien plötzlich rehabilitiert. Aber andererseits blieben doch die hervorragenden Erfolge unbestreitbar, die die Undulationstheorie im 19. Jahrhundert erzielt hatte. So mußten wohl die Physiker zu der Überzeugung gelangen, daß sowohl die korpuskulare als auch die undulatorische Auffassung des Lichtes berechtigt sei und daß es daher auch möglich sein müßte, die beiden Theorien miteinander in Einklang zu bringen.

Wie war dies aber nun möglich? Einem solchen Versuche schien ja doch die immer und immer wieder gegen die Emissionstheorie vorgebrachte Erfahrungstatsache entgegenzustehen, daß Licht plus Licht Dunkelheit ergeben kann. Denn — so schloß man — wenn die Emissionstheorie richtig wäre, so würde daraus folgen, daß Lichtteilchen einander wechselseitig vernichten, was doch wohl absurd erscheine. Erst im 20 Jahrhundert kam es den Physikern zum Bewußtsein, wie voreilig ein solcher Schluß ist, und in der Tat können wir uns hiervon durch einen ganz simplen Analogieschluß überzeugen. Nehmen wir an, ein Tiergeograph stelle fest, daß in irgendeiner Gegend die Säugetierwelt fehle. Er wird hieraus doch wohl kaum den Schluß ziehen, daß sich in dieser Gegend die Säugetiere wechselseitig ausgerottet haben, sondern weit eher annehmen, daß Bodenbeschaffenheit, Vegetation, Klima usw. das Auftreten von Säugetieren in dieser Gegend unwahrscheinlich machen.

Ganz ähnlich braucht das Auftreten von Interferenzstreifen, etwa bei Fresnels Spiegelversuch, keineswegs dahin gedeutet zu werden, daß an diesen Stellen Lichtkorpuskeln einander wechselseitig vernichten (was in der Tat eine äußerst schwierige Vorstellung wäre), sondern dahin, daß an diesen Stellen die Wahrscheinlichkeit für das Eintreffen von Lichtkorpuskeln außerordentlich herabgesetzt ist.

Es ist also sehr wohl die Korpuskulartheorie mit den beobachteten Interferenzerscheinungen verträglich, wenn man in diesen Erscheinungen *statistische* Phänomene sieht. Helligkeit ist dort, wo viele, Dunkelheit dort, wo wenig Lichtkorpuskeln hingelangen. In statistischer Hinsicht ist aber eben die Fortbewegung der Lichtkorpuskeln durch diejenigen Gesetzmäßigkeiten geregelt, die in den Beziehungen der Undulationstheorie zum Ausdruck kommen und die als Gesetzmäßigkeiten von *Lichtwellen* interpretiert werden können.

7. Die Energie der Lichtquanten.

Vom Standpunkte der Undulationstheorie erscheint ein Lichtstrahl, wie wir sahen, durch seine Wellenlänge bzw. Schwingungszahl charakterisiert, vom Standpunkte der Korpuskulartheorie hingegen wohl offenbar durch die Energie, die den einzelnen, den Lichtstrahl zusammensetzenden Lichtkorpuskeln zukommt. Wenn wir nun, wie es die moderne Physik tut, beide Theorien als gleichwertig ansehen, so entsteht die fundamentale Frage, in welcher Beziehung die Energie eines Lichtteilchens zu der Wellenlänge bzw. Schwingungszahl steht. Wie groß ist also, um die Frage konkreter zu gestalten, die Energie eines roten oder grünen oder blauen Lichtteilchens?

Im physikalischen Sinne bedeutet *Energie* Fähigkeit zur *Arbeitsleistung*, wobei als die einfachste Form der Arbeitsleistung die Hebung eines Gewichtes um eine bestimmte Höhe angesehen werden kann. Das bekannteste Beispiel der Energie ist diejenige, die einem bewegten Körper infolge seines Bewegungszustandes zukommt und die als Wucht oder kinetische Energie bezeichnet wird[1]. Wenn die Energie eines Lichtteilchens aufgewendet wird, um ein Elektron auszulösen und dieses mit bestimmter Wucht davonfliegt, so kann somit diese Wucht als Maß der Energie des auslösenden Lichtteilchens dienen[2]. In der Praxis benutzt man als Energie-Einheit diejenige Energie, die ein Gewicht von 1 Kilogramm 1 Meter hoch zu heben vermag. In der theoretischen Physik verwendet man eine wesentlich kleinere Einheit, nämlich das sogenannte

---

[1] Die kinetische Energie wird in bekannter Weise durch das halbe Produkt aus der Masse des Körpers und dem Quadrate seiner Geschwindigkeit gemessen.

[2] Es ist allerdings auch diejenige Arbeit zu berücksichtigen, die erforderlich ist, um das innerhalb des Metalls durch anziehende Kräfte festgehaltene Elektron aus dem Metall loszureißen; jedoch bereitet es keine Schwierigkeit, aus den Messungen diese Loslösearbeit zu eliminieren.

Erg; es entspricht ungefähr derjenigen Arbeit, die bei dem Heben eines Milligramm-Gewichtes um 1 Zentimeter verrichtet wird. Die genauere Beziehung ist die, daß 98 Millionen Erg ein „Kilogramm-Meter" ergeben [1].

In dem vorhergehenden Abschnitt ist nun bereits darauf hingewiesen worden, daß die Geschwindigkeit der bei dem lichtelektrischen Effekt ausgelösten Elektronen durch eine Steigerung der Intensität der auffallenden Strahlung nicht erhöht wird. Hingegen zeigten die vor allem von Lenard durchgeführten Versuche, daß eine Veränderung der Farbe im Sinne einer Verkürzung der Wellenlänge die Geschwindigkeit der fortfliegenden Elektronen vergrößert. Wir können uns diese Erscheinung vielleicht durch einen ganz trivialen Vergleich veranschaulichen, indem wir an das bekannte Kegelspiel denken. Wenn die getroffenen Kegel in einem Falle heftiger, also mit größerer Geschwindigkeit fortgeschleudert werden als in einem anderen, so schließen wir doch daraus, daß in dem ersten Falle die anrollende Kugel mehr Wucht, also mehr Energie hatte als in dem anderen Falle. In analoger Weise können wir aus den Beobachtungen des lichtelektrischen Effektes folgern, daß die Energie eines Lichtteilchens um so größer ist, je kleiner die Wellenlänge, je größer also die Schwingungszahl ist.

Die genauen Messungen des lichtelektrischen Effektes offenbaren nun die für die moderne Optik grundlegende Erkenntnis, daß die *Energie* eines Lichtteilchens einzig und allein von seiner *Schwingungszahl* abhängt und ihr *proportional* ist. Sie ist doppelt so groß für eine doppelt so hohe Schwingungszahl oder, was dasselbe bedeutet, für eine halb so große Wellenlänge. Es muß also, wie man auch sagen kann, eine universelle Konstante geben, die durch Multiplikation mit der Schwingungszahl die Energie des Lichtteilchens ergibt. Diese Konstante wird als das *elementare Wirkungsquantum* bezeichnet, und deshalb werden auch die Lichtteilchen *Lichtquanten* genannt [2].

---

[1] Ein Erg ist nämlich die Arbeit, die erforderlich ist, um durch 1 cm ein Gewicht zu heben, das der Kraft von 1 Dyn entspricht; vgl. hierzu Abschnitt 17.

[2] Die Bezeichnung als Wirkungsquantum erklärt sich daraus, daß man

Planck hat als erster im Jahre 1900 die Existenz eines elementaren Wirkungsquantums erkannt und damals auch bereits seinen Wert ermittelt. Er beträgt $6{,}5 \cdot 10^{-27}$ Erg mal Sekunden; d. h. wenn man die Schwingungszahl pro Sekunde mit $6{,}5 \cdot 10^{-27}$ multipliziert[1], so erhält man die Energie in Erg. Planck gelangte zu dem Begriff des elementaren Wirkungsquantums durch Untersuchungen über die Wärmestrahlung[2]; fünf Jahre später, im Jahre 1905, hat dann Einstein die eigentliche Vorstellung der Lichtquanten begründet.

Nach dem vorhin Gesagten berechnet sich z. B. die Energie eines roten Lichtquants zu rund $2\frac{1}{2}$mal und die eines violetten Lichtquants zu rund 5mal dem billionsten Teil eines Ergs. Erst die Energie von rund einer Trillion (10^{18}) violetter Lichtquanten kommt derjenigen Energie gleich, die aufgewendet werden muß, um ein Gewicht von einem Kilogramm fünf Zentimeter hoch zu heben.

8. Die Linienspektren.

Bei den Erörterungen, die die Wellenlänge des Lichtes betrafen, sind bereits die Fraunhoferschen Linien erwähnt worden, die als ganz schmale Streifen das Sonnenspektrum durchziehen. Fraunhofer beobachtete auch bereits, daß in dem Spektrum einer Kerzenflamme eine *helle* gelbe Linie auftritt, die innerhalb des Spektrums an genau derselben Stelle liegt wie die von ihm entdeckte schwarze D-Linie. Fast ein halbes Jahrhundert später beschäftigte sich Kirchhoff genauer mit dieser merkwürdigen Beobachtung Fraunhofers. Die eingehenden Studien, die er zusammen mit Bunsen anstellte, führten im Jahre 1860 zu einer der allergrößten Ent-

---

in der Mechanik als Wirkung ein Produkt aus Energie und Zeit bezeichnet und, wie unter Benutzung des Begriffs der physikalischen Dimension folgt, auch die von uns hier betrachtete universelle Konstante die Dimension Energie, dividiert durch Schwingungszahl, oder, was dasselbe ist, die Dimension Energie mal Zeit hat.

[1] Es sei daran erinnert, daß 10^{-2} ein Hundertstel, 10^{-3} ein Tausendstel und somit 10^{-27} diejenige Zahl bedeutet, bei der auf eine Null und einen Dezimalpunkt weitere 26 Nullen und erst an 27. Stelle hinter dem Dezimalpunkt eine Eins folgt.

[2] Vgl. Abschnitt 50.

deckungen in der Geschichte der Physik, nämlich zu der Entdeckung der *Linienspektren.*

Wie Kirchhoff und Bunsen fanden, treten in den Spektren leuchtender Dämpfe von Metallverbindungen helle Linien auf, deren Lage sich als unabhängig von der Temperatur und vor allem auch als unabhängig von der Art der chemischen Verbindung des Metalls erweist. Diese Linien müssen daher als für das Metall charakteristisch angesehen werden. So ergibt sich z. B. die für das chemische Element Natrium als solches charakteristische gelbe Linie stets mit genau derselben Wellenlänge, ganz gleichgültig, ob es sich um die Verbindung des Natriums mit Chlor (wie im Steinsalz) oder mit Brom oder mit Kohlensäure oder mit Schwefelsäure handelt.

Wie das Natrium durch eine gelbe Linie charakterisiert ist, die alle anderen Linien seines Spektrums an Helligkeit weit überragt, so ist für das Kalium eine helle Linie im Violett, für Lithium eine helle Linie im Rot charakteristisch. Von den Gesetzmäßigkeiten der Linienspektren wird erst in späteren Abschnitten die Rede sein; doch sei schon hier erwähnt, daß die moderne Physik über Tabellen verfügt, in denen weit mehr als 100000 Spektrallinien nach ihren Wellenlängen und ihrer Zugehörigkeit zu den verschiedenen chemischen Elementen verzeichnet sind.

Wie schon Kirchhoff und Bunsen erkannten, lieferte ihre Entdeckung die Möglichkeit chemischer Analysen, die an Empfindlichkeit alle damals bekannten Methoden weit übertrafen. So können mittels der *Spektralanalyse* unter Umständen Stoffmengen nachgewiesen werden, die noch wesentlich kleiner sind als der zehnmillionste Teil eines Milligramms.

Kirchhoff und Bunsen konnten auch nachweisen, daß Linienspektren nicht nur bei der Aussendung von Licht als sogenannte Emissionsspektren mit hellen Linien, sondern auch als *Absorptionsspektren* mit dunklen Linien entstehen. Entwirft man z. B. ein Spektrum einer Bogenlampe, nachdem deren Licht den Dampf einer Kochsalzflamme passiert hat, so nimmt man eine schwarze Linie an genau derselben Stelle wahr, an der bei alleinigem Brennen der Kochsalzflamme die bekannte helle gelbe Linie erscheint. Der Natriumdampf dieser Flamme emittiert eben nicht nur, wie Kirchhoff und Bunsen fanden, das gelbe Licht von der charakteristischen Wellenlänge, sondern er absorbiert es auch. Da aber das Licht der Kochsalzflamme viel schwächer ist als das der Bogenlampe, in dem die charakteristische gelbe Wellenlänge natürlich noch vertreten ist, so kann der Verlust durch die Eigenemission der Kochsalzflamme nicht wieder wettgemacht werden. Es muß daher die betreffende Stelle des Spektrums bei dem angegebenen Versuche verhältnismäßig dunkel erscheinen. Wie ganz allgemein Emissions- und Absorptions-

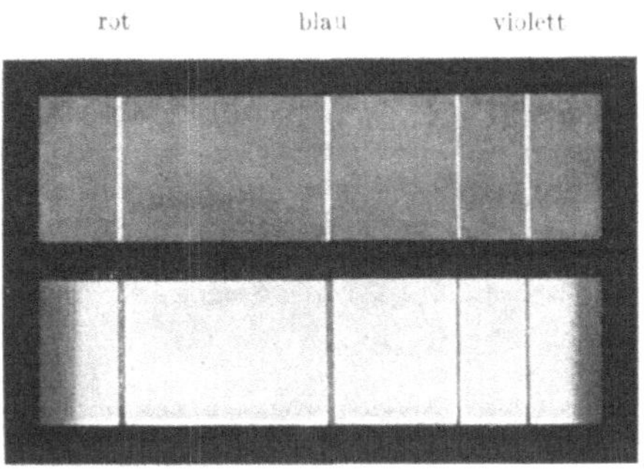

Abb. 9. Emissions- und Absorptionsspektrum des Wasserstoffs. (Aus Newcombs Astronomie für Jedermann. 4. Aufl. Jena: Gustav Fischer 1922.)

linien zusammenfallen, ist aus dem Beispiel des Wasserstoffspektrums in Abb. 9 ersichtlich.

Durch die Kirchhoff-Bunsensche Entdeckung fanden die Fraunhoferschen Linien eine einfache Erklärung. In der Sonnenatmosphäre sind Dämpfe der mannigfachsten Metalle enthalten. Sie absorbieren aus der aus dem Inneren der Sonne dringenden und noch vollständigen (kontinuierlichen) Strahlung diejenigen Wellenlängen, die sie selbst emittieren; und da die eigene Strahlung der Dämpfe in der Sonnenatmosphäre die viel intensivere Innenstrahlung nicht ersetzen kann, so fehlen eben praktisch diese Wellenlängen in dem zur Erde gelangenden Sonnenlicht.

Wenige Entdeckungen der Physik haben sich wohl als so

ungemein und nach so vielen Richtungen fruchtbar erwiesen wie die Kirchhoff-Bunsensche Entdeckung der Linienspektren. In der Chemie hat die überaus empfindliche spektralanalytische Methode zu der Entdeckung neuer, früher unbekannter Grundstoffe geführt[1]. In der Astronomie hat sie die Möglichkeit geboten, die chemische Beschaffenheit der fernsten Himmelskörper durch die Untersuchung des uns von dort zugestrahlten Lichtes zu erkennen. Vor allem aber sind, wie wir später sehen werden, fast alle gewaltigen Fortschritte, die die Physik im zweiten und dritten Jahrzehnt unseres Jahrhundert vollbrachte, den Aufschlüssen zu danken, die die richtig gedeuteten Linienspektren gewährten.

9. Der Doppler-Effekt.

Es ist wohl eine der stolzesten Errungenschaften des menschlichen Geistes, daß er mittels der Spektren chemische Analysen über Entfernungen hinweg vorzunehmen vermag, die die ungeheure Distanz zwischen Erde und Sonne noch fast billionenfach übertreffen. Aber nicht nur die chemische Zusammensetzung so unvorstellbar weiter Himmelsobjekte kann aus den Linienspektren abgelesen werden, sondern sogar die Bewegung dieser Objekte. Die Möglichkeit dazu bietet ein Prinzip, das im Jahre 1842 von dem österreichischen Physiker Doppler aufgestellt wurde.

Dieses Prinzip, das für jede Art von Wellen, also sowohl für Licht- als auch für Schallwellen gilt, ist zunächst auf *akustischem* Gebiete gewonnen und durch die Erfahrung bestätigt worden. Wer ein guter Beobachter ist, hat vielleicht schon einmal bei dem Vorbeifahren einer pfeifenden Lokomotive die plötzliche Änderung des Pfeifentones wahrgenommen, die auf dem Dopplerschen Prinzip beruht. Der Ton erscheint, solange sich die Lokomotive nähert, höher, hingegen, wenn die Lokomotive von uns wegfährt, niedriger als bei still stehender Lokomotive.

Die Erklärung dieses Phänomens ist recht einfach. Wenn

---

[1] Zu den spektralanalytisch entdeckten chemischen Elementen gehören z. B. Rubidium und Cäsium (beide von Bunsen entdeckt), Thallium, Indium, Gallium, Germanium, seltene Erden, Helium, Neon.

sich uns eine Tonquelle nähert, müssen uns nämlich in der Sekunde mehr Schallwellen erreichen als im Falle des Ruhens der Tonquelle; umgekehrt ist es, wenn sich die Tonquelle von uns entfernt. Die Höhe eines wahrgenommenen Tones hängt aber von der Zahl der Wellen ab, die in der Sekunde an unser Ohr gelangen.

Auf akustischem Gebiete sind Wahrnehmungen solcher Art leicht möglich, weil es im Alltagsleben genug Gelegenheit zur Beobachtung von Bewegungen gibt, deren Geschwindigkeit einige Prozent der Schallgeschwindigkeit ausmacht; denn diese beträgt etwa 330 Meter in der Sekunde, während sich Schnellzüge oder Automobile mit etwa 20 Meter in der Sekunde fortbewegen. Auf optischem Gebiete würden aus dem Dopplerschen Prinzip, wie schon Doppler selbst erkannte, Farbenänderungen folgen. Allerdings gibt es keine direkt wahrnehmbaren irdischen Bewegungen, deren Geschwindigkeit irgendwie neben der Lichtgeschwindigkeit in Betracht käme. Wohl aber sind infolge des Doppler-Effektes in den Spektren von Himmelskörpern Farbänderungen zu erwarten. Innerhalb des sichtbaren Bereiches müssen sie sich im Falle einer Annäherung in einer *Verschiebung der Spektrallinien* gegen das violette Ende, im Falle einer Wegbewegung hingegen in einer Verschiebung gegen das rote Ende des Spektrums äußern.

Tatsächlich ist diese Erscheinung seit etwa 1870 den Astronomen wohl bekannt; und bei zahllosen Himmelsobjekten konnte aus deren Spektren auch die Geschwindigkeit in der Richtung unseres Blickes, die sogenannte Radialgeschwindigkeit, ermittelt werden[1]. Besonders eindrucksvoll offenbart sich der Doppler-Effekt bei solchen *Doppelsternen*, bei denen zwei umeinander umlaufende leuchtende Massen zu nahe zueinander sind, um einzeln gesehen zu werden. Bei solchen Objekten, bei denen mittels des Fernrohrs nichts weiter auffällt und deren Doppelnatur daher zunächst unerkannt

---

[1] Man kann die tatsächliche Geschwindigkeit stets in zwei zueinander senkrechte Komponenten zerlegen, deren eine die Richtung der Verbindungslinie zwischen dem Objekt und der Erde hat. Diese Komponente kann auf uns zu oder von uns weggerichtet sein.

blieb, zeigt sich ein merkwürdiges spektroskopisches Phänomen. Die Linien des Spektrums *verdoppeln* sich (s. Abb. 10), werden wieder einfach und wiederholen in meist mehrjährigen Perioden dieses Schauspiel, das gegenwärtig schon bei mehr als hundert Himmelskörpern festgestellt ist[1].

Dieses Phänomen erklärt sich einfach dadurch, daß infolge des Umlaufs sich die beiden Sterne abwechselnd uns nähern und von uns entfernen, jedoch so, daß stets der Annäherung des einen eine Fortbewegung des anderen, also der Violettverschiebung der Linien des einen eine Rotverschiebung der Linien des anderen entspricht. Die dadurch hervor-

Abb. 10. Linienverdopplung bei Doppelsternen (Doppler-Effekt). (Aus Newcombs Astronomie für Jedermann. 4. Aufl. Jena: Gustav Fischer 1922.)

gerufene Verdoppelung der Linien ist am breitesten, wenn die beiden Bewegungsrichtungen in die Blickrichtung fallen (Abb. 11a); nachher verringert sich die Breite allmählich, und wenn sich beide Sterne senkrecht zur Blickrichtung bewegen (Abb. 11b), so fallen die Linien der beiden Sterne zusammen.

Als eine unmittelbare Bestätigung des Dopplerschen Prinzips kann es angesehen werden, daß die für die Planeten

---

[1] Man nennt solche Doppelsterne spektroskopische im Gegensatze zu den sog. visuellen, bei denen die beiden Sterne einzeln wahrgenommen werden können.

26

auf Grund der wahrgenommenen Linienverschiebungen berechneten Geschwindigkeiten vollkommen mit denjenigen übereinstimmen, die sich aus den himmelsmechanischen Tabellen ergeben.

Für Fixsterne wurden Radialgeschwindigkeiten von einigen wenigen bis zu einigen hundert Kilometern pro Sekunde festgestellt, bei den sogenannten Spiralnebeln [1] sogar Rotverschiebungen, die Geschwindigkeiten bis zu 24 000 Kilometern pro Sekunde, also acht Prozent der Lichtgeschwindigkeit entsprechen. Am merkwürdigsten war indessen die Feststellung, daß die so ermittelten Radialgeschwindigkeiten der Spiralnebel ihrer Entfernung von uns proportional sind. Wenn die in einem späteren Abschnitt [2] zu erörternde Interpretation richtig ist, die diese Gesetzmäßigkeit als Expansion des Universums deutet, dann hat in der Tat das Dopplersche Prinzip den Schlüssel zu dem Verständnis des allergewaltigsten und universellsten Vorganges geliefert, der Gegenstand physikalischer Betrachtung sein kann.

Abb. 11. Zum Doppler-Effekt bei Doppelsternen.

10. Die Reflexion und Brechung des Lichtes.

Zu den ältesten optischen Erkenntnissen gehört wohl zweifellos die alltägliche Erfahrungstatsache, daß ein Lichtstrahl, der auf die Grenzfläche zweier Mittel, z. B. Luft und Wasser, auftrifft, teils von der Trennungsfläche zurückgeworfen oder reflektiert wird, teils als gebrochener Strahl unter Richtungsänderung in das zweite Mittel eindringt. Das Gesetz der *Reflexion* ist wohl schon im Altertum bekannt gewesen. Errichten wir an der Stelle, an der der Strahl die Grenze erreicht, als sogenanntes Einfallslot eine Senkrechte zu der

---

[1] Die Spiralnebel werden von der modernen Astronomie als Geschwister unseres eigenen Sternsystems, des sog. Milchstraßensystems, angesehen. Der nächste Spiralnebel, der auch mit freiem Auge sichtbare Andromedanebel, ist von uns ca. 850 000 Lichtjahre entfernt. Die weitesten in den Teleskopen noch erkennbaren haben wohl Entfernungen von mehr als hundert Millionen Lichtjahren. (Ein Lichtjahr ist die Strecke, zu deren Zurücklegung das Licht ein Jahr braucht.)

[2] Siehe Abschnitt 76.

Grenzebene, so liegen das Lot und die Richtungen des einfallenden und reflektierten Strahls in einer einzigen Ebene (der sog. Einfallsebene), und das Lot schließt mit beiden Strahlrichtungen *gleiche Winkel* ein (Abb. 12 a).

Aus dem Reflexionsgesetz folgt auch ohne weiters, daß ein *ebener Spiegel* von jedem hellen Punkte ein Bild liefert, das auf der von dem Punkte aus errichteten Senkrechten ebenso weit hinter dem Spiegel liegt, als sich der helle Punkt vor dem Spiegel befindet (vgl. Abb. 12 b). Das Bild ist indessen nur ein „virtuelles"; d. h. die Strahlen verhalten sich

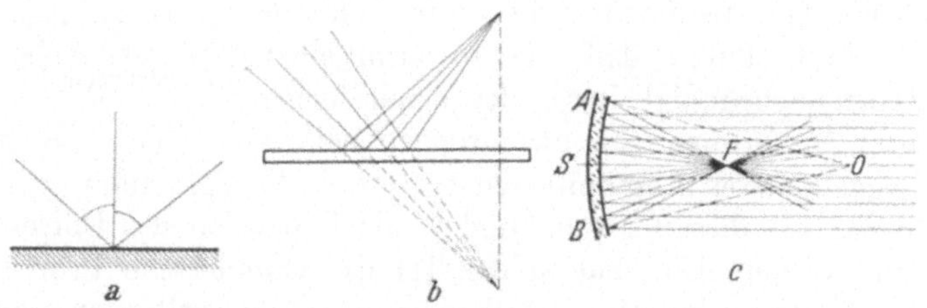

so, als ob sie von dem Bildpunkt kämen, ohne daß aber dort eine tatsächliche Vereinigung der Strahlen erfolgen würde[1].

Neben dem ebenen Spiegel ist besonders der *Hohlspiegel* wichtig, für den die üblichen Rasierspiegel ein allgemein bekanntes Beispiel darstellen. Ein solcher Spiegel bildet ein kleines Stück einer Kugelfläche. Die Mitte (S in Abb. 12 c) heißt

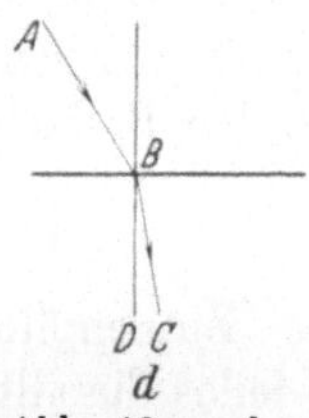

Abb. 12 a—d, Zur geometrischen Optik.

der Scheitel, das Zentrum der Kugelfläche (O) der Krümmungsmittelpunkt und die Verbindung der beiden Punkte (O S) die Achse. Der Punkt, der die Achse in der Mitte halbiert, wird als der Brennpunkt oder Focus (F) bezeichnet und sein Abstand vom Scheitel als die Brennweite. In dem Brennpunkt vereinigen sich Strahlen, die parallel zur Achse eintreffen. Handelt es sich um Sonnenstrahlen, so vermögen sie wohl (und daher erklärt sich der Name Brennpunkt) ein in F befindliches Stückchen Papier in Brand zu setzen. Der

---

[1] Im Bildpunkte schneiden sich nur die gedachten Rückwärtsverlängerungen der reflektierten Strahlen.

verhältnismäßig kleine Winkel, unter dem der Spiegel von dem Mittelpunkte aus erscheint (also AOB), heißt die Öffnung des Spiegels.

Von einem Gegenstande, dessen Entfernung vom Scheitel weniger als die Brennweite beträgt, liefert ein Hohlspiegel, wie jedem Benutzer eines Rasierspiegels wohl bekannt ist, ein virtuelles aufrechtes vergrößertes Bild. Übertrifft hingegen die Entfernung die Brennweite, so entsteht ein reelles Bild. Es kommt zu einer tatsächlichen Vereinigung der reflektierten Strahlen; das Bild, das dann stets verkehrt ist, kann auf einem Schirme aufgefangen werden. Je nachdem, ob der Abstand des Gegenstandes vom Scheitel kleiner oder größer als der Krümmungsradius (also die doppelte Brennweite) ist, ist das Bild vergrößert oder verkleinert.

Parabolische Hohlspiegel finden bei Scheinwerfern und in höchster Vollendung bei astronomischen *Teleskopen* Verwendung. Das berühmte Teleskop der Mount-Wilson-Sternwarte in Kalifornien benutzt einen Spiegel von hundert Zoll (254 cm) Durchmesser; an der Herstellung eines 200-Zoll-Teleskops für dieselbe Sternwarte wird seit etwa 1930 gearbeitet.

Ebenso wie der reflektierte liegt auch der gebrochene Strahl in der durch Einfallslot und Einfallsrichtung bestimmten Einfallsebene. Der Winkel, den der gebrochene Strahl mit der Verlängerung des Einfallslotes einschließt, wird der Brechungswinkel genannt (D B C in Abb. 12 d). Wie S n e l l i u s um das Jahr 1620 entdeckte, besteht als sogenanntes *Brechungsgesetz*[1] eine einfache Beziehung zwischen dem Einfalls- und dem Brechungswinkel[2]. Das Verhältnis der Sinus[3] der beiden ist nämlich vom Einfallswinkel selbst unabhängig und stellt eine für die beiden Mittel charakteristische Konstante dar, die als das Brechungsverhältnis der beiden Mittel bezeichnet wird.

---

[1] Snellius hat seine Entdeckung nicht veröffentlicht; dies tat erst der bekannte Philosoph Descartes.

[2] Unter dem Einfallswinkel versteht man natürlich den Winkel, den die Einfallsrichtung mit dem Einfallslote bildet.

[3] Der Sinus eines Winkels ist bekanntlich durch die Länge der Seite dargestellt, die dem Winkel in einem rechtwinkligen Dreieck gegenüberliegt, in dem die längste Seite die Länge Eins hat.

Das Brechungsverhältnis gegen Luft oder noch genauer gegen den leeren Raum wird der *Brechungsexponent* oder Brechungsindex schlechthin genannt. Für Wasser beträgt er z. B. 1,33.

Von zwei Mitteln wird das mit dem größeren Brechungsindex als das optisch dichtere bezeichnet. Bei dem Übergang in ein optisch dichteres Mittel, z. B. von Luft in Wasser oder von Luft in Glas, wird also stets der Lichtstrahl dem Einfallslote genähert; es erfolgt, wie man sagt, eine „Brechung zum Lote"[1].

Die Fortpflanzungsgeschwindigkeit des Lichtes in einem beliebigen Mittel ergibt sich, indem man die Lichtgeschwindigkeit im leeren Raume durch den Brechungsindex des Mittels dividiert. In Wasser breitet sich also das Licht nur mit etwa drei Vierteln derjenigen Schnelligkeit aus, die die Lichtstrahlen in der Luft aufweisen.

Aus der bekannten Definition des Sinus folgt, daß er für keinen wirklichen Winkel größer als Eins sein kann. Ein Lichtstrahl vermag daher in ein optisch dünneres Mittel, also etwa aus Wasser in Luft, nicht auszutreten, wenn der Einfallswinkel größer ist als derjenige Grenzwinkel, für den der Sinus dem Brechungsverhältnis gleich ist; sonst würde nämlich der Sinus des Brechungswinkels gemäß dem Brechungsgesetz größer als Eins. Für den Austritt aus Wasser in Luft beträgt dieser Grenzwinkel 49, für den Austritt aus Glas in Luft etwa 42 Grad. Überschreitet der Einfallswinkel den Grenzwinkel, so tritt die Erscheinung der *Totalreflexion* ein. Sie erklärt den bekannten schönen quecksilberartigen Metallglanz, den unter Wasser Luftblasen oder eingetauchte leere Gläser zeigen. Auch die bekannten Leuchtbrunnen beruhen auf dem Phänomen der Totalreflexion; man gibt den Wasserstrahlen eine solche Form, daß die sie erleuchtenden Lichtstrahlen aus dem Wasser nicht austreten können.

11. Die Linsen.

Unter den zahllosen Erscheinungen der Lichtbrechung sind für die Physik diejenigen am wichtigsten, die mit dem Durch-

---

[1] Bei senkrechtem Einfall unterbleibt natürlich die Richtungsänderung, weil der Einfallswinkel Null ist.

gang von Lichtstrahlen durch Linsen zusammenhängen. Die beiden Haupttypen der Linsen sind die konvexen gewölbten *Sammellinsen* (Abb. 13 a) und die konkaven hohlen *Zerstreuungslinsen* (Abb. 13 b). Ebenso wie bei dem Kugelspiegel spielt auch bei den Linsen die Brennweite eine wesentliche Rolle. Beträgt sie ein Meter, so sagt man, daß die Linse eine Brechkraft von einer *Dioptrie* habe. Ist die Brennweite 5o cm, 25 cm oder 2 m, so gibt man die Brechkraft zu 2, oder 4 oder einer halben Dioptrie an, und so fort.

Die Sammellinsen erzeugen ein reelles und stets verkehrtes Bild, wenn der Gegenstand außerhalb der Brennweite liegt. Befindet sich hingegen der Gegenstand innerhalb der Brennweite, so liefert die Sammellinse als Lupe ein aufrechtes und vergrößertes, jedoch virtuelles Bild. Auf alle Fälle brechen Sammellinsen parallel auffallende Strahlen zueinander hin, machen sie also konvergent, während Streulinsen die auffallenden Strahlen divergent machen bzw. eine bereits vorhandene Divergenz

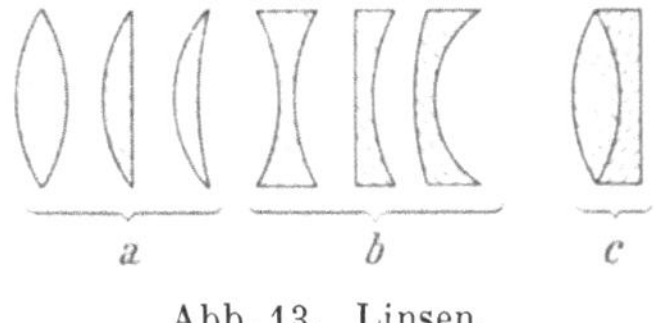

Abb. 13. Linsen.

erhöhen. Eine Konkavlinse liefert stets aufrechte und verkleinerte virtuelle Bilder, und zwar im Gegensatze zu einer Sammellinse auf derselben Seite, auf der sich der Gegenstand befindet.

Legt man eine Konvex- und eine Konkavlinse von gleicher Brechungskraft, also gleicher, nur entgegengesetzter Krümmung übereinander, so gehen durch eine solche Kombination Strahlen unbeeinflußt hindurch. Ganz allgemein addieren sich die Dioptrieenzahlen zweier übereinander gelegter Linsen, woferne man die Dioptrieen konkaver Linsen negativ rechnet. Linsenkombinationen der vorhin angegebenen Art heben nicht nur wechselseitig ihre Brechungskraft auf, sondern auch ihre Farbendispersion. An sich wirkt ja jede einfache Linse ähnlich wie ein Prisma; sie zerlegt weißes Licht in seine farbigen Bestandteile, so daß eigentlich für jede Farbe der Brennpunkt ein anderer ist und somit wirkliche Bildschärfe mittels einer einzigen Linse nicht erzielbar ist.

Die Farbendispersion einer Linse mißt man durch den Unterschied der Brechungsexponenten für das äußerste Rot und das äußerste Violett. Die Dispersion ist nun keineswegs für alle Glassorten gleich groß, sondern z. B. für sogenanntes Flintglas ungefähr doppelt so groß wie für Kronglas[1], obwohl beide Glasarten nahezu den gleichen Brechungsindex haben. Auf dieser Tatsache beruht die bedeutungsvolle Erfindung der *achromatischen* Linsen durch den englischen Optiker D o l l o n d um das Jahr 1750.

Er kombinierte eine Hohllinse aus Flintglas mit einer in der Mitte doppelt so dicken Sammellinse aus Kronglas (Abb. 13 c) und erreichte dadurch, daß sich die Farbendispersionen der beiden Linsen wechselseitig aufhoben, während die Brechkraft der Sammellinse nur auf die Hälfte reduziert wurde. Die Kombination wirkt also wie eine einzige von Farbenstreuung freie (achromatische) Linse, deren Dioptrieenzahl halb so groß wie bei der Konvexlinse ist. In neuerer Zeit benutzt man nicht mehr Kron- und Flintglas, sondern ausgewählte *Jenaer Gläser;* denn unter diesen Gläsern, die seit etwa 1880 für optische Zwecke nach Verfahren von A b b e und S c h o t t hergestellt werden, gibt es auch solche, die bei geringem Brechungsexponenten eine relativ starke Farbendispersion und solche, die bei hohem Brechungsindex eine verhältnismäßig kleine Dispersion aufweisen.

Ein für die geometrische Optik sehr wichtiges Prinzip ist das der Umkehrbarkeit der Lichtwege. Es besagt im Wesentlichen, daß jedes Bild B, das durch eine optische Vorrichtung von einem Objekte A erzeugt wird, umgekehrt als Objekt durch dieselbe optische Vorrichtung ein mit A zusammenfallendes Bild liefert[2]. Hierauf beruht die Möglichkeit, jeden optischen Apparat, der als sogenanntes Objektiv verkleinerte Bilder liefert, umgekehrt (unter Zuhilfenahme besonderer Beleuchtungs- oder Kondensorlinsen) als *Projektionsapparat* zu benutzen.

---

[1] Flintglas ist stark bleihältig, Kronglas hingegen bleifrei.
[2] Korrekter ist es, von Objektpunkt und Bildpunkt zu sprechen.

12. Die Polarisation des Lichtes.

Aus den früher besprochenen Erscheinungen der Interferenz und der Beugung des Lichtes folgt in überzeugender Weise, daß das Licht ebenso auf Schwingungsvorgängen beruhen müsse, wie es die Physiker als selbstverständlich bei dem Schall annahmen. Im Jahr 1817 hat indessen Young auf Grund mannigfacher experimenteller Befunde die Erkenntnis verkündet, daß sich die Lichtwellen in einer wesentlichen Eigenschaft von den Schallwellen unterscheiden müssen. Während nämlich die den Schall verursachenden Luftschwingungen, wie man wußte, längs der Fortpflanzungsrichtung des Schalls erfolgen, müssen die Lichtschwingungen, wie Young erkannte, quer zu der Strahlrichtung vor sich gehen. Im Gegensatze zu den longitudinalen Schallwellen müssen die Lichtwellen *transversale Wellen* sein.

Aus der Annahme der Transversalität der Lichtschwingungen ergibt sich sogleich eine wichtige Unterscheidung. Quer zu dem Strahle sind natürlich noch immer unendlich viel Schwingungsrichtungen möglich (symbolisch angedeutet in Abb. 14, in der man sich den Strahl senkrecht zu der Zeichenebene durch das Zentrum gelegt zu denken hat). Ist in einer Lichtwelle keine dieser möglichen Querrichtungen irgendwie bevorzugt, so spricht man von *natürlichem Licht*. Erfolgen hingegen die Schwingungen in einer ganz bestimmten der möglichen Querrichtungen, so nennt man das Licht (mit einem unglücklich gewählten und nur historisch erklärlichen Ausdruck) *polarisiert*. Erfolgen die Schwingungen zwar nicht ausschließlich in einer bestimmten Richtung, ist aber doch eine Bevorzugung einer bestimmten Querrichtung aus seitlichen Verschiedenheiten eines Strahls erkennbar, so bezeichnet man das Licht als teilweise polarisiert.

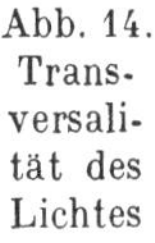

Abb. 14. Transversalität des Lichtes (schemat.).

Natürliches Licht, also Licht, das unmittelbar von einer Lichtquelle kommt, kann man sich wohl als in jedem Augenblicke polarisiert vorstellen, aber unter so raschem Wechsel der Schwingungsrichtung, daß im Mittel keine Richtung vor einer anderen irgendwie ausgezeichnet erscheint. Da das sichtbare Licht in einer Sekunde Hunderte von Billionen

Schwingungen ausführt, so können Millionen Schwingungen in gleichbleibender Richtung aufeinanderfolgen, ohne daß ein Polarisationszustand erkennbar wird.

Theoretische Überlegungen, die auf die Annahme einer Transversalität der Lichtwellen gegründet sind, führen nun zu der wichtigen Folgerung, daß das Licht durch Reflexion immer mehr oder minder polarisiert wird. Vollständige Polarisation tritt dann ein, wenn das Licht unter dem sogenannten *Polarisationswinkel* einfällt[1]; dieser ist dadurch bestimmt, daß seine Tangente[2] dem Brechungsindex der reflektierenden Substanz gleich ist. Für Glas beträgt z. B. der Polarisationswinkel 56 Grad.

In dem reflektierten polarisierten Lichtstrahl erfolgen dabei, wie sich theoretisch begründen läßt, die Lichtschwingungen senkrecht zu der Einfallsebene[3]. Ist also z. B. der Spiegel[4] irgendwie vertikal gestellt, und sind der unter 56 Grad einfallende Strahl und somit auch die Einfallsebene horizontal[5] und daher (nach dem Reflexionsgesetz) ebenso der reflektierte Strahl, so erfolgen im reflektierten Strahl die Schwingungen vertikal. Sind nun schon im einfallenden Strahl die Schwingungen vertikal, so liegen die Verhältnisse für die Reflexion besonders günstig. Sind die Schwingungen schief, ist also ihre Richtung gegen die Vertikale geneigt, so liegen die Verhältnisse um so ungünstiger für die Reflexion, je stärker diese Neigung ist. Wenn in dem unter dem Polarisationswinkel einfallenden Strahl die Schwingungen gar horizontal sind, also in der Einfallsebene vor sich gehen, so ist eine Re-

---

[1] Das Gesetz des Polarisationswinkels wurde 1815 von B r e w s t e r entdeckt.

[2] Die Tangente eines Winkels ist bekanntlich durch die Länge der dem Winkel in einem rechtwinkligen Dreieck gegenüberliegenden Seite dargestellt, wenn die andere an den rechten Winkel anstoßende Seite die Länge Eins hat.

[3] Daß in dem reflektierten Strahle die Lichtschwingungen senkrecht zu der Einfallsebene erfolgen, wurde allerdings erst durch die elektromagnetische Lichttheorie völlig klar. Aus ihr folgt dies nämlich für die elektrischen Schwingungen, die, wie man anderseits erkannte, die photographischen Wirkungen hervorrufen — nicht für die magnetischen Schwingungen, die stets senkrecht zu den elektrischen vor sich gehen.

[4] Man benutzt auf der Rückseite geschwärzte Glasspiegel.

[5] Denn das Einfallslot ist natürlich für den vertikal gestellten Spiegel horizontal.

flexion unmöglich; es dringt dann das ganze einfallende Licht
in das Glas ein.

Auf Grund dieser Überlegungen wird nun auch ein berühmter Versuch verständlich, durch den der französische Physiker
Malus im Jahre 1808, also noch vor der Aufstellung der
Youngschen Hypothese, seine Zeitgenossen sehr überraschte.
Malus brachte einen Lichtstrahl dadurch scheinbar zum Verschwinden, daß er ihn, nachdem er von einem Glasspiegel reflektiert worden war, wiederum unter dem
Polarisationswinkel auf einen zweiten Glasspiegel einfallen ließ, der senkrecht zu dem
ersten gestellt war (Abb. 15). Tatsächlich
verwandelte der erste Spiegel das einfallende
natürliche Licht in polarisiertes, das aber

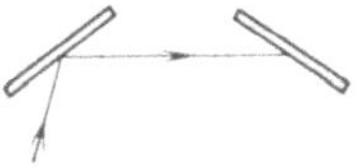

Abb. 15. Spiegelversuch von Malus (schematisch).

dann bei dem zweiten Spiegel in dessen Einfallsebene schwingend eintraf und somit nach dem früher Gesagten nicht
reflektiert werden konnte.

13. Die Doppelbrechung.

Besonders bemerkenswerte Polarisationserscheinungen sind
mit der Lichtausbreitung in *Kristallen* verbunden. Schon im
Jahre 1669 hat der dänische Mineraloge Bartholinus die
überraschende Entdeckung gemacht, daß Gegenstände, die
man durch ein Stück isländischen Kalkspat betrachtet, doppelt erscheinen. Huygens führte diese Beobachtung ganz
richtig darauf zurück, daß ein auf Kalkspat fallender
Lichtstrahl eine *Doppelbrechung* erfährt und sich somit in
zwei Strahlen spaltet: der eine, der sogenannte ordentliche
Strahl, gehorcht dem gewöhnlichen Brechungsgesetz; der
Brechungsindex des anderen, des außerordentlichen Strahls,
erweist sich hingegen als von der Richtung abhängig, in der
der Strahl den Kristall durchläuft. Dieselbe Eigentümlichkeit wie der isländische Kalkspat[1] zeigen auch alle Kristalle, die nicht im besonderen dem regulären System angehören[2].

---

[1] Der isländische Kalkspat ist durch seine besondere Durchsichtigkeit
ausgezeichnet.

[2] Regulär sind alle Kristalle, die, wie z. B. die des Steinsalzes, auf drei
gleichwertige, zueinander senkrechte Richtungen bezogen werden können.

Im Jahre 1808 hat nun Malus gefunden, daß jeder der beiden durch Doppelbrechung entstehenden Strahlen seitliche Verschiedenheiten aufweist, und dadurch ist Malus der Entdecker der optischen Polarisation geworden. Von entscheidender Bedeutung wurde für die weitere Entwicklung der Optik eine Feststellung, zu der 1816 Untersuchungen von Fresnel und Arago führten: daß nämlich der ordentliche und der außerordentliche Strahl nie zur Interferenz miteinander gebracht werden können. Aus dieser Feststellung hat dann, wie schon erwähnt, 1817 Young die Transversalität des Lichtes gefolgert und damit die Grundlage geschaffen, auf der Fresnel um 1820 die exakte Theorie des Lichtes entwickeln konnte [1]. Aus der Vorstellung der Transversalität des Lichtes folgte im besonderen, daß in dem außerordentlichen Strahl die Lichtschwingungen senkrecht zu denjenigen des ordentlichen Strahls erfolgen müssen.

Die Doppelbrechung der Kristalle bietet nun die Möglichkeit der Konstruktion verhältnismäßig einfacher Apparate, die der Erzeugung und Untersuchung polarisierten Lichtes dienen. Man benutzt zu diesen sogenannten *Polarisationsapparaten* Turmalinplatten oder die nach ihrem Erfinder so benannten Nicolschen Prismen. Beiden wirken doppelbrechend, lassen aber nur den außerordentlichen Strahl durch.

Bei dem Turmalin beruht dies darauf, daß in ihm die Absorption durchgehenden Lichtes in besonders hohem Grade von der Schwingungsrichtung des Lichtes abhängt und infolgedessen der ordentliche Strahl viel stärker als der außerordentliche absorbiert wird; praktisch ist also eine Turmalinplatte nur für letzteren durchlässig. Das Nicolsche Prisma wird aus einem Kalkspatkristall hergestellt, der in der Mitte zerschnitten und mittels durchsichtigen Kanadabalsams so zusammengekittet wird, daß an der Schnittfläche zwar der ordentliche, nicht aber der außerordentliche Strahl total reflektiert wird.

---

[1] Fresnels Theorie beruhte auf der Vorstellung elastischer Ätherwellen, mit welcher Vorstellung die Transversalität der Wellen recht schwer in Einklang gebracht werden konnte. Den Ausweg aus dieser Schwierigkeit wies erst die elektromagnetische Lichttheorie; vgl. Abschnitt 33.

Man kann nun zwei Nicolsche Prismen (oder auch zwei Turmaline) derart miteinander kombinieren, daß das eine Prisma als Polarisator der Erzeugung polarisierten Lichtes und das andere als Analysator der Untersuchung dieses Lichtes dient. Sind die beiden Prismen parallel gestellt, so geht der von dem ersten gelieferte Strahl auch durch das zweite hindurch. Bei gekreuzter Stellung ist hingegen das zweite Prisma in ähnlicher Weise für das Licht undurchsichtig, als bei dem Malusschen Versuche der zweite Spiegel kein Licht mehr reflektiert. Das Gesichtsfeld eines aus

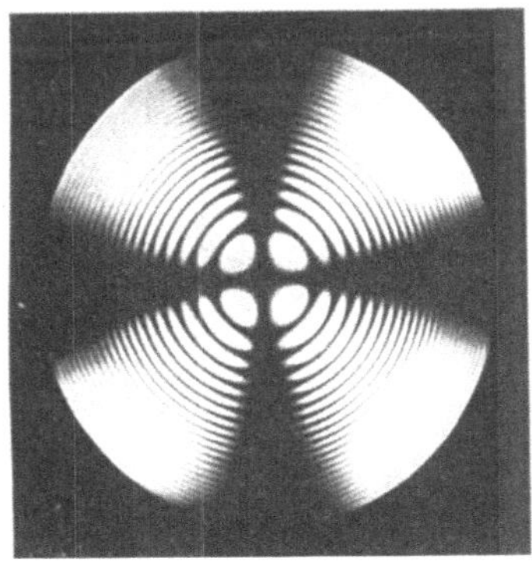

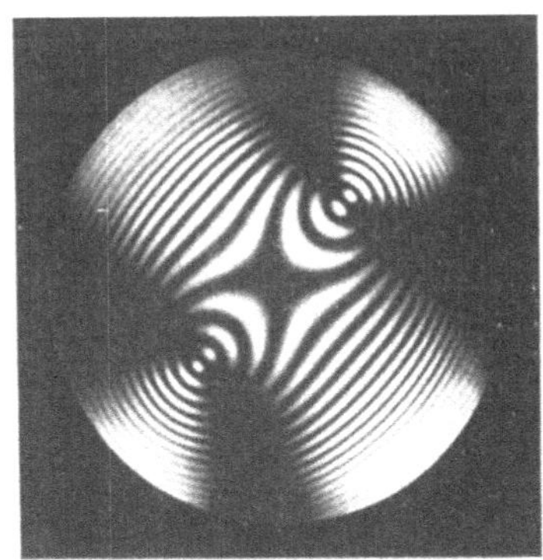

Abb. 16.   Abb. 17.

Abb. 16. Kalkspatkristall senkrecht zur optischen Achse im Natriumlicht zwischen gekreuzten Nicols. (Nach H. Hauswaldt, Interferenzerscheinungen an doppelbrechenden Kristallplatten. Magdeburg 1902. Aus Born, M.: Optik.)
Abb. 17.   Aragonitplatte im Natriumlicht zwischen gekreuzten Nicols. (Nach Hauswaldt.)

Polarisator und Analysator zusammengesetzten Polarisationsapparates ist also bei gekreuzter Stellung dunkel und hellt sich bei einer Drehung des Analysators solange auf, bis ein Maximum der Helligkeit bei Parallelstellung erreicht wird.

Mittels eines derartigen Polarisationsapparates läßt sich nun das Verhalten der mannigfachsten Substanzen in polarisiertem Lichte untersuchen. Sehr bedeutungsvoll wurde die Entdeckung Biots (1817), daß *Quarz* und viele Lösungen die Fähigkeit haben, die Schwingungsebene polarisierten Lichtes zu *drehen*. Bringt man in einen gekreuzten Polarisationsapparat eine Quarzplatte oder in einer geeigneten Röhre eine solche „optisch aktive" Lösung, so hellt sich das Gesichtsfeld auf, und der Analysator muß um einen bestimmten Winkel gedreht werden, damit wieder Dunkelheit herrscht. Als Beispiel sei angeführt, daß bei einer Röhre pro Dezimeter Länge die Drehung für jedes Gramm *Zucker* pro 100 Kubikzentimeter Lösung 0,665 Grad beträgt. Aus dem gemessenen Drehwinkel[1] kann derart unmittelbar der Zuckergehalt einer Lösung bestimmt werden.

Mit der Drehung der Schwingungsebene hängt es auch zusammen, daß farblose Kristallblättchen im Polarisationsapparat nur in zwei bestimmten ausgezeichneten Lagen keine Färbung aufweisen, sonst aber stets bunt erscheinen; die wahrgenommene Farbe stellt dabei die Mischung aller derjenigen Farben dar, die nicht durch den Analysator ausgelöscht werden.

Sehr schön und farbenprächtig sind die Bilder, die Kristalle in konvergierendem polarisierten Licht darbieten. Die Abb. 16 und 17 bieten Beispiele solcher sogenannter *Achsenbilder*, auf deren schwierige Erklärung jedoch hier nicht eingegangen werden ·kann.

14. Das Auge.

Jedermann hat wohl schon gelegentlich auf dem Boden dichter Waldungen die ovalen Lichtflecke wahrgenommen, die die Sonne abbilden. Sie werden durch kleine Zwischenräume zwischen den Blättern hervorgerufen, und daß sie, trotz der Kreisform der Sonnenscheibe, oval sind, erklärt sich dadurch, daß die Sonnenstrahlen schräg gegen den Boden fallen. Daß es sich tatsächlich um Sonnenbildchen handelt, geht deutlich daraus hervor, daß, wie man schon im Altertum wußte, die ovalen Bildchen während einer Sonnenfinsternis Sichelgestalt annehmen.

Auf demselben Prinzip wie die Erscheinung der Sonnenbildchen beruht die bekannte *Dunkelkammer* (Camera ob-

---

[1] Selbstverständlich sind die Methoden der sogenannten Saccharimetrie im Laufe der Zeit sehr verfeinert worden, wenn auch das Prinzip dasselbe geblieben ist.

scura). Eine kleine Öffnung in einer Wand eines verdunkelten
Raumes liefert auf der gegenüberliegenden Wand infolge der
geradlinigen Ausbreitung des Lichtes ein verkehrtes Bild eines
außen befindlichen Gegenstandes, und zwar muß dieses Bild
verkleinert sein, wenn der Gegenstand von dem Loche weiter
entfernt ist, als die gegenüberliegende Wand (Abb. 18). Das
Bild ist natürlich nur bei ganz klei-
ner Öffnung scharf; doch kann man
auch bei größerer Öffnung dadurch
Schärfe erzielen, daß man in der
Öffnung eine Sammellinse anbringt[1].

Abb. 18. Dunkelkammer
(schematisch).

Als eine Dunkelkammer müssen wir nun auch das *Auge*
auffassen (Abb. 19). Der mit der dunklen Aderhaut innen
überzogene Augapfel entspricht der Kammer; die Rolle einer
die Schärfe des Bildes erhöhen-
den Blende versieht die Regenbogenhaut[2]. Die Öffnung, durch
die die Strahlen eintreten, ist
die Pupille, deren Durchmesser
zwischen etwa 4 und 10 Millimetern variiert werden kann.
Die Rolle einer Sammellinse
hat die *Kristallinse;* innen vor
ihr befindet sich in der vor-
deren Augenkammer eine wäß-
rige Flüssigkeit, hinter ihr der
feste Glaskörper. Die Flüssigkeit, die Linse und der Glaskörper stellen zusammen das
brechende System des Auges dar.

Die Kristallinse entwirft nun
ein ·verkehrtes, verkleinertes
Bild[3] auf der Netzhaut, die
als eine Ausbreitung des Seh-

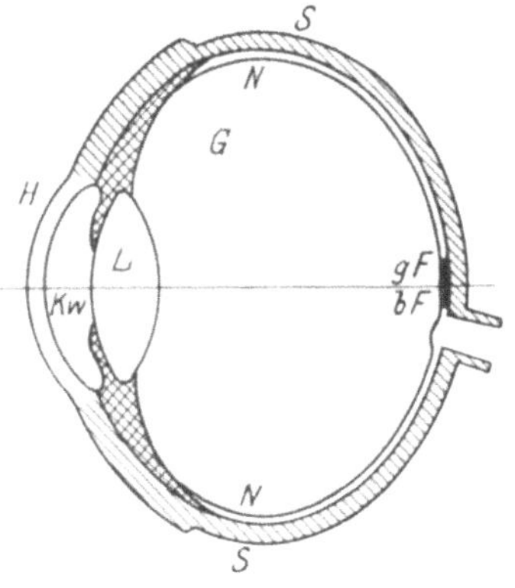

Abb. 19. Horizontaler Querschnitt
durch das rechte menschliche Auge.
H = Hornhaut, SS = Sehnenhaut,
Kw = Kammerwasser, L = Linse,
G = Glaskörper, NN = Netzhaut,
gF = gelber Fleck, bF = blinder
Fleck. (Aus Handb. d. Physik 18,
Beitrag M. v. Rohr. Herausgeg. von
H. Geiger und Karl Scheel. Berlin:
Julius Springer 1927.)

---

[1] Die Erfindung der mit einer Linse versehenen Dunkelkammer wird
gewöhnlich Porta (16. Jahrhundert) zugeschrieben.

[2] Die Regenbogenhaut oder Iris ist es bekanntlich, nach deren Farbe
(blau, grün, braun) man die Farbe eines Auges angibt.

[3] Die Frage, warum wir trotz des verkehrten Netzhautbildes dennoch

nervs zwischen der Aderhaut und dem Glaskörper eingebettet
ist. In ihrer Mitte, an der Mündung des Nervs, liegt der gelbe
Fleck. Nur derjenige Teil des Netzhautbildes wird scharf
wahrgenommen, der auf diesen Fleck fällt, während die
übrigen Teile des Bildes um so undeutlicher sind, je weiter
sie von dem gelben Fleck abstehen. Die Netzhaut enthält
einen ungemein lichtempfindlichen Farbstoff, den Sehpurpur,
auf den das Licht ähnlich wie auf eine photographische
Platte wirkt. Die entstehenden Bilder verschwinden jedoch
stets sogleich wieder, während sich der Farbstoff immer und
immer wieder erneuert.

Die Distanz zwischen der Kristallinse und dem gelben
Fleck ist natürlich unveränderlich. Daß trotzdem das Auge
sowohl von nahen als auch von fernen Gegenständen scharfe
Bilder zu erzeugen vermag, beruht auf seinem *Akkomodationsvermögen*, nämlich auf seiner Fähigkeit, die Krümmung
der Kristallinse und damit ihre Brechungskraft zu variieren
und dem jeweiligen Bedürfnis anzupassen.

Die kleinste und die größte Entfernung, in der ein Auge
noch deutlich sieht, werden als Abstand des Nah- und des
Fernpunktes bezeichnet. Für ein normales Auge liegt der
Nahpunkt etwa 10 cm, der Fernpunkt unendlich weit. Es
gibt aber bekanntlich auch kurzsichtige Augen, in denen sich
die Strahlen entfernter Gegenstände bereits vor der Netzhaut
vereinigen und die daher schon in Entfernungen von mehr
als 3o cm nur unscharf zu sehen vermögen; sie werden durch
ein konkaves, also zerstreuendes Augenglas korrigiert. Bei
übersichtigen Augen vereinigen sich wieder die Strahlen
erst in ihren Verlängerungen *hinter* der Netzhaut; solchen
Augen werden daher konvexe Sammellinsen vorgesetzt.

Das Akkomodationsvermögen nimmt mit fortschreitendem
Alter des Menschen allmählich ab. Im Kindesalter ist es
am größten; bei einem zehnjährigen Kinde liegt der Nahpunkt noch 5 cm vor dem Auge. Zwischen 4o und 5o Jahren
werden die meisten Menschen alters- oder weitsichtig. Der
Nahpunkt rückt über 4o bis 5o cm hinaus, während der

die Gegenstände aufrecht sehen, gehört nicht in das Gebiet der Physik,
sondern in das der Psychologie.

Fernpunkt weiterhin im Unendlichen bleibt. Ein weitsichtiges Auge vermag daher in der Nähe nicht mehr scharf zu sehen; es bedarf eines konvexen, die Strahlen sammelnden Augenglases, das den Nahpunkt näher bringt.

Es ist allgemein bekannt, daß das gleichzeitige Sehen mit beiden Augen erst die körperliche, plastische Gesichtswahrnehmung ermöglicht. Denn wir sehen einen Gegenstand mit dem rechten Auge von der rechten, mit dem linken Auge von der linken Seite. Es sind daher die beiden Netzhautbildchen verschieden, und zwar um so mehr, je näher der gesehene Gegenstand ist. Die Verschiedenheit der beiden Bilder befähigt uns zu einer unbewußten Abschätzung der Distanz und damit zur Tiefenwahrnehmung. In dem bekannten *Stereoskop* sieht jedes der beiden Augen für sich eine Photographie, die ein Objekt so darstellt, wie es sich dem betreffenden Auge darbieten würde (also verschieden für rechts und links). Wenn es eine geeignete Vorrichtung bewirkt, daß in beiden Augen die Bildchen der Photographien auf einander entsprechende Stellen der Netzhäute fallen, so vereinigen sich die durch die beiden Photographien hervorgerufenen Gesichtseindrücke zu einem derartigen Gesamteindruck, daß wir den Gegenstand *räumlich* vor uns zu sehen glauben.

Die Netzhaut setzt sich aus teils stäbchen-, teils zäpfchenförmigen Zellen zusammen, in die die Fasern des Sehnervs münden und von denen ungefähr 13000 bis 14000 auf ein Quadratmillimeter gehen. Vom optischen Mittelpunkt des Auges[1] aus gesehen, beträgt die Dicke einer solchen Zelle im Winkelmaß[2] etwas weniger als eine Bogenminute (genauer 50 Bogensekunden)[3]. Wir müssen nun wohl annehmen, daß unser Auge zwei Lichtpunkte nur dann getrennt zu erkennen vermag, wenn die von ihnen erzeugten Bilder auf

---

[1] Der optische Mittelpunkt ist dadurch ausgezeichnet, daß durch ihn gehende Lichtstrahlen keine Ablenkung aus ihrer Richtung erfahren; er liegt bei dem Auge innerhalb der Kristallinse in der Nähe ihrer Hinterfläche.

[2] Das Winkelmaß einer Strecke $A\,B$ in bezug auf einen Punkt O ist durch den bei O liegenden Scheitelwinkel des Dreiecks $A\,O\,B$ gegeben.

[3] Bekanntlich teilt man den Grad (von dem 360 auf den Kreisumfang gehen) in 60 Minuten zu je 60 Sekunden. In einer Distanz von 1 Meter erscheint eine quer liegende Strecke von etwa $1/_3$ Millimeter unter einem Sehwinkel von einer Bogenminute.

verschiedene Zellen der Netzhaut fallen, wenn also der Winkelabstand der beiden Lichtpunkte eine Bogenminute nicht übersteigt. In der Tat bestätigen dies die astronomischen Beobachtungen über die Möglichkeit einer Trennung von Doppelsternen mit unbewaffnetem Auge.

15. Mikroskop und Fernrohr.

Aus zwei Gründen kann eine *Vergrößerung des Sehwinkels*, unter dem wir ein Objekt wahrnehmen, erstrebenswert erscheinen; entweder, wenn der Gegenstand zu klein ist oder wenn er sich in zu großer Entfernung befindet. In beiden Fällen wird eine Vergrößerung des Sehwinkels und damit eine Vermehrung der wahrnehmbaren Einzelheiten des Objekts durch geeignete optische Instrumente erzielt; im ersten Falle durch das Mikroskop, im zweiten durch das Fernrohr.

Die einfachste Form des Mikroskops ist die *Lupe*, nämlich eine konvexe Sammellinse, die man unmittelbar vor das Auge bringt und die um so stärker vergrößert, je stärker sie gekrümmt ist. Doch kann man bei der Lupe die Vergrößerung nicht über das etwa 30fache erhöhen, weil sonst die Verzeichnung zu stark wird.

Für stärkere Vergrößerung benutzt man das sogenannte zusammengesetzte *Mikroskop*, dessen Erfindung dem holländischen Optiker J a n s e n (um 1590) zugeschrieben wird. Es besteht in seiner ursprünglichen Form aus zwei Sammellinsen, von denen die eine, stark vergrößernde dem Objekte zugewendet ist und darum als *Objektiv* bezeichnet wird, während sich die andere vor dem Auge befindet und darum *Okular* genannt wird[1]. Durch dieses wird das von dem Objektiv gelieferte Bild wie durch eine Lupe betrachtet. Die beiden Linsen der ursprünglichen Form sind heute allgemein durch entsprechende Linsenkombinationen ersetzt, die eine gemeinsame Achse haben; sie fällt mit der Achse der innen geschwärzten Mikroskopröhre zusammen. Durch geeignete Vorrichtungen wird für gute Beleuchtung des Objektes gesorgt.

---

[1] Oculus heißt auf Lateinisch das Auge.

Eine außerordentliche Vervollkommnung haben die Mikroskope um das Jahr 1880 durch Abbe erfahren. Auf Grund seiner Berechnungen verwendet man seither in feineren Mikroskopen als Objektive sogenannte Apochromatsysteme; sie bringen die Brennpunkte von drei Farben des Spektrums in einen einzigen Punkt, wodurch der störende Einfluß der Farbendispersion praktisch völlig ausgeschaltet wird. Einen großen Fortschritt bedeutete auch Abbes Erfindung der sogenannten homogenen Immersion. Schon früher hatte man gewußt, daß man die Wirkung eines Mikroskops durch einen zwischen das Deckglas des Objektes und das Objektiv gebrachten Tropfen einer Flüssigkeit erhöhen kann. Abbe gab dem Deckglas, dem Objektiv und durch Verwendung von Zedernöl auch der Immersionsflüssigkeit den gleichen Brechungsindex und erreichte es dadurch, daß sich alle drei wie ein in optischer Hinsicht einheitliches System verhalten. Durch diese Erfindung wurden eigentlich erst die großen Fortschritte der Bakteriologie im letzten halben Jahrhundert ermöglicht.

Schon im Jahre 1873 hatte indessen Abbe durch theoretische Überlegungen erkannt, daß der Leistungsfähigkeit der Mikroskope notwendigerweise eine Grenze gezogen ist. Wie Abbe zuerst zeigte, ist, was früher nicht beachtet worden war, das in einem Mikroskop entstehende Bild im wesentlichen ein Beugungsbild. Daher bestimmt die Wellenlänge des benutzten Lichtes die kleinste im Mikroskop noch erkennbare Strecke. Auf diese Strecke kommt es, worauf Abbe hinwies, weit mehr als auf die tatsächliche Vergrößerungszahl an. Denn jene kleinste Strecke bestimmt das Auflösungsvermögen des Mikroskops, dessen Ziel ja darin besteht, möglichst viele Details in dem sichtbaren Bilde zu erfassen und die Struktur des Objektes zu erkennen.

Die kleinste wahrnehmbare Strukturbreite ist nun, wie aus Abbes Theorie folgt, bei senkrechtem Einfall der Strahlen der halben Wellenlänge gleich, also bei blauem Lichte etwa 2500 Ångström-Einheiten (oder $2{,}5 \cdot 10^{-5}$ cm). Durch schiefen Einfall der Strahlen kann die Strukturbreite etwa um ein Drittel herabgesetzt werden und noch weiter durch Ver-

wendung der schon erwähnten Immersionsflüssigkeit, weil
die Wellenlänge einer bestimmten Farbe in einem beliebigen
Mittel gleich ist derjenigen in Luft, gebrochen durch den
Brechungsindex des Mittels[1]. Indem man schließlich, statt
in sichtbarem Lichte zu beobachten, in ultraviolettem photographierte, gelangte man bis zu etwa 1000 Ångström-Einheiten, also ein zehntausendstel Millimeter, als der kleinsten
Distanz, die im Mikroskope noch erkennbar erscheint. Wegen
der begrenzten Leistungsfähigkeit des Mikroskops hat es keinen Zweck, die Vergrößerungszahl über etwa 2000 zu erhöhen. Denn infolge der Beugung werden die einzelnen
Objektpunkte nicht wieder durch Punkte, sondern durch winzige Beugungsscheiben abgebildet, die, wenn zwei Objektpunkte innerhalb der kleinsten Strukturbreite liegen, inein-
ander greifen und dadurch eine getrennte Wahrnehmbarkeit
der beiden Objektpunkte vereiteln.

Unterhalb der durch die Theorie gezogenen Grenze können Gegenstände im Mikroskop zwar nicht mehr in ihrer
wahren Form gesehen werden, wohl aber können mittels des
von Siedentopf und Zsigmondy im Jahre 1903 erfundenen *Ultramikroskops* ihr Vorhandensein und ihre Bewegung festgestellt werden. Bei dem Ultramikroskop gelangt
ein feines Lichtstrahlenbündel, ohne auch nur spurenweise
in das Gesichtsfeld des Mikroskops selbst einzudringen, von
der Seite her auf den zu untersuchenden Gegenstand. Teilchen mit einem Durchmesser von nur wenigen millionstel
Millimetern (etwa 30 Å) können auf diese Weise mittels der
von ihnen hervorgerufenen Beugungsscheibchen sichtbar werden, die hell auf dunklem Grunde erscheinen. Allerdings
müssen hierzu benachbarte Teilchen voneinander weiter abstehen, als nach Abbe die kleinste erkennbare Strukturbreite
beträgt. Dies ist bei den kolloiden Lösungen der Fall, bei
denen in einer Flüssigkeit winzige Teilchen eines bestimmten
Stoffes schweben.

Die Fernrohre zerfallen in zwei Gruppen, in solche, die
verkehrte Bilder liefern, was für astronomische Zwecke keinen Nachteil bedeutet, und in solche, die aufrechte Bilder

---

[1] Vgl. Abschnitt 10.

44

erzeugen, wie es für irdische Zwecke unerläßlich ist. Der Hauptrepräsentant der ersten Gruppe ist das bereits 1611 von Kepler erfundene sogenannte „*astronomische*" *Fernrohr*, das aus zwei konvexen Linsen zusammengesetzt ist. Die eine von großer Brennweite dient als Objektiv und entwirft von dem entfernten Gegenstande ein verkehrtes Bild; dieses wird dann mittels der zweiten Linse wie durch eine Lupe betrachtet.

Bei dem sogenannten *terrestrischen Fernrohr*, das um 1650 erfunden wurde, ist zu der Konstruktion des Kepler-schen Instruments noch eine dritte konvexe Linse hinzugefügt, die der Aufrichtung des verkehrten Bildes dient. Nachteilig sind bei diesem Fernrohr die unbequeme Länge und der beträchtliche Lichtverlust. Ein Fernrohr, das aus einer Sammel-linse als Objektiv und einer Zer-streuungslinse als Okular besteht und aufrechte Bilder liefert, wurde schon um 1610 in Holland und bald darauf auch von Galilei kon-struiert und wird darum als hol-ländisches oder Galileisches Fern-rohr bezeichnet.

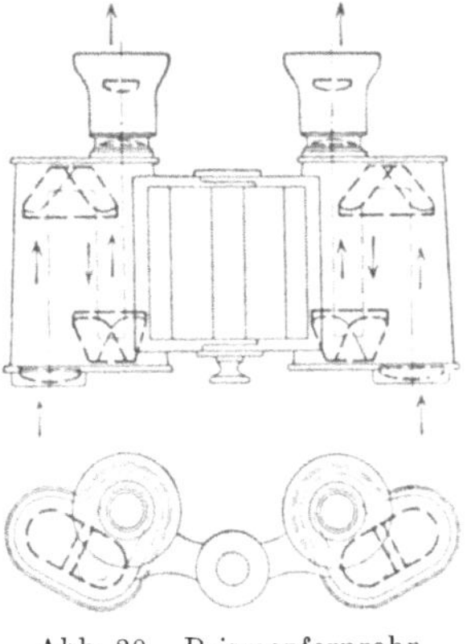

Abb. 20. Prismenfernrohr.

Es hat den Vorzug geringer Länge, aber den Nachteil, daß sich mit ihm nur eine mäßige Vergrößerung des Sehwinkels erzielen läßt.

Gegenwärtig benutzt man zum irdischen Fernsehen vor allem sogenannte *Prismenfernrohre*. Sie beruhen auf dem Prinzip des Keplerschen Fernrohrs, doch erfolgt zwischen Objektiv und Okular durch viermalige Totalreflexion an Glas-prismen nach dem Schema der Abb. 20 eine Umkehrung des Bildes[1].

16. Photographie und Kinematographie.

Das Streben des Menschen nach Erweiterung und Er-gänzung seines Gesichtssinns hat sich außer in der Erfindung

---

[1] Das Prismenfernrohr wurde in der Mitte des 19. Jahrhunderts von Porro erfunden.

und Vervollkommnung der optischen Instrumente vor allem in der Ausbildung der *Photographie* betätigt. Dieser bedeutungsvolle Zweig angewandter Optik wurde um Jahr 1830 von Niepce und Daguerre begründet, denen es durch Benutzung der Lichtempfindlichkeit der Silbersalze[1] zuerst gelang, die in einer Dunkelkammer erzeugten Bilder dauernd festzuhalten.

Bei der Photographie wird mittels des Objektivs der Kammer durch kurze Belichtung ein Bild auf einer Platte oder auf einem Film entworfen, der mit einer Silbersalz (gewöhnlich Bromsilber) enthaltenden Gelatineschicht überzogen ist. Durch die Belichtung wird die chemische Zersetzung des Silbersalzes eingeleitet; sie wird bei der folgenden „Entwicklung" durch eine reduzierende Lösung vollendet. An den vom Lichte am stärksten getroffenen Stellen wird das Bromsilber am meisten geschwärzt, an den Stellen, an die nur wenig Licht gelangte, ist auch die Zersetzung nur gering. Man gewinnt so ein Negativ, das durch einen geeigneten chemischen Prozeß fixiert wird[2]. Indem man es auf Chlorsilberpapier legt und nun dieses belichtet, erhält man eine positive Kopie, die abermals fixiert wird.

Die Silbersalze sind hauptsächlich für blaue, hingegen fast gar nicht für gelbe oder rote Strahlen empfindlich. Man mischt ihnen darum, um „orthochromatische" Platten oder Filme[3] zu erhalten, Stoffe bei, die als „Sensibilisatoren" rotes und gelbes Licht besonders stark absorbieren[4]. Um das Jahr 1930 gelang auch die Herstellung zweier sehr wirksamer Ultrarotsensibilisatoren, des Rubrocyanin und des Allocyanin, so daß im großen die Fabrikation von Platten oder Filmen mög-

---

[1] Die Zersetzung der Silbersalze durch das Licht wurde bereits in der ersten Hälfte des 18. Jahrhunderts durch den Arzt Schulze in Halle entdeckt.

[2] Die Fixierung erfolgt mittels einer Lösung, z. B. von unterschwefligsaurem Natron, die das unzersetzte Silbersalz auflöst.

[3] Orthochromatisch nennt man Platten, die für die verschiedenen Farben nach Maßgabe ihrer Helligkeit gleich empfindlich sind.

[4] Um Farben, die in der Photographie zu stark zur Geltung kommen würden, teilweise auszuschalten, benutzt man auch Gläser in der Komplementärfarbe, z. B. die bekannten Gelbfilter, die man vor dem Objektiv anbringt.

lich wurde, mittels deren man sogar im Dunkeln (im Sinne des menschlichen Auges) photographieren kann. Landschaftsaufnahmen, die mittels solcher Ultrarot-Platten gewonnen werden, zeigen ein Aussehen, das sich wesentlich von demjenigen unterscheidet, das die Landschaft dem menschlichen Auge darbietet. Das Grün der Bäume und Wiesen (vgl. Abb. 21) erscheint sehr hell, das blasse Blau des Himmels sehr dunkel, und besonders deutlich zeichnen sich ferne Berge ab.

Die *Farbenphotographie* benutzt gewöhnlich die Tatsache, daß sich alle Farben aus den drei Grundfarben Blau, Grün und Rot zusammensetzen lassen. Bei modernen „Farbfilmen" befinden sich vor der lichtempfindlichen Schicht in dichtem Nebeneinander winzige Rasterkörner von rund $1/100$ mm Durchmesser, die bei der Aufnahme die Strahlen in ihre Grundfarben zerlegen. Durch ein geeignetes chemisches Verfahren erreicht man es, daß der Film z. B. gerade hinter denjenigen grünen Körnern durchsichtig wird, auf die im Bilde grüne Stellen des aufgenommenen Gegenstandes gefallen sind. Derart ergibt bei der Betrachtung oder Projektion das fertige Bild die richtige farbige Wirkung. Bei näherer Betrachtung erkennt man allerdings, daß das Bild nur aus roten, grünen und blauen kleinen Flecken zusammengesetzt ist.

Aus der Momentphotographie hat sich die *Kinematographie* auf Grund der Tatsache entwickelt, daß ein jeder vom Auge empfangene Lichteindruck eine gewisse Zeit, etwa $1/7$ Sekunde anhält. Nimmt man daher einen Bewegungsvorgang in Momentphotographien auf, die sehr rasch aufeinanderfolgen, etwa in Intervallen von $1/20$ Sekunde, und führt man in ungefähr demselben Tempo diese Serie einem Zuschauer vor, so empfängt er den Eindruck wirklicher Bewegung. Der Kinematograph wurde auf Grund einer Idee E d i s o n s in praktisch verwertbarer Form 1895 von A. und L. L u m i è r e erfunden.

Durch internationales Übereinkommen ist eine auf der ganzen Welt gültige Normierung des Filmformates und des Aufnahmetempos zustande gekommen. Die Bildchen haben

Abb. 21. Landschaftsbild in gewöhnlicher Photographie (oben) und in Ultra-
rotphotographie (unten) nach E. v. Angerer.
[Aus Naturwiss. 18 (1930)].

eine Höhe von 19 mm, und der durch einen Elektromotor betriebene Apparat nimmt in der Sekunde 24 Bildchen auf, so daß das Filmband mit einer Geschwindigkeit von 456 mm pro Sekunde abläuft. Die Intervalle für eine einzelne Aufnahme und für eine einmalige Fortschaltung des Streifens zwischen zwei Aufnahmen sind gleich bemessen, so daß die Belichtungsdauer einer einzelnen Aufnahme $^1/_{48}$ Sekunde beträgt. Um in so kurzer Zeit dennoch gute Aufnahmen zu erhalten, müssen Objektive von besonders großer Öffnung und ferner sehr starke Lichtquellen benutzt werden.

Zur Erzielung von orthochromatischen Bildern werden vor das Objektiv gesetzte Farbenfilter und neuestens, um Lichtverluste zu vermeiden, farbige Lichtquellen in entsprechenden Mischungen verwendet. Mit ziemlichem Erfolg ist die Filmtechnik auch bestrebt gewesen, die Lichtempfindlichkeit der Filme zu erhöhen. Wesentliche Vereinfachungen des Aufnahmeverfahrens wurden durch Anwendungen verschiedener Tricks möglich, die es beispielsweise gestatten, Vorder- und Hintergrund getrennt aufzunehmen, wodurch Reisen der Schauspieler in ferne Länder überflüssig werden. Seit etwa 1930 sind auch erfolgversprechende Anfänge des Farbenfilms zu verzeichnen.

Mittels besonders konstruierter Apparate kann man auch ein von dem üblichen verschiedenes Aufnahmetempo wählen, z. B. einige tausend Aufnahmen in der Sekunde machen oder nur je eine in der Sekunde oder Minute. Indem man das übliche Vorführungstempo beibehält, ergibt sich so eine „Zeitlupe" oder ein „Zeitraffer". Auf diese Weise wird das Studium und die Veranschaulichung von Vorgängen möglich, die wie z. B. sportliche Einzelbewegungen oder der Insektenflug zu rasch oder wie das Wachsen von Pflanzen oder Kristallen zu langsam verlaufen, um von einem gewöhnlichen Beobachter verfolgt werden zu können.

Zweiter Teil.

Die Elektrizität.

17. Der Dualismus der Elektrizität.

Durch Radio und Kino, Telegraph und Telephon, Beleuchtung und Kraftwerke verleiht die Elektrizität der modernen Zivilisation das charakteristische Gepräge. Nicht mit Unrecht wird unser Zeitalter das der Elektrizität genannt. Dennoch ist die Kenntnis der elektrischen Erscheinungen wesentlich jünger als die der anderen physikalischen Phänomene, und erst im 19. Jahrhundert hat die eigentliche Entwicklung der Elektrizitätslehre begonnen.

Die primitivsten Erfahrungen auf elektrischem Gebiete reichen allerdings bis in das frühe Altertum zurück. Schon im siebenten Jahrhundert v. Chr. scheint es bekannt gewesen zu sein, daß einige Körper, zu denen vor allem der Bernstein gezählt wurde, durch Reiben in einen Zustand versetzt werden können, in dem sie leichte Gegenstände ihrer nächsten Umgebung anziehen. Um das Jahr 1600 fand Gilbert, daß nicht nur einigen bevorzugten Stoffen die Fähigkeit zukommt, durch Reiben, wie man sagte, elektrisch[1] zu werden, sondern daß es sich hierbei um eine allgemeine Eigenschaft aller Körper handelt.

Im Jahre 1733 entdeckte Dufay als fundamentale Eigentümlichkeit der Elektrizität deren Dualismus. Er fand nämlich, daß es zwei entgegengesetzte elektrische Zustände gibt, derart, daß zwei Körper des gleichen Zustandes einander abstoßen, während zwei Körper entgegengesetzten Zustandes einander anziehen.

Es war nicht schwer, zwei Gruppen von Stoffen zu unterscheiden, die durch Reiben entgegengesetzt elektrisch werden, und da in der einen Gruppe Glas und in der anderen

---

[1] Elektron ist das griechische Wort für Bernstein.

Harz als Hauptrepräsentant erschien, so stellte man die beiden
Arten des elektrischen Zustandes einander als glaselektrisch
und harzelektrisch gegenüber. Damit lag auch der weitere
Schritt nahe, die eine Art als positiv und die andere als
negativ zu bezeichnen. Bei dem Stande der Kenntnisse, die
die Physiker im 18., aber auch noch in der Mitte des
19. Jahrhunderts hatten, erschien es natürlich ganz willkürlich, ob man als die positive die Glas- oder die Harzelektrizität ansah. Die Entscheidung fiel leider gerade umgekehrt aus, als man es vom Standpunkte der modernen
Physik wünschen würde; das positive Vorzeichen wurde der
Glaselektrizität zuerkannt.

Um sich von einer bloß beschreibenden zu einer exakten
Wissenschaft zu entwickeln, brauchte die Elektrizitätslehre
vor allem aber die Möglichkeit, elektrische Größen messen
zu können. Sie mußte zu Begriffen zu gelangen trachten, mit
denen sie bestimmte Zahlenangaben verknüpfen konnte. Der
erste derartige Begriff, der in die Elektrizitätslehre Eingang
fand, war der der Elektrizitätsmenge, und die erste quantitative Beziehung, über die die Elektrizitätslehre verfügte, war
das Coulombsche *Gesetz*.

Im Jahre 1785 entdeckte Coulomb, daß die Kraft, mit
der zwei elektrisch geladene Körper (bei seinen Versuchen
Metallkugeln) aufeinander, sei es anziehend oder abstoßend,
wirken, dem Quadrate der Entfernung umgekehrt proportional ist; die Kraft sinkt auf ein Viertel, ein Neuntel, wenn
die Distanz verdoppelt, verdreifacht wird, und so fort. Coulomb fand aber weiterhin auch, daß die Kraft auf die
Hälfte sinkt, wenn man, ohne an der Entfernung etwas zu
ändern, der einen Kugel durch Berührung mit einer gleich
großen dritten ungeladenen die Hälfte ihrer Ladung nimmt.
So gewann Coulomb die Beziehung, die man als Cou-
lombsches Gesetz gewöhnlich in der Form ausspricht, daß
die Kraft zwischen zwei elektrisch geladenen Körpern gleich
sei dem Produkte der Ladungen, gebrochen durch das Quadrat ihrer Entfernung.

In dieser Fassung bot das Coulombsche Gesetz ohne
weiters die Möglichkeit, eine Einheit der Ladung zu defi-

nieren und damit ein Maß für Elektrizitätsmengen zu gewinnen. Um dies erörtern zu können, müssen wir aber vorher noch einen kleinen Exkurs in das Gebiet der Mechanik unternehmen. In der praktischen Mechanik benutzt man als Einheit der Kraft den Zug eines Kilogramm-Gewichtes; es ist dies die sogenannte statische Krafteinheit. Die dynamische Krafteinheit ergibt sich hingegen auf Grund des bekannten Newtonschen Bewegungsgesetzes, das die Kraft gleich dem Produkte aus Masse und Beschleunigung setzt; die als *Dyn* bezeichnete dynamische Einheit ist diejenige Kraft, die der Masse eines Gramms eine Beschleunigung Eins erteilt; die Einheit der Beschleunigung ist aber diejenige, bei der die Geschwindigkeit in einer Sekunde um den Betrag von 1 Zentimeter pro Sekunde zunimmt. Bei dem freien Fall beträgt, wie man aus der Beobachtung weiß, die Geschwindigkeit am Ende der ersten Sekunde 981 cm pro sec. Der Masse eines Gramms erteilt also das Gewicht eines Gramms eine Beschleunigung von 981 Einheiten; daher ist ein Dyn gleich dem 981 sten Teile eines Grammgewichtes oder gleich dem Gewicht von 1,02 Milligramm.

Auf Grund des Coulombschen Gesetzes erscheint nun als Einheit der Elektrizitätsmenge diejenige Ladung, die auf eine gleich große in der Entfernung von 1 Zentimeter eine Kraft von 1 Dyn ausübt. Diese Ladung wird die *elektrostatische Ladungseinheit* oder auch kurz die elektrostatische Einheit genannt. Um von ihrer Größe eine ungefähre Vorstellung zu geben, sei erwähnt, daß die Ladungen, die bei dem „Elektrisieren" mittels eines geriebenen Glasstabes kleine Metallkugeln annehmen, zwischen ungefähr einer und zehn elektrostatischen Einheiten liegen.

An die Entdeckungen von Dufay und Coulomb reihte sich als die dritte große elektrische Entdeckung des 18. Jahrhunderts diejenige Voltas. Seine Untersuchungen wurden durch merkwürdige, recht verwickelte physiologische Beobachtungen Galvanis[1] veranlaßt und führten im Jahre 1799

---

[1] Galvani fand 1790, daß frisch präparierte Froschschenkel zuckten, wenn er mit einer Messerspitze ihre Nerven berührte, und fand auch weiter, daß die Zuckungen stärker wurden, wenn aus einer in der Nähe befindlichen

zu der Erfindung der Voltaschen Säule. Sie bestand aus einer Reihe abwechselnder Zink- und Kupferplatten, die voneinander durch angefeuchtete Filzstücke getrennt waren. Volta konnte nachweisen, daß die Enden der Säule stets entgegengesetzte Ladungen aufwiesen und daß man alle Wirkungen, die vorübergehend etwa durch den momentanen Entladungsstrom einer Leidener Flasche erzeugt werden, dauernd mittels einer derartigen Säule hervorrufen kann. Eine einfachere Form der Säule war der Voltasche Becher. Er war mit verdünnter Säure gefüllt, und in ihn waren eine Zink- und eine Kupferplatte getaucht. Erstere erwies sich als negativ, letztere als positiv geladen, so daß ein beständiger *elektrischer Strom* auftrat, wenn man die beiden Platten durch einen die Elektrizität leitenden Draht verband.

Nachdem man einmal positive und negative Elektrizität unterschieden hatte, mußte man nun konsequenterweise als Stromrichtung diejenige Richtung bezeichnen, in der die positive Elektrizität fließt bzw. die Richtung, die derjenigen entgegengesetzt ist, in der die negative Elektrizität strömt. Heute wissen wir (wie später eingehend dargelegt werden wird), daß in stromleitenden Drähten tatsächlich negative Ladungen transportiert werden. Die tatsächliche Richtung der Elektrizitätsbewegung ist also in Drähten derjenigen Richtung entgegengesetzt, die man als Stromrichtung bezeichnet. So haben wir heute alle Ursache, den willkürlichen Zufall zu bedauern, der einst der Glas- und nicht der Harzelektrizität das positive Vorzeichen verlieh.

Elektrisiermaschine Funken sprangen. Daraus erkannte Galvani den elektrischen Charakter der Erscheinung. Um nun den Einfluß von Gewittern zu untersuchen, hängte er die Froschschenkel mit einem Eisendrahte an dem Eisengeländer seines Balkons auf. Er fand, daß Zuckungen stets eintraten, wenn er einen Froschschenkel mit dem Eisen des Geländers in Berührung brachte, daß aber die Zuckungen besonders lebhaft wurden, wenn die Froschschenkel an dem eisernen Geländer mittels eines Kupferdrahtes angebracht waren. Erst Volta erkannte die Hauptursache der komplizierten Froschschenkel-Phänomene darin, daß zwei Metalle, die durch einen feuchten Leiter (also beispielsweise durch den feuchten Froschschenkel) in Verbindung gebracht werden, entgegengesetzt elektrisch werden. So löste Volta die Erforschung der Metallelektrizität von dem verworrenen Studium der tierischen Elektrizität,

18. Elektromagnetismus und Stromstärke.

Die reibungselektrischen Erkenntnisse des 18. Jahrhunderts und Voltas Erfindung bildeten, so bedeutungsvoll sie auch waren, doch nur die Einleitung für die glanzvolle Entwicklung der Elektrizitätslehre, die im Jahre 1820 mit Oersteds Entdeckung des Elektromagnetismus einsetzte. Oersted stellte fest, daß ein elektrischer Strom eine Magnetnadel ablenkt, und deckte damit einen Zusammenhang zwischen den beiden, zu seiner Zeit noch so geheimnisvollen Naturkräften der Elektrizität und des Magnetismus auf.

Die Kenntnis verschiedener fundamentaler Eigenschaften des Magnetismus reicht wohl so weit zurück wie die der primitiven elektrischen Erfahrungstatsachen, aber dennoch war zu der Zeit Oersteds die Lehre vom Magnetismus noch kaum über die ersten Anfänge hinausgelangt. Man wußte schon im Altertum, daß der natürliche Magneteisenstein leichte Eisenteilchen anzieht. Im späten Mittelalter fand der Kompaß, den die Chinesen bereits tausend Jahre v. Chr. gekannt hatten, auch im Abendlande Verbreitung. Schon im Mittelalter wurde so die Erscheinung des Erdmagnetismus bekannt, aber auch die Tatsache, daß es *zwei entgegengesetzte Arten von Magnetismus* gibt[1] und daß jeder magnetische Körper zwei *Pole* entgegengesetzter Art, einen sogenannten Nord- und Südpol besitzt.

Wie Coulomb fand, gilt dasselbe Gesetz der Wechselwirkung ebenso für Magnetpole wie für elektrisch geladene Körper. Auch zwei Pole wirken aufeinander mit einer anziehenden oder abstoßenden Kraft, die gleichgesetzt werden kann dem Produkte der beiden Magnetismusmengen, gebrochen durch das Quadrat der Entfernung. Als *Einheit* der Magnetismusmenge, oder, wie man auch sagt, der Polstärke ergibt sich somit diejenige Magnetismusmenge, die auf eine gleich große in der Entfernung von 1 Zentimeter eine Kraft von 1 Dyn ausübt. Bei den bekannten, als Kinderspielzeug dienenden rot lackierten Hufeisenmagneten mag die Polstärke eines jeden der beiden Pole wohl einige hundert solcher

---

[1] Diese Erkenntnis geht auf den englischen Forscher des 13. Jahrhunderts Petrus Peregrinus zurück.

Einheiten betragen. In naheliegender, jedoch rein konventioneller Bezeichnung nennt man einen nach Norden weisenden Pol positiv und einen nach Süden zeigenden negativ.

Obwohl die Analogie zwischen dem magnetischen und dem elektrischen Wechselwirkungsgesetz so weit geht, daß man nur von einem Coulombschen Gesetz schlechthin spricht, besteht zwischen magnetischen und elektrischen Zuständen doch ein fundamentaler Unterschied. Ein einzelner Körper kann positiv oder negativ elektrisch geladen sein, aber es ist unmöglich, einen Körper als solchen nord- oder südmagnetisch zu machen. Jeder Magnet enthält, wie die Erfahrung zeigt, gleich viel positiven und negativen Magnetismus; jeder Magnet enthält zwei Pole, und wenn man die Teilung eines Stabmagneten auch noch so weit treibt, so erhält man doch immer wieder vollständige, zweipolige Magnete.

Oersteds Entdeckung bot nun die Möglichkeit, eine *Einheit der Stromstärke* auf Grund der magnetischen Wirkungen zu definieren. Man schreibt die Stärke Eins einem Strome zu, der bei dem Durchfließen eines kreisförmigen Stromleiters von dem Radius von 2π Zentimetern auf einen im Mittelpunkt des Kreises befindlichen Pol von der Stärke Eins eine Kraft von 1 Dyn ausübt[1].

Die so definierte Einheit bezeichnet man als elektromagnetische Stromstärke-Einheit. Ihr zehnter Teil ist die in der Elektrotechnik übliche Einheit, das *Ampere*, so benannt nach dem französischen Physiker, der sich in den Zwanziger Jahren des 19. Jahrhunderts um die Erforschung der elektrischen Ströme sehr verdient machte[2]. Der tausendste Teil eines Ampere (A) wird als Milliampere (mA) bezeichnet. Der Strom, der durch moderne Glühlampen fließt, hat ungefähr eine Stärke von $1/2$ A, der Strom, der die städtischen Stra-

---

[1] Das Auftreten der Zahl 2π erklärt sich aus dem Grundgesetz der elektromagnetischen Wirkung. Es handelt sich also um einen Kreis vom Umfange von $4\pi^2$ cm ($\pi = 3{,}14159$).

[2] Das Ampere wird auch elektrolytisch definiert als die Stärke eines Stroms, der in einer Sekunde 1,1180 Milligramm Silber abscheidet; vgl. Abschnitt 56. Wo unter Ampere die Stromstärke verstanden wird, läßt man aus dem Namen des französischen Physikers üblicherweise den „Accent grave" fort.

ßenbahnen treibt, eine solche von rund 100 A. Der menschliche Körper ist noch für Stromstärken bis hinab zu einigen mA empfindlich.

. Die durch elektrische Ströme hervorgerufene magnetische Ablenkung liefert auch das Prinzip, auf dem die wichtigsten Strommeß-Apparate, die sogenannten *Galvanometer*, aufgebaut sind. Man läßt in ihnen den zu messenden Strom einen dünnen, sorgfältig isolierten Kupferdraht durchfließen, der in vielen Windungen um einen Rahmen gewickelt ist; jede Windung wirkt dabei wie ein einzelner Stromkreis. Der Meßbereich entsprechend konstruierter Galvanometer verschiedener Typen erstreckt sich von Tausenden von Ampere bis fast zu dem billionsten Teile eines Ampere.

Da der elektrische Strom als ein Transport von Elektrizität aufgefaßt wird, ist natürlich die Frage von großem Interesse, wieviel elektrostatische Ladungseinheiten in einem Strome von der elektromagnetischen Stärke Eins in einer Sekunde durch den Stromquerschnitt gehen. Die Beantwortung dieser Frage ist zuerst W e b e r und K o h l r a u s c h im Jahre 1856 gelungen; sie führte zu einem geradezu sensationellen Ergebnis, dessen außerordentliche Tragweite damals allerdings den Physikern noch nicht voll zum Bewußtsein kam.

Weber und Kohlrausch fanden nämlich, daß ein Strom von der Stärke Eins in der Sekunde soviel elektrostatische Einheiten transportiert, als der Wert der *Lichtgeschwindigkeit* in Zentimetern pro Sekunde beträgt[1]. Damit haben Weber und Kohlrausch zuerst den engen Zusammenhang zwischen Elektrizität und Licht enthüllt und zuerst eine Wesensgleichheit beider Naturkräfte vermuten lassen.

In der Elektrotechnik benutzt man als praktische Einheit

---

[1] Weber und Kohlrausch maßen zunächst die gesamte Elektrizitätsmenge, die einer Leidener Flasche anhaftete, entluden dann die Flasche und sandten den Entladungsstrom durch ein Galvanometer. Sie fanden für die Zahl der in der Sekunde pro Stromstärkeneinheit transportierten elektrostatischen Einheiten $3{,}1 \cdot 10^{10}$. Nach ihrer Idee wurden die Messungen unter ständiger Vervollkommnung später von verschiedenen Forschern wiederholt und lieferten als bisher genauesten Wert $2{,}99710 \cdot 10^{10}$, während, wie wir früher sahen, für die Lichtgeschwindigkeit die besten optischen Messungen den Wert $2{,}99796 \cdot 10^{10}$ ergaben. Die Übereinstimmung muß wohl als innerhalb der Fehlergrenzen vollkommen angesehen werden.

der Elektrizitätsmenge diejenige, die von einem Strome von
1 Ampere in 1 Sekunde befördert wird; es ist das sogenannte
Coulomb. Da 1 Ampere als der zehnte Teil der elektromagnetischen Stromstärke-Einheit definiert ist und die Lichtgeschwindigkeit $3 \cdot 10^{10}$ Zentimeter pro Sekunde beträgt, entspricht also 1 Coulomb $3 \cdot 10^9$ elektrostatischen Ladungseinheiten[1].

Die Identifizierung der Ströme mit Elektrizitätstransporten
legte die Vermutung nahe, daß ein genügend rasch bewegter
elektrisch geladener Körper ähnliche Wirkungen wie ein in
einem Leitungsdraht fließender Strom hervorruft. Dies vermochte in der Tat im Jahre 1876 der amerikanische Physiker
Rowland zu zeigen. Er versetzte eine elektrisch geladene
Scheibe in rasche Umdrehung und konnte nicht nur eine in
der Nähe befindliche Magnetnadel ablenken, sondern auch
feststellen, daß sich der Sinn der Ablenkung umkehrte, wenn
man entweder den Rotationssinn der Scheibe wechselte oder
das Vorzeichen ihrer Ladung. Hinsichtlich der magnetischen
Wirkung scheint also kein Unterschied zwischen Leitungs-
strömen und sogenannten *Konvektionsströmen* zu bestehen,
die auf einem mechanischen Transport elektrisch geladener
Körper beruhen.

19. Die elektrische Spannung.

Mehr noch als der Begriff der elektrischen Stromstärke
ist dem Laien aus dem modernen Alltagsleben der Begriff
der Voltzahl geläufig. Durch sie wird die elektrische Spannung gemessen, die für den elektrischen Strom eine ähnliche
Bedeutung wie etwa für einen Wasserstrom der Höhenunterschied besitzt. Es ist klar, daß die strömendem Wasser zu-
kommende Fähigkeit der Arbeitsleistung außer von der Menge
des etwa pro Sekunde durchfließenden Wassers auch von
dem Höhenunterschied abhängt, den das Wasser auf seinem
Wege zurücklegt. In der Elektrizitätslehre erscheint als Ana-
logon des Höhenunterschiedes die Spannung oder Potentialdifferenz, auch elektromotorische Kraft genannt. Denn sie ist

---

[1] Die geringfügige Abweichung der Lichtgeschwindigkeit von der runden
Zahl $3{,}00000 \cdot 10^{10}$ wird dabei vernachlässigt.

ebenso die treibende Ursache des elektrischen Stroms, wie es
der Höhenunterschied hinsichtlich des Wasserstroms ist. Als
Einheit der elektrischen Spannung dient nun das Volt. Zwei
wohl allgemein bekannte Tatsachen können von seiner Größe
eine ungefähre Vorstellung vermitteln: daß nämlich die
üblichen Taschenbatterien eine Spannung von etwa $1\frac{1}{2}$ Volt
und die elektrischen Lichtleitungen in der Regel eine solche
von 110 oder 220 Volt aufweisen.

Die exakte Definition des Volt ist wohl etwas schwierig,
möge aber doch wegen ihrer Wichtigkeit in einigen wenigen
Zeilen behandelt werden. Es sei zunächst daran erinnert,
daß die Hebung eines schweren Körpers um eine bestimmte
Höhe den Verbrauch einer bestimmten *Arbeit* erfordert, und
daß umgekehrt diese Arbeit „gewonnen" wird, wenn der
Körper durch die betreffende Höhe fällt, wenn z. B. 10000
Tonnen Wasser, abwärts fließend, 40 Meter tief sinken.
Jede Veränderung des Höhenniveaus eines schweren Körpers
ist mit einem Umsatz an Arbeit verbunden, sei es daß Arbeit
verbraucht oder gewonnen wird. In ähnlicher Weise wird
Arbeit verrichtet, wenn Elektrizität zwischen zwei Stellen
verschiedenen Potentials strömt, und in naheliegender Weise
kann als Einheit der *Spannung* diejenige Spannung definiert
werden, bei deren Durchlaufen eine Elektrizitätsmenge von
einer elektrostatischen Ladungseinheit eine Arbeit von 1 Erg
verrichtet[1]. Der dreihundertste Teil der so definierten Spannungseinheit wird ein *Volt* genannt[2].

Die Arbeit, die ein Strom von 1 Ampere und 1 Volt in
der Sekunde leistet, wird ein Voltampere oder gewöhnlich
nach dem Erfinder der Dampfmaschine ein *Watt* genannt.
Allgemein ist die Arbeitsleistung pro Sekunde, die sogenannte
Stromleistung, durch das Produkt von Voltzahl und Ampere-
zahl in Watt gegeben. Moderne Glühlampen verbrauchen,
um ein Beispiel anzuführen, etwa 10 bis 100 Watt, etwa je
ein halbes Watt pro Lichtstärkenkerze. Die von einem Strom

---

[1] Wegen des Begriffs des Ergs vgl. Abschnitt 7.

[2] Eine andere Definition des Volt (und zwar die gesetzliche) beruht darauf, daß die Spannung des Kadmium-Normalelementes gleich 1,0187 Volt
gesetzt wird; vgl. Abschnitt 20.

von 1 Watt in 1000 Stunden geleistete Arbeit, die sogenannte
Kilowattstunde (kWh) stellt eine aus dem Alltagsleben wohl-
bekannte Arbeitseinheit[1] dar, deren Bedeutung jedem, der in
seinem Haushalt elektrisches Licht verwendet, dadurch zum
Bewußtsein gebracht wird, daß er sie mit rund 30 Pfennig
bezahlen muß.

20. Der elektrische Widerstand.

Wenn man an einen und denselben Stromleiter eine Strom-
quelle von bestimmter Spannung anlegt und dann die Strom-
quelle durch eine andere von doppelt so hoher Spannung
ersetzt, so erweist sich die Stromstärke im zweiten Falle als
doppelt so groß wie im ersten. Ganz allgemein ist, wie 1827
Ohm fand und in dem nach ihm benannten Gesetze zum
Ausdruck brachte, die Stromstärke in einem bestimmten
Leiter der Spannung proportional, so daß der Quotient aus
Spannung und Stromstärke als eine den Leiter in elektrischer
Hinsicht charakterisierende meßbare Eigenschaft erscheint.
Der Quotient wird als der *Widerstand* bezeichnet; seine tech-
nische Einheit ist das „*Ohm*" Ω, nämlich derjenige Wider-
stand, bei dem eine Spannung (elektromotorische Kraft)
von 1 Volt einen Strom von 1 Ampere erzeugt.

Der Widerstand eines drahtförmigen Leiters erweist sich
wiederum als seiner Länge direkt und seinem Querschnitt
umgekehrt proportional. Der Widerstand eines Metalldrahtes
von 1 Meter Länge und 1 Quadratmillimeter Querschnitt wird
der spezifische Widerstand des betreffenden Metalls genannt.
Er beträgt bei Quecksilber ungefähr 1; d. h. eine Quecksilbersäule von 1 Meter Länge und 1 Quadratmillimeter
Querschnitt[2] besitzt einen Widerstand von etwa 1 Ω (genauer 0,96 Ω). Besonders gering ist der spezifische Widerstand bei Silber (0,016) und Kupfer (0,017), weshalb letzte-

---

[1] Es ist wohl zu beachten, daß das Watt eine Einheit der Leistung, hingegen die Wattstunde oder das Tausendfache hiervon eine Einheit der Arbeit
ist, und daß Leistung Arbeit pro Zeiteinheit bedeutet.

[2] Früher wurde der Widerstand eines solchen Quecksilberfadens auch
als Einheit des Widerstandes benutzt; in der Tat beträgt ja die Abweichung
von einem Ohm nur wenige Prozent.

res, verhältnismäßig billige Metall allgemein für Leitungsdrähte verwendet wird.

Der spezifische Widerstand ändert sich mit der *Temperatur*; er steigt zugleich mit ihr. Man kann diese Abhängigkeit, die besonders regelmäßig bei Platin ist, zu äußerst empfindlichen Temperaturmessungen verwenden. Mittels elektrischer Widerstandsthermometer können noch Temperaturdifferenzen von ein hunderttausendstel Grad gemessen werden.

Der spezifische Widerstand von *Legierungen* ist viel weniger von der Temperatur abhängig. Durch planmäßige Versuche ist sogar die Herstellung von Legierungen gelungen, deren spezifischer Widerstand praktisch temperaturunabhängig ist. Dazu gehören *Konstantan* (60% Kupfer, 40% Nickel) und Manganin (84% Kupfer, 4% Nickel, 12% Mangan).

Bei äußerst tiefen Temperaturen von etwa -269^0 C (also von etwa 4 Grad über dem absoluten Nullpunkt) zeigt sich bei bestimmten Metallen, wie Quecksilber, Blei, Zinn, das merkwürdige von K a m e r l i n g h O n n e s 1911 entdeckte Phänomen der *Supraleitung*. Jedes der Metalle, das diese seltsame Eigentümlichkeit besitzt, verliert bei einer ganz bestimmten, für das betreffende Metall charakteristischen extrem tiefen Temperatur seinen Widerstand praktisch völlig, so daß z. B. in einem Bleiring, den man in flüssiges Helium taucht[1], ein durch vorübergehendes Anlegen einer Stromquelle erzeugter Strom nach Entfernung der Quelle noch stundenlang fast ungeschwächt weiterfließt[2]. Erwähnenswert ist schließlich auch die Eigentümlichkeit des Selens, dessen spezifischer Widerstand durch Belichtung sehr herabgesetzt wird[3].

Die Messung von Widerständen erfolgt gewöhnlich durch Vergleich mit Normalwiderständen; man bedient sich dabei der sogenannten Widerstandskästen oder Rheostaten, die

---

[1] Dadurch wird die Temperatur des Bleirings auf etwa 4° über dem absoluten Nullpunkt dauernd erhalten.

[2] Auch Legierungen erwiesen sich als supraleitend, und zwar überraschenderweise auch Legierungen von Metallen, die selbst nicht als supraleitend bekannt sind.

[3] Vgl. Abschnitt 39.

Sätze von ganzzahligen Vielfachen von 100, 10, 1, $^1/_{10}$ und $^1/_{100}$ Ohm enthalten. Der Meßbereich solcher Instrumente erstreckt sich bis zu Zehntausenden von Ohm. Mittels besonderer Vorrichtungen, die für die Prüfung von Isolatoren wichtig sind, konnten aber auch Widerstände bis fast zu einer Billion Ohm gemessen werden.

Wenn ein Stromkreis mehrere Widerstände hintereinander enthält, so addieren sich diese natürlich. Ebenso addieren sich die elektromotorischen Kräfte von Stromquellen, wenn deren mehrere in dem Stromkreis eingeschaltet oder zu einer Batterie vereinigt sind. (Vgl. Abb. 22, aus der auch die konventionellen Zeichensymbole für eine Stromquelle, nämlich zwei parallele, ungleich lange und meist auch verschieden dicke Striche, und für einen Widerstand, nämlich eine gezackte Linie, ersichtlich sind.)

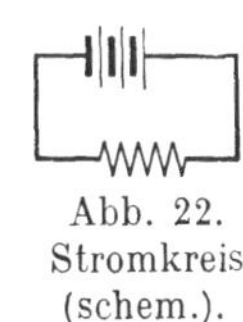

Abb. 22. Stromkreis (schem.).

Unter den galvanischen Elementen spielt das Weston-Element als Normalelement eine besondere Rolle, indem die Gleichsetzung seiner elektromotorischen Kraft mit 1,0183 Volt der internationalen gesetzlichen Definition des Volt dient[1]. Die in der Praxis heute viel benutzten Trockenelemente enthalten eine in eine Füllmasse eingelagerte Lösung von Salmiak; die Stelle der positiven Platte, der sogenannten positiven Elektrode, nimmt Kohle ein, während die negative Elektrode durch den Zinkbecher des Trockenelementes gebildet wird.

Das weitaus wichtigste galvanische Element ist heute der *Akkumulator*. Er besteht aus zwei in reine Schwefelsäure getauchten Bleiplatten, die in diesem Zustande indessen noch keinen Strom liefern. Der Akkumulator muß erst durch einen von außen her hindurchgesandten Strom vermittels dann eintretender chemischer Veränderungen „geladen" werden. Dann überzieht sich nämlich die eine Platte mit Bleisuperoxyd, während an der anderen Wasserstoff ausgeschieden wird, der umgekehrt imstande ist, Bleisuperoxyd in reines Bleimetall zu verwandeln. Im geladenen Zustand erscheint

---

[1] Die Hauptbestandteile des Weston-Elementes bilden Quecksilber, Cadmium-Amalgam und eine Lösung von Cadmiumsulfat.

der Akkumulator als ein „sekundäres" galvanisches Element[1]. Er ist nun imstande, vielstündigen Strom zu liefern, der entgegengesetzte Richtung wie derjenige Strom hat, mittels dessen die Ladung erfolgte. Hat sich der Akkumulator erschöpft, so kann er von neuem geladen werden. Im Betriebe hat ein Akkumulator eine Spannung von ziemlich genau 2 Volt, während zu seiner Aufladung eine Spannung von 2,6 Volt erforderlich ist. Man kann Akkumulatoren auch zur Herstellung von Batterien verwenden, mittels deren man bei entsprechenden Isolierungsmaßnahmen Hochspannungen bis zu rund 10000 Volt erzielen kann.

Das Ohmsche Gesetz, das das Produkt aus Stromstärke und Widerstand der elektromotorischen Kraft gleichsetzt, gilt nicht nur für den Stromkreis als ganzen, sondern auch für beliebige Teile des Stromkreises. Sind innerhalb seiner A und B zwei beliebige Stellen, so ist stets das Produkt aus der Stärke des zwischen A und B fließenden Stroms und dem zwischen A und B vorhandenen Widerstand gleich der Potentialdifferenz zwischen A und B.

Dies gilt auch im Falle einer Stromverzweigung für jeden einzelnen Teilstrom hinsichtlich seiner Stromstärke und seines Teilwiderstandes, und hierdurch ergibt sich auch die Möglichkeit einer *Spannungsteilung*. Legen wir z. B. die Spannung einer städtischen Lichtleitung von 220 V an einen durch entsprechende Regulierung teilbaren Widerstand F G (Abb. 23) und zweigen wir von F und H einen Nebenstromkreis ab, in dem der Verbrauchsapparat eingeschaltet ist, so verhält sich die in diesem herrschende Teilspannung zu der Hauptspannung von 220 V so wie der Teil F H des Regulierwiderstandes zu dem ganzen Widerstande F G. Indem man den Kontakt H beliebig verschiebt, kann man somit beliebige Teilspannungen hervorrufen[2].

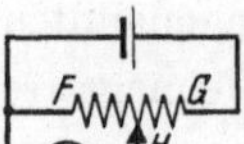

Abb. 23. Spannungsteilung (schem.).

---

[1] Als sekundär wird ein solches Element deshalb bezeichnet, weil erst die vorherige Durchsendung eines primären Stroms die spätere Stromlieferung ermöglicht, und zwar durch Ausnutzung von chemischen Veränderungen, die eine Folge des primären Stroms sind.

[2] Eine Vorrichtung der hier skizzierten Art wird als Spannungsteiler oder Potentiometer bezeichnet.

Aus dem Ohmschen Gesetz folgt schließlich auch, daß man jedes Galvanometer auf Grund seines bekannten Widerstandes in einen Spannungsmesser, in ein sogenanntes *Voltmeter* umeichen kann. Selbstverständlich verfügt die moderne Physik noch über zahlreiche andere Methoden, um Potentialdifferenzen zu messen, namentlich in den Bereichen sehr geringer und besonders hoher Spannungen.

21. Der Kondensator.

Wenn man zwei auf isolierenden Stützen ruhende Metallplatten einander gegenüberstellt und nun an die beiden Platten vorübergehend eine bestimmte Spannung, etwa die der städtischen Lichtleitung anlegt, so zeigen sich die beiden Platten entgegengesetzt elektrisch geladen (und zwar auch nach Entfernung der Leitung); ferner zeigt die Beobachtung, daß die Elektrizitätsmenge, die jeder der beiden Platten mit entgegengesetztem Vorzeichen anhaftet, bei festem Abstande der Platten proportional der angelegten Spannung ist. Man kann daher die Ladung gleichsetzen dem Produkte aus der Spannung und einer Größe, die bei gegebenem Plattenabstand für den als Kondensator bezeichneten Apparat charakteristisch erscheint und die man seine *Kapazität* nennt.

Als Einheit der Kapazität definiert man diejenige, die bei der Spannung von 1 Volt die Elektrizitätsmenge von 1 Coulomb aufzunehmen vermag. Diese Einheit, die man nach dem großen englischen Physiker Faraday als *Farad* bezeichnet, wäre aber für technische Zwecke viel zu groß. In der Praxis benutzt man darum als Einheit ihren millionsten Teil, das sogenannte Mikrofarad (μF).

Die Kapazität eines Plattenkondensators ist dem Plattenabstand umgekehrt proportional; überdies aber hängt sie, wie 1835 F a r a d a y entdeckte, wesentlich von der Zwischensubstanz zwischen den beiden Platten ab. Hatten wir an den Kondensator etwa eine Spannung von 220 V angelegt, so bleibt diese Spannung auch erhalten, wenn die beiden Drähte, die diese Spannung zuführten, entfernt werden. Wenn wir zwischen die geladenen Platten eine Glasscheibe schieben[1],

---

[1] Dies muß natürlich vorsichtig unter Vermeidung einer Berührung der

so beobachten wir ein Sinken der Spannung auf etwa 40 V. Die frühere Spannung von 220 V stellt sich aber wieder her, wenn wir die Glasscheibe wieder herausziehen.

Wir müssen daraus schließen, daß unter sonst gleichen Umständen die Kapazität eines Kondensators rund fünfmal vergrößert ist, wenn sich zwischen den Platten Glas statt Luft befindet. Derart läßt sich für jede die Elektrizität nicht leitende Substanz eine charakteristische Zahl angeben, die es ausdrückt, wievielfach die Kapazität eines Kondensators, bei Benutzung der Substanz zur Zwischenfüllung erhöht ist. Diese Zahl wird die *Dielektrizitätskonstante* genannt[1]. Für Glas beträgt sie nach dem vorhin Gesagten 5, für Hartgummi etwa 3, für Porzellan $4^1/_2$; für Wasser hat sie den enormen Wert 81.

Die beiden Platten eines Kondensators üben infolge ihrer entgegengesetzten elektrischen Ladungen aufeinander natür-

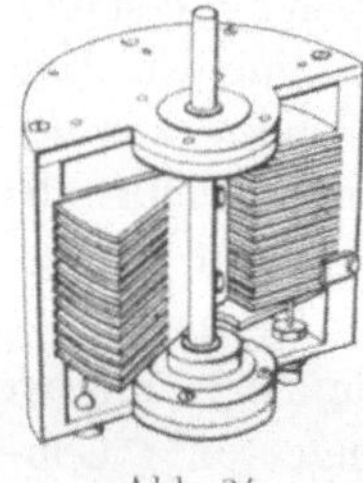
Abb. 24.
Drehkondensator.

lich eine anziehende Kraft aus, wie man auch direkt durch eine Waage feststellen kann. Umgekehrt kann man die Anziehung zu der Messung von Potentialdifferenzen benutzen.

Historisch bedeutsame und sehr bekannte Formen des Kondensators sind die Leidener Flasche und die Franklinsche Tafel; sie bestehen aus Glas, das beiderseits mit Stanniol beklebt ist[2]. In der modernen Technik und Experimentalphysik benutzt man als einen in seiner Kapazität genau regulierbaren Apparat den sogenannten *Drehkondensator*. Er besteht aus einem Satz halbkreisförmiger Metallplatten, zwischen die durch Drehung an einem Knopf ein zweiter Satz hineingeschoben werden kann (Abb. 24); jedem Drehungswinkel entspricht ein bestimmter Wert der Kapazität.

---

geladenen Metallplatten geschehen; auch ist vorausgesetzt, daß die eingeführte Scheibe ebenso dick wie der Zwischenraum ist.

[1] Auch der Luft als solcher muß man eine Dielektrizitätskonstante gegenüber dem leeren Raume zuschreiben, die allerdings von Eins kaum verschieden ist; sie beträgt 1,00059.

[2] Je näher die beiden Platten zueinander sind, um so größer ist die Erhöhung der Kapazität (daher der Name Kondensator).

Ebenso wie bei einem Kondensator können wir bei jedem
beliebigen einzelnen, die Elektrizität leitenden Körper, also
bei jedem „Konduktor“, von einer Kapazität sprechen. Wir
haben dann unter der Spannung den Potentialunterschied des
Konduktors gegenüber der *Erde* oder einem beliebigen, leitend
mit der Erde verbundenen („geerdeten“) Körper zu verstehen.
Aus dem Coulombschen Gesetz kann leicht gefolgert werden,
daß das Potential einer Metallkugel gleich sein muß ihrer
Ladung, gebrochen durch den Kugelhalbmesser[1]. Im speziellen Fall einer Kugel erweist sich also die Kapazität als
mit dem Radius gleichbedeutend. Es läßt sich auch leicht
zeigen, daß 1 Mikrofarad einem Radius von 9 Kilometern
entspricht[2]. Eine Metallkugel vom Radius der Erde hätte
eine Kapazität von 707 Mikrofarad. Wenn man einer solchen
Riesenkugel die Spannung einer Lichtleitung, also etwa
220 Volt, geben würde, hätte sie ungefähr eine Ladung von
der Größe derjenigen Elektrizitätsmenge, die in einer Sekunde
durch den Querschnitt des Fadens einer Glühlampe fließt.

22. Das elektrische Feld.

Mit dem Begriffe der Spannung, mit dem wir uns bereits vielfach beschäftigt haben, hängt enge der Begriff der
elektrischen Feldstärke und damit des elektrischen Feldes
zusammen. Unter einem elektrischen Felde verstehen wir
ganz allgemein ein Gebiet, innerhalb dessen Potentialunterschiede, also elektrische Spannungen bestehen. Die Folge solcher Spannungen ist, daß auf eine in dem Felde befindliche
Ladung eine Kraft wirkt. Dividiert man sie durch die Ladung,
so erhält man die „Kraft pro Ladungseinheit“ oder *elek-*

---

[1] Die Ladung einer Kugel wirkt nämlich nach außen so, als ob sie in
dem Kugelmittelpunkt vereinigt wäre. Das Potential entspricht aber der
Arbeit, die erforderlich ist, um gegen diese Kraft eine elektrostatische
Ladungseinheit aus dem Unendlichen bis in diejenige Entfernung vom
Mittelpunkt zu bringen, die dem Radius gleich ist. Daraus folgt durch eine
einfache Rechnung (sogenannte Integration) die angegebene Beziehung.

[2] Es ist nämlich ein Coulomb gleich $3 \cdot 10^9$ elektrostatischen Einheiten
und ein Volt gleich $1/300$ der elektrostatischen Spannungseinheit. Dividiert
man $3 \cdot 10^9$ durch $1/300$, so erhält man $9 \cdot 10^{11}$ als Wert des Farad in Zentimetern. Daher entsprechen einem Mikrofarad als dem millionsten Teil
$9 \cdot 10^5$ cm.

trische Feldstärke. Das an einer Stelle des Feldes in der Kraftrichtung herrschende Potentialgefälle, also der Potentialunterschied pro cm, ist, wie sich leicht zeigen läßt, der elektrischen Feldstärke gleich[1]. Man gibt darum die Feldstärke in Volt pro Zentimeter an. Die stärksten technisch herstellbaren Felder haben ein Gefälle von einigen Millionen Volt pro cm. Auch die Atmosphäre stellt ein elektrisches Feld dar, in dem normalerweise das Potentialgefälle an der Erdoberfläche etwa 1 Volt pro cm beträgt, bei Gewittern aber bis auf ungefähr 1000 Volt pro cm ansteigen kann.

Ziehen wir im elektrischen Felde derart eine Kurve, daß sie überall die Richtung der dort herrschenden elektrischen Kraft anzeigt, so erhalten wir eine sogenannte *Kraftlinie*. Von solchen Kraftlinien können wir uns jedes elektrische Feld durchzogen denken. Wir können uns die Kraftlinien aber auch unmittelbar anschaulich machen, indem wir ein elektrisches Feld auf einer Glasplatte erzeugen und diese mit Gipspulver unter mehrmaligem Klopfen bestreuen. Die winzigen Gipskristalle ordnen sich dann unter der Einwirkung der elektrischen Kraft zu Kraftlinien an. Abb. 25 zeigt beispielsweise die Feldlinien eines Kondensators; auf die Glasplatte wurden dabei zwei Stanniolstreifen geklebt und mit einer Stromquelle von hoher Spannung verbunden. Aus der Abbildung ersieht man (wie es auch als Notwendigkeit aus der Theorie folgt), daß die Kraftlinien senkrecht aus der Oberfläche eines geladenen Körpers austreten und auch senkrecht wieder in einen geladenen Körper münden.

Wesentlich verschieden ist im elektrischen Felde das Verhalten von *Leitern* oder Konduktoren und von *Isolatoren*. Nur in letzteren können Potentialunterschiede bestehen, können also Kraftlinien verlaufen, ohne daß ein Strom fließt. In Leitern sind hingegen keine Potentialdifferenzen möglich, die nicht sofort durch Fließen eines Stromes beseitigt würden — es sei denn, daß durch Anlegen einer ständigen Strom-

---

[1] Aus der Definition des Potentials folgt nämlich, daß (wie man in der Sprache der Mathematik sagt) der negative Differentialquotient des Potentials nach der Entfernung der auf die Ladungseinheit wirkenden Kraft gleich sein muß.

quelle (z. B. eines galvanischen Elementes) die Spannung
aufrechterhalten wird. Der wesentliche Unterschied zwischen
Leitern und Isolatoren besteht eben darin, daß in den ersteren
die in den Körpern vorkommenden elektrischen Ladungen[1]
entlang den Kraftlinien frei beweglich sind, während dies in
den Isolatoren nicht der Fall ist.

Da innerhalb eines Leiters keine Potentialunterschiede
möglich sind, kann es auch im Innern eines Leiters kein
elektrisches Feld geben. Die Ladung eines Konduktors kann

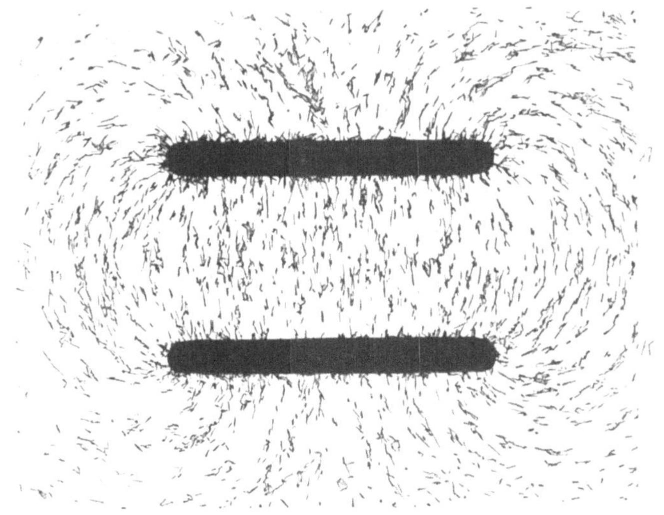

Abb. 25. Elektrische Kraftlinien eines Kondensators. (Aus Pohl, A. W.:
Einführung in die Elektrizitätslehre. 3. Aufl. Berlin: Julius Springer 1931.)

nur an dessen *Oberfläche* seinen Sitz haben. Selbstverständ-
lich gilt dies nicht nur für massive, sondern auch für hohle
Konduktoren. Mannigfache Experimente bestätigen in der
Tat unmittelbar das Fehlen eines Feldes im Innern geladener
Konduktoren.

Aus der Beweglichkeit der Ladungen innerhalb eines Leiters folgt ferner auch die schon in der Mitte des 18. Jahrhunderts entdeckte Erscheinung der elektrischen *Influenz*[2].

[1] Man denke vor allem an die Elektronen!
[2] Die Entdecker der elektrischen Influenz waren Wilke und Aepinus.

Bringt man in die Nähe eines etwa positiv geladenen Körpers A einen isolierten, ursprünglich neutralen Konduktor B, so bewirkt die Verschiebbarkeit der Ladungen innerhalb des Körpers B, daß er an dem dem Körper A zugewandten Ende eine negative, an dem abgewandten Ende hingegen eine positive Ladung annimmt — als Folge der anziehenden und abstoßenden Kräfte, die von dem Körper A ausgehen. Leitet man den Körper B zur Erde ab, so fließt die positive Elektrizität ab, während die negative Elektrizität bleibt. Wird der Körper A weggebracht, so verbreitet sich die negative Elektrizität über den Körper B. Man kann also durch Influenz den Konduktor B durch den Körper A entgegengesetzt laden, ohne daß eine unmittelbare Berührung notwendig wäre.

23. Das magnetische Feld.

In ähnlichem Sinne wie von einem elektrischen spricht man in der Physik auch von einem magnetischen Felde. Man versteht darunter ein Gebiet, innerhalb dessen auf einen hineingebrachten Magnetpol eine Kraft wirkt, und bezeichnet als magnetische Feldstärke diejenige Kraft, die auf einen Pol von der Stärke Eins ausgeübt wird[1]. Die übliche Einheit der magnetischen Feldstärke ist das „Gauß", so benannt nach dem großen deutschen Mathematiker, der um 1820 die Theorie des Magnetismus begründete und übrigens zusammen mit Weber auch der Erfinder des elektromagnetischen Telegraphen wurde. Eine Feldstärke von ein Gauß herrscht dort, wo ein Pol von der Stärke Eins eine Kraft von 1 Dyn erfährt[2]. Auf der Erdoberfläche befinden wir uns durchwegs in einem von dem Magnetismus der Erde herrührenden Felde, in dem die Feldstärke etwa ein halbes Gauß beträgt. Die stärksten Magnetfelder, die bisher die Physiker als dauernde Felder herstellen konnten, haben Zehntausende von Gauß; mittels elektrischer Entladungen konnten sogar vorübergehende Magnetfelder von mehr als einer Million Gauß hervorgerufen werden[3].

---

[1] Wegen der Definition der Polstärke Eins sei an Abschnitt 18 erinnert.
[2] Wegen des „Dyn" vgl. Abschnitt 17.
[3] Dies gelang um 1930 Kapitza und seinen Mitarbeitern.

Magnetische Kraftlinien kann man in ähnlicher Weise wie
elektrische veranschaulichen, indem man Eisenfeilspäne auf ein
Blatt steifen Papiers streut. So zeigt Abb. 26 den Linienver-

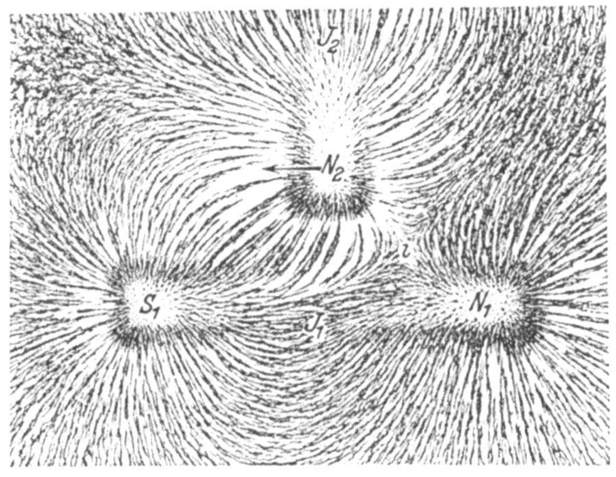

Abb. 26. Kraftfeld zwischen zwei Stabmagneten.

lauf zwischen zwei Stabmagneten, also mehreren Polen. Abb. 27
gibt den Kraftlinienverlauf rings um einen langen, geraden,
von einem Strom durchflossenen Leiter wieder; in diesem
Falle sind die Kraftlinien konzentrische Kreise, die den Draht

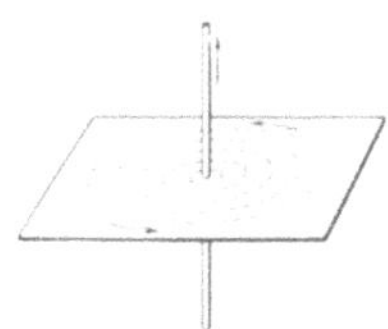

Abb. 27. Magnetische Kraftlinien
um einen geradlinigen Stromleiter.

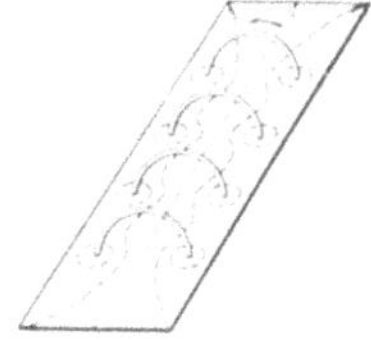

Abb. 28. Kraftlinien im Inneren
einer Stromspirale.

in einer zu ihm senkrechten Ebene umringen. Im Inneren
einer von einem Strom durchflossenen *Spirale*, eines „Sole-
noids", verlaufen die Kraftlinien, wie Abb. 28 zeigt, nahezu
parallel und senkrecht zu der Ebene der Windungen. Im
Inneren einer solchen Spule herrscht infolgedessen ein nahezu

homogenes Magnetfeld. Die magnetische Feldstärke ist praktisch überall die gleiche[1].

Da Kraftlinien, wie die Abb. 26 zeigte, zwischen entgegengesetzten, also einander anziehenden Polen verlaufen, so ersehen wir, daß entlang ihrer ein Zug herrschen muß, der sie zusammenzuziehen trachtet, ähnlich wie in einer gespannten Gummischnur. Ebenso zeigt die Abb. 26 deutlich, daß quer zu den Kraftlinien ein Druck herrscht, der benachbarte Kraftlinien auseinander zu treiben sucht. Wenn wir nun durch das

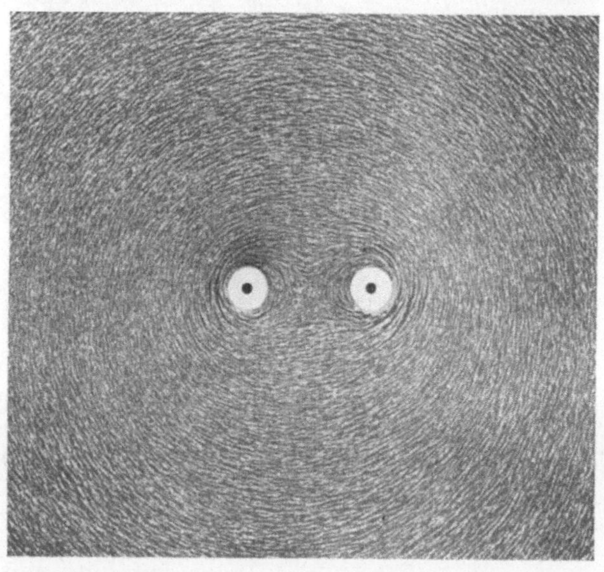

Abb. 29. Anziehung zwischen gleichgerichteten Strömen. (Aus Hermann, J.: Elektrotechnik I. Sammlung Göschen 196.)

steife Papier, auf das wir die Eisenfeilspäne aufstreuen, zwei geradlinige stromführende Drähte stecken, so ordnen sich bei gleicher Stromrichtung die magnetischen Kraftlinien gemäß Abb. 29; der entlang den Kraftlinien herrschende Zug trachtet also dann die beiden Drähte, falls sie beweglich sind, einander zu nähern. Wenn hingegen die beiden Drähte Strom in entgegengesetzter Richtung führen, so verlaufen die

---

[1] Dies folgt daraus, daß Kraftlinien weder konvergieren noch divergieren.

Kraftlinien gemäß Abb. 3o; die Kraftlinien suchen dann die beiden Drähte voneinander zu entfernen. Die Abb. 29 und 3o veranschaulichen so das 1820 von A m p è r e aufgestellte elektrodynamische Grundgesetz, wonach parallele *Ströme* einander *anziehen* oder *abstoßen*, je nachdem ob sie gleich oder entgegengesetzt gerichtet sind. Das Ampèresche Gesetz kann leicht unmittelbar bestätigt werden, indem man zur Stromleitung biegsame Metallfäden verwendet.

An biegsamen Stromleitern kann man auch leicht nach-

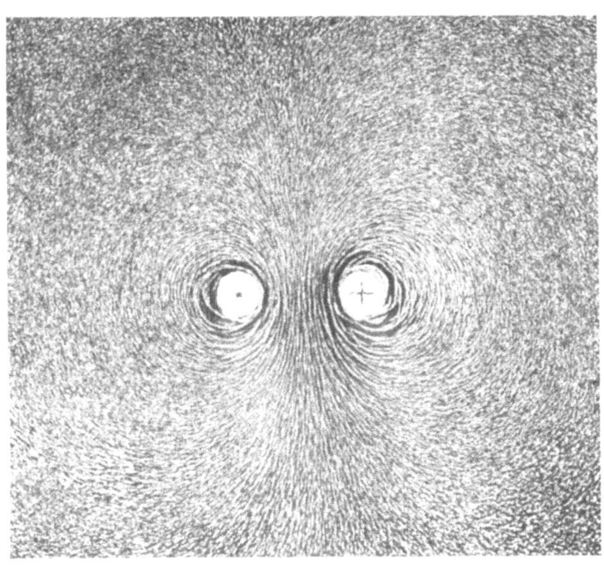

Abb. 30. Abstoßung zwischen entgegengesetzt gerichteten Strömen. (Aus Hermann, J.: Elektrotechnik I. Sammlung Göschen 196.)

weisen, daß sie in einem Magnetfeld abgelenkt werden. Verlaufen die magnetischen Kraftlinien senkrecht zur Stromrichtung, so erfolgt die Ablenkung in einer Richtung, die sowohl zu den Kraftlinien als auch zur Stromrichtung senkrecht ist. Da ein bewegtes, elektrisch geladenes Teilchen, wie wir sahen[1], einen Konvektionsstrom darstellt, be-

---

[1] Vgl. Abschnitt 18.

schreibt es daher in einem quergerichteten Magnetfeld einen Kreis[1].

Eine Stromspule verhält sich ganz wie ein Magnet. Sie stellt sich daher auch, wenn man sie frei aufhängt, gleich einer Kompaßnadel in die Süd-Nord-Richtung ein. Nach Norden weist dabei dasjenige Spulende, von dem aus gesehen der Strom entgegengesetzt dem Uhrzeiger kreist (Abb. 31). Die von einer Stromspule ausgehende Kraft erfährt eine sehr beträchtliche, rund 2000fache Verstärkung, wenn in die Spule ein Stab aus weichem Eisen eingeführt wird. Geradlinige, hufeisen- oder halbkreisförmige Eisenzylinder, die den Kern einer Stromspirale bilden, stellen daher *Elektromagnete* von starker Wirkung dar. Abb. 32 zeigt einen derartigen modernen „Riesenmagneten“.

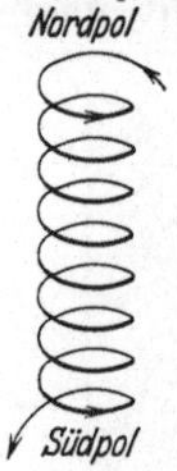

Als ein Magnetfeld größten Maßstabes müssen wir auch dasjenige der Erde ansehen. Wie die erdmagnetischen Messungen erkennen lassen, schließt die die beiden magnetischen Pole der Erde verbindende Achse einen Winkel von derzeit ungefähr 12 ^{0} mit der Umdrehungsachse der Erde, also der Verbindungslinie von geographischem Nord- und Südpol, ein. Der eine magnetische Pol der Erde liegt im arktischen Nordamerika, der andere südlich von Australien in der Südsee[2]. Als Elemente des *Erdmagnetismus* bezeichnet man Deklination, Inklination und Horizontalintentität.

Unter *Deklination* versteht man den Winkel, den die Kompaßnadel mit der astronomischen Süd-Nord-Richtung einschließt; im mittleren Deutschland beträgt derzeit die Deklination etwa zehn Grad westlich. Als *Inklination* bezeichnet man den Winkel, den eine um eine horizontale Achse drehbare Kompaßnadel bei Einstellung in den magnetischen Meridian[3] mit der Horizontalebene bildet; er beträgt in

Abb. 31.
Strom-
spule
(schem.)

---

[1] Vgl. das in dem späteren Abschnitt 58 über die Kathodenstrahlen Gesagte.

[2] Da der Nordpol der Kompaßnadel (also der nach Norden weisende) von Südpolen angezogen wird, stellt der auf der nördlichen Erdhälfte liegende magnetische Pol der Erde eigentlich einen Südpol dar.

[3] Unter dem magnetischen Meridian versteht man die Vertikalebene, in die sich die Kompaßnadel einstellt.

Deutschland etwa 60 bis 70⁰, wobei der Nordpol der Magnetnadel abwärts weist. Unter *Horizontalintensität* versteht man
schließlich die Horizontalkomponente der erdmagnetischen

Abb. 32. Riesenmagnet von Kamerlingh Onnes (Siemens-Halske).

Feldstärke [1]; sie beträgt ungefähr 0,2 Gauß. Die erdmagnetischen Elemente sind ebensowenig konstant, wie die Lage

[1] Man muß sich die totale Feldstärke in eine horizontale und vertikale
Teilkraft zerlegt denken.

der magnetischen Pole fest ist; sie unterliegen täglichen und jährlichen Schwankungen und überdies vieljährigen, sogenannten säkularen Veränderungen.

Bis in die Mitte des 19. Jahrhunderts hatte der Magnetismus als eine spezielle Eigenschaft einiger bevorzugter Stoffe, vor allem des Eisens, gegolten. Erst im Jahre 1845 entdeckte Faraday im Magnetismus eine universelle Eigenschaft aller Materie. Doch stellte Faraday auch fest, daß sich nur ein Teil der Stoffe wie eine Kompaßnadel in die Richtung der magnetischen Kraftlinien einstellt; die anderen stellen sich senkrecht zu den Kraftlinien. Stoffe der ersten Klasse nannte Faraday *paramagnetisch*, solche der zweiten Klasse *diamagnetisch*. Zur ersten Klasse gehören z. B. Chrom, Platin, viele wässerige Lösungen von Metallsalzen; zur zweiten Wismut, Schwefel und die meisten Gase. Ob ein Körper para- oder diamagnetisch erscheint, hängt freilich auch von seiner Umgebung ab.

Para- und Diamagnetismus sind ungemein schwach, verglichen mit dem Magnetismus des Eisens. In der Tat weisen nur ganz wenige Stoffe, die man als *ferromagnetisch*[1] bezeichnet, einen Magnetismus von derselben Größenordnung wie Eisen auf. Dazu gehören außer Nickel und Kobalt[2] auch einige von Heusler um 1900 entdeckte Legierungen von an sich kaum magnetischen Metallen; besonders stark ferromagnetisch ist z. B. eine Mangan-Aluminium-Kupfer-Legierung.

Im magnetischen Verhalten besteht ein wesentlicher Unterschied zwischen Stahl und weichem Eisen. Ersterer ist schwer magnetisierbar, behält aber den einmal hervorgerufenen Magnetismus bei; weiches Eisen ist leicht magnetisierbar, verliert aber seinen Magnetismus sofort, wenn etwa der Strom aufhört, der das Eisen magnetisierte. In besonders hohem Maße kommt die Eigenschaft leichter und starker Magnetisierbarkeit dem um 1925 in Amerika erfundenen Permalloy[3]

---

[1] Ferrum ist das lateinische Wort für Eisen.

[2] Bemerkenswert ist, daß Eisen, Nickel und Kobalt bei bestimmten Temperaturen (dem sogenannten Curie-Punkt) den Ferromagnetismus verlieren, Nickel z. B. bei 375° C, Eisen bei 750° C.

[3] Auf Englisch heißt Alloy Legierung, während Perm die Abkürzung für

74

zu, einer aus 78% Nickel und 22% Eisen bestehenden Legierung, die für technische Anwendungen, namentlich in der Telephonie, eine außerordentliche Bedeutung erlangt hat.

24. Die Induktionsströme.

Im Jahre 1931 wurde in England unter der Teilnahme aller Kulturnationen der Erde das hundertjährige Jubiläum der physikalischen Entdeckung gefeiert, der die Elektrotechnik ihre Entstehung verdankt und die wie vielleicht keine zweite den Werdegang der menschlichen Zivilisation beeinflußt hat. Es war Faradays Entdeckung der Induktionsströme.

Die Tatsache, daß jeder elektrische Körper durch Influenz auch benachbarte Körper zu laden vermag, brachte Faraday auf den Gedanken, daß vielleicht auch ein elektrischer Strom einen anderen hervorrufen könne. Mit Versuchen, die diese Vermutung bestätigen sollten, hatte Faraday allerdings zunächst nicht mehr Glück als manche Zeitgenossen. Er verband einen um eine hölzerne Spule gewundenen Draht mit einer Batterie und wand um diesen, den primären Stromkreis darstellenden Draht einen zweiten, von ihm gut isolierten, der zu einem Galvanometer führte; aber obwohl Faraday seine Batterie immer mehr und mehr verstärkte, zeigte das Galvanometer keine Spur eines Ausschlags. Erst nachdem Faraday seine Versuche lange vergebens fortgesetzt hatte, glückte ihm die Beobachtung, daß ein kleiner vorübergehender Ausschlag des Galvanometers bei dem Öffnen (Ausschalten) oder Schließen (Einschalten) des primären Stroms eintrat, und zwar in den beiden Fällen in entgegengesetzten Richtungen.

So erkannte 1831 Faraday, daß das Entstehen oder Vergehen eines elektrischen Stroms in einem anderen Leiterkreis einen sekundären Strom hervorruft, den Faraday als *Induktionsstrom* bezeichnete. Ein solcher wird, wie Faraday bald darauf feststellte, auch durch Annäherung oder Entfernung einer von einem Strom durchflossenen Spule sowie

---

Permeabilität sein soll, nämlich diejenige physikalische Eigenschaft, die als Maß des Ferromagnetismus dient.

durch Annäherung oder Entfernung eines gewöhnlichen Magneten erzeugt[1].

Das quantitative Gesetz der Induktionsströme wurde 1845 von Franz Neumann gewonnen, der dabei den Begriff des magnetischen Kraftflusses benutzte. Betrachten wir eine von einem durchströmten Drahte umschlossene Fläche, so finden wir den magnetischen Kraftfluß, indem wir durch jeden Quadratzentimeter der Fläche so viel magnetische Kraftlinien legen, als an dieser Stelle der Wert der magnetischen Feldstärke in Gauß beträgt[2]. Haben wir statt einer einzelnen Drahtwindung eine ganze Spule, so haben wir die Zahl der magnetischen Kraftlinien überdies noch mit der Gesamtzahl der Windungen zu multiplizieren. Dann erhalten wir den magnetischen Kraftfluß durch die Spule[3].

Wie nun Neumann fand, ist die induzierte elektromotorische Kraft in elektromagnetischen Spannungseinheiten (von denen eine 3oo Volt entspricht[4]) gleich der auf die Sekunde bezogenen Änderung des magnetischen Kraftflusses. Je rascher sich also dieser ändert, desto stärker ist der in einem gegebenen Leiterkreis induzierte Strom.

Das Neumannsche Gesetz findet seine Ergänzung in einer bereits 1834 von dem russischen Physiker Lenz aufgestellten Regel. Nach dieser fließt der induzierte Strom immer in solchem Sinne[5], daß er durch die von ihm ausgehende Kraft den Vorgang zu hemmen sucht, der ihn hervorrief.

Aus dem Induktionsgesetz folgt, daß in jedem Leiter eine

---

[1] Je nachdem, ob die Induktion durch einen anderen Strom oder einen Magneten erfolgt, unterschied man „Volta-Induktion" und „Magnet-Induktion"; doch hat diese Gegenüberstellung heute wohl nur noch historische Bedeutung.

[2] Natürlich kann man sich die Fläche auch in Quadratmillimeter zerlegt und durch jeden Quadratmillimeter soviel Kraftlinien gezogen denken, als die Feldstärke in je hundert Gauss beträgt.

[3] Ist die Spule nicht leer, sondern mit irgendeinem Stoffe (z. B. Eisen) gefüllt, so ist überdies noch mit einer für diesen Stoff charakteristischen (der Dielektrizitätskonstanten analogen) Zahl, der sogenannten magnetischen Permeabilität zu multiplizieren; sie ist nur für ferromagnetische Stoffe wesentlich von Eins verschieden und beträgt z. B. für weiches Eisen etwa 2000.

[4] Vgl. Abschnitt 19.

[5] Von oben gesehen kann in einer Spule der Strom sowohl in der Richtung des Uhrzeigers als auch ihm entgegengesetzt fließen!

Änderung der Stromstärke durch „*Selbstinduktion*" eine elektromotorische Kraft erzeugen muß. So entsteht stets durch Öffnen oder Schließen eines Stroms ein sekundärer *Extrastrom*. Aus der Lenzschen Regel ergibt sich, daß er, bei der Öffnung, der Stromunterbrechung entgegenwirkt und somit in der Richtung des primären Stroms fließt, hingegen bei dem Schließen, also dem Einschalten des Stroms, diesem entgegengesetzt ist und ihn schwächt. Der Extrastrom verzögert demnach sowohl das Anwachsen des Stroms nach der Einschaltung als auch sein Verschwinden nach der Ausschaltung.

Sehr stark ist die Selbstinduktion natürlich bei den Stromspiralen. Will man aber Wicklungen mit möglichst geringer Selbstinduktion (zur Erreichung eines bestimmten Ohmschen Widerstandes) herstellen, so muß man den Draht *bifilar* aufwickeln, nämlich so, daß immer je zwei benachbarte Windungen den Strom in entgegengesetzter Richtung leiten (Abb. 33). Sehr stark äußert sich die Selbstinduktion auch in Metallstücken, in denen eine induzierte elektromotorische Kraft regellose Wirbelströme hervorruft, deren Energie sich in Wärme umwandelt. Um das Entstehen solcher jedesfalls schädlicher Wirbelströme möglichst zu beschränken, benutzt man als Kerne von Spulen statt massiver Eisenstäbe grundsätzlich Bündel von untereinander isolierten Drähten. Aus demselben Grunde unterteilt man auch eiserne Bestandteile von Maschinen unter Einfügung isolierender Zwischenschichten.

Abb. 33.
Bifilarwicklung.

Ganz allgemein kann die durch Selbstinduktion hervorgerufene elektromotorische Kraft gleich gesetzt werden dem Produkt aus der auf die Sekunde bezogenen (oder umgerechneten [1]) Änderung der Stromstärke und einer für den Stromkreis charakteristischen Größe, die man den Selbstinduktionskoeffizienten oder die *Induktivität* nennt. Als Einheit benutzt man das nach einem amerikanischen Physiker so benannte *Henry*; dieser Wert kommt einem Leiter zu, in dem eine elektromotorische Kraft von 1 Volt dann durch Selbstinduk-

---

[1] Man kann z. B. auch die Änderung auf eine tausendstel Sekunde beziehen und dann mit 1000 multiplizieren.

tion erzeugt wird, wenn sich die Stromstärke um 1 Ampere
pro Sekunde ändert. Die in der Radiotechnik benutzten Spulen haben Selbstinduktionskoeffizienten von einigen tausendstel Henry.

Ebenso wie die Drehkondensatoren als variable Kapazitäten,
so spielen in der Elektrotechnik auch geeignete Instrumente
als veränderliche Induktivitäten eine wichtige Rolle. Man
bezeichnet sie als Variometer. Aus den frühen Entwicklungs-
stadien des Radio ist wohl sehr vielen eine der einfachsten
Formen des Variometers in Erinnerung; nämlich eine Kombination zweier flacher Spulen, von denen die eine fest und
die andere drehbar ist. Mit dem Drehwinkel ändert sich die
Selbstinduktion.

25. Gleichstromgenerator und Elektromotor.

Faradays Entdeckung der Induktionsströme schuf die
Grundlage für die Konstruktion von Maschinen, die in großem Maßstabe mechanische Energie in elektrische verwandeln und die als *Stromgeneratoren* bezeichnet werden. Sie beruhen durchwegs auf dem Prinzip, daß durch Rotationen
periodische Änderungen des magnetischen Kraftflusses hervorgerufen werden, der ein als Anker bezeichnetes System
von Spulen durchsetzt, und daß hierdurch Induktionsströme
erzeugt werden.

In einer Spule, die in einem Magnetfeld in eine periodische
Bewegung versetzt wird, muß natürlich auch die induzierte
elektromotorische Kraft periodisch ihre Richtung ändern. Sie
pendelt zwischen einem größten Werte in der einen und
einem gleich großen Werte in der entgegengesetzten Richtung hin und her, und unter dem Einflusse einer solchen
Wechselspannung entsteht auch in der Spule ein Strom, der
seine Richtung ständig ändert. Man kann nun entweder der
Spule Wechselstrom entnehmen oder durch geeignete, hier
nicht näher zu erörternde Vorrichtungen es bewirken, daß
in der äußeren Leitung periodisch aufeinanderfolgende
gleichgerichtete Stromstöße entstehen. Bei derartigen „Gleichstromgeneratoren" läßt man stets den Anker in einem von
festen Magneten erzeugten Magnetfeld rotieren.

Mannigfache Strommaschinen wurden bereits in den ersten Jahrzehnten seit Faradays Entdeckung konstruiert[1]. Der eigentliche Aufschwung der *Starkstromtechnik* begann jedoch erst, als 1867 S i e m e n s auf den glücklichen Gedanken kam, den erzeugten Induktionsstrom zugleich zur Verstärkung des Feldmagneten zu benutzen; dadurch wurde Siemens der Erfinder der selbsterregten *Dynamomaschine*. Er ging von der Tatsache aus, daß Eisen, das einmal magnetisch gewesen war, stets etwas Magnetismus bewahrt. Dieser „remanente" Magnetismus ist bei den festen Elektromagneten einer Maschine, wie Siemens erkannte, bereits hinreichend, um in dem in Rotation versetzten Anker einen, wenn auch wohl nur schwachen Induktionsstrom hervorzurufen. Dieser Strom wird nun in der Dynamomaschine durch die Windungen des festen Elektromagneten geleitet. Dadurch wird dessen Magnetismus verstärkt, somit natürlich auch wieder der magnetische Kraftfluß und infolgedessen rückwirkend der Induktionsstrom, der nun seinerseits wieder den Magnetismus erhöht. Diese wechselseitige Verstärkung setzt sich während des „Angehens" der Maschine bis zu hohen Werten fort, wobei die erreichte Grenze von der Beschaffenheit der Maschine abhängt.

Das von Siemens entdeckte „dynamo-elektrische Prinzip" ermöglichte so die Konstruktion selbsterregter Generatoren, während früher, woferne man nicht die viel schwächeren permanenten Magnete benutzte, besondere Hilfsmaschinen zur Speisung der Elektromagnete notwendig gewesen waren. Einen großen Fortschritt in der Entwicklung der Dynamomaschine stellte die Erfindung einer besonders zweckmäßigen Ankerwicklung durch v. H e f n e r - A l t e n e c k (1873) dar, weil durch sie erst die Erzeugung fast vollkommen kontinuierlicher Gleichströme mit sehr geringen Schwankungen ermöglicht wurde[2].

Wenn in eine ruhende Dynamomaschine von außen irgend-

---

[1] Die älteste stromerzeugende Maschine wurde 1832 von P i x i i erfunden.

[2] Ein Vorläufer des von Hefner-Alteneck erfundenen „Trommelankers" war der schon 1860 erfundene „Pacinottische Ring", den 1870 Gramme zur Konstruktion der ersten praktisch brauchbaren Dynamomaschine benutzte.

wie elektrischer Strom, etwa der von einer zweiten Dynamomaschine gelieferte, eingeführt wird, so gerät der Anker in
Rotation infolge der anziehenden und abstoßenden Kräfte,
die zwischen den Feldmagneten und den stromführenden
Windungen wirken. Wird die Ankerachse durch Treibriemen
mit einer beliebigen Maschine verbunden, so vermag daher
die Dynamomaschine diese zu treiben und somit als *Elektromotor* Arbeit zu verrichten. Von der zugeführten Stromenergie geht allerdings ein Teil innerhalb des Motors als
„Leerlaufarbeit" verloren; der Überschuß kann jedoch als
Arbeit nach außen hin abgegeben werden. Da Elektromotoren
in der Regel nur verhältnismäßig kleine Ankerwiderstände
haben, darf man sie, wenn man sie in Gang setzen will,
nicht ohne weiteres mit der Stromquelle verbinden, weil
sonst vor Beginn der Rotation des Ankers die Stromstärke
viel zu groß wäre und Schaden stiften könnte; es müssen
daher besondere Regulierwiderstände zum „Anlassen" des
Motors benutzt werden.

Ein aus dem Alltagsleben wohl bekanntes Beispiel von
Elektromotoren bieten die elektrischen *Straßenbahnen*. Bei
ihnen wird die Rotation der Achse des Elektromotors auf
Räder übertragen, die auf Schienen laufen und den den
Motor umschließenden Wagen mitführen. Der Strom wird
gewöhnlich oberirdisch zugeführt, indem ein mit dem Wagen
federnd verbundener Drahtbügel an der Stromleitung schleift.
Die Rückleitung des Stroms erfolgt durch die Schienen [1].
Die Spannung zwischen Hin- und Rückleitung wird auf ungefähr 5oo Volt gehalten. Von sonstigen aus dem täglichen
Leben bekannten Anwendungen der Elektromotoren seien
nur kurz genannt: der Staubsauger, der Parkettbohner, die
Waschmaschine, der Ventilator und der elektrische Personenaufzug.

Gleichstrom-Dynamomaschine und Elektromotor sind, wie
schon betont, in ihrer Konstruktion prinzipiell gleich, aber
in ihrer Wirkung gerade entgegengesetzt. Die Dynamomaschine verwandelt mechanische Energie, wie sie z. B. durch

---

[1] Wegen der Lücken zwischen den Schienen muß die Leitung noch durch
Kupferstreifen ergänzt werden.

Wasserkraft oder Kohle geliefert wird, in elektrische Energie,
der Elektromotor verwandelt umgekehrt die Energie elektrischer Ströme in mechanische Arbeitsleistung. Eine Kombination von zwei derart entgegengesetzt wirkenden Maschinen kann daher zur Übertragung mechanischer Energie
verwendet werden. Besser als Gleichstrom eignet sich hiefür
jedoch der Wechselstrom, von dem in diesem Zusammenhang
in einem der nächsten Abschnitte noch eingehender die Rede
sein soll.

26. Die elektrische Beleuchtung.

Zu den wichtigsten Anwendungen der elektrischen Ströme
im modernen Alltagsleben gehört zweifellos das elektrische
Licht. Die elektrischen *Glühlampen* beruhen auf der starken
Erwärmung eines einen hohen Widerstand aufweisenden
Stückes eines Stromkreises. Edison, der 1879 die Glühlampe erfand, benutzte dünne Kohlenfäden, die, um nicht
allmählich zu verbrennen, in eine luftleer gemachte Glasbirne
eingeschlossen waren. Länge und Dicke des Fadens wurden
so gewählt, daß er durch eine bestimmte Spannung in Weißglut versetzt wurde.

Die Entwicklung der Glühlampentechnik mußte nun notwendigerweise dahin streben, die Temperatur des glühenden
Fadens möglichst hoch zu gestalten. Denn aus den später[1]
noch näher zu erörternden Gesetzen der Wärmestrahlung
folgt, daß die von einem glühenden Körper ausgestrahlte
Energie mit der vierten Potenz der absoluten Temperatur
wächst, so daß beispielsweise eine Steigerung der Temperatur
von 1700° auf 1900° C bereits eine Vervierfachung der Strahlung herbeiführen muß. Mit der Kohlenfadenlampe lassen
sich aber kaum höhere Temperaturen als solche von 1600
bis 1700° C erzielen, weil sonst durch zu starke Zerstäubung
der Fäden die Lampe zu rasch unbrauchbar würde und überdies durch die Schwärzung der Glaswand zu viel Licht absorbiert würde.

Als es daher im Beginne des 20. Jahrhunderts gelang,
auch aus Metall ganz dünne Fäden herzustellen, wurde die

---

[1] Siehe Abschnitt 50.

Kohlenfadenlampe bald völlig durch die *Metallfadenlampe* verdrängt. Gegenwärtig benutzt man ausschließlich Fäden aus *Wolfram*, weil dieses unter allen Metallen den höchsten Schmelzpunkt, nämlich ungefähr 3300° C, aufweist [1]. Um dem Wolframdraht einen möglichst großen Widerstand zu geben und dadurch eine möglichst starke Wärmeentwicklung herbeizuführen, macht man den Draht einerseits möglichst dünn, ungefähr ein bis vier Tausendstel Millimeter im Durchmesser, andererseits aber auch möglichst lang [2], indem man ihn zickzackförmig oder in vielen Windungen als enge Spirale führt. Die durchschnittliche Brenndauer einer solchen Lampe beträgt rund tausend Stunden; dann führt die fortschreitende Zerstäubung zum Bruch des Fadens.

Die Wahl einer Spannung von 110 Volt für die Lichtleitung geht auf Edison zurück; seitdem ist der Gebrauch dieser oder der doppelten Spannung in der ganzen Welt üblich geworden. Edison war es auch, der anläßlich seiner Erfindung der Glühlampe das Prinzip der Parallelschaltung in die Elektrotechnik einführte. Von der stromerzeugenden Anlage gehen zwei Leitungen aus, die ständig denselben konstant gehaltenen Spannungsunterschied aufweisen, und alle stromverbrauchenden Apparate, wie Glühlampen oder Motoren, werden, unabhängig voneinander, zwischen diese beiden Leitungen geschaltet.

Die Lichtstärke wird in „Kerzen", genauer gesagt in Hefner-Kerzen (HK), angegeben. Eine „Kerze" ist definitionsgemäß die Lichtstärke einer mit Amylacetat gespeisten Flamme von 40 mm Höhe [3]. Die Lichtstärke der für Zimmerbeleuchtung verwendeten elektrischen Glühlampen beträgt meist 25—75 HK. Von besonderer Wichtigkeit ist nun die Frage, wieviel *Watt* eine Glühlampe *pro Kerze* verbraucht. In der allmählichen Verringerung dieser Zahl kommt der Fortschritt der Lichttechnik am deutlichsten zum Ausdruck.

---

[1] Die „Osramlampen" sind Wolframlampen; Osram ist nur eine Fabriksbezeichnung!

[2] Wie wir in Abschnitt 20 sahen, ist ja der Widerstand eines Leiters seiner Länge direkt und seinem Querschnitt umgekehrt proportional.

[3] Für die Hefner-Lampe sind selbstverständlich genaue Abmessungen und eine bestimmte Herstellungsart vorgeschrieben.

Bei der Kohlenfadenlampe betrug der Stromverbrauch noch 3 Watt pro Kerze, bei den Wolframlampen der angegebenen Art jedoch nur noch 1 bis $1^1/_4$ Watt. Eine Lampe von 25 Kerzen konsumiert etwa 30 Watt und leitet bei Spannung von 110 Volt ungefähr 0,3 Ampere[1]. Obwohl Wolfram, wie erwähnt, erst bei 3300^0 schmilzt, konnte doch in Wolframlampen die Temperatur nicht über etwa 2100^0 gesteigert werden, weil sich sonst die Zerstäubung des Fadens bereits zu stark bemerkbar macht. Andererseits wird die Zerstäubung durch den Umstand gefördert, daß man, um eine Oxydierung der Fäden zu verhindern, die Wolframlampe ebenso, wie schon seinerzeit die Kohlenfadenlampe, luftleer machte.

Das Streben nach Erzielung höherer Temperatur führte so zu der Konstruktion von Lampen, die man, anstatt sie zu evakuieren, mit einem *Gas* füllte, welches mit Wolfram keine chemische Verbindung eingeht. Hierzu erwies sich Stickstoff als am besten geeignet, und zwar unter einem Drucke, der ein Drittel des normalen Luftdrucks beträgt[2]. In gasgefüllten Lampen konnte die Temperatur auf etwa 2400^0 gesteigert und dadurch bei sehr starken Lampen (von tausend und mehr Kerzen) der Stromverbrauch auf $1/_2$ Watt pro Kerze herabgesetzt werden[3]; dies ist auch der Grund, warum solche Lampen als Halbwattlampen bezeichnet werden.

Die gasgefüllten Lampen haben auch die früher viel benutzten Bogenlampen ziemlich verdrängt. Die Erscheinung des elektrischen *Lichtbogens* wurde 1810 von D a v y entdeckt. Legt man an zwei einander berührende Kohlenstifte eine Spannung von etwa 50 Volt, so erwärmen sich die Enden der Stifte sehr stark, und wenn sie dann ein ganz klein wenig auseinander gezogen werden, so entsteht zwischen ihnen, wie Davy fand, ein hell glänzender Lichtbogen. Die beiden Stifte

---

[1] Aus dem Ohmschen Gesetz folgt somit, daß der Widerstand ungefähr 400 Ohm betragen muß; dadurch ergibt sich bei gegebenem Durchmesser des Fadens die erforderliche Länge.

[2] Die Ableitung der Wärme durch das Gas verringert man durch die schon erwähnte Spiralform des Fadens.

[3] Bei den schwächeren Lampen konnte man durch die Gasfüllung eine wesentliche Herabsetzung des Stromverbrauches nicht erzielen, wohl aber größere Reinheit des Lichtes.

erhitzen sich hierbei ungeheuer, und zwar die positive Kohle, von der vor allem die Strahlung ausgeht, bis zu ungefähr 3500°. Die Erklärung des Lichtbogens[1], bei dem es sich im wesentlichen um eine elektrische Entladung durch die Luft oder ein anderes Gas handelt, ist äußerst kompliziert und muß natürlich hier unterbleiben.

Die gewöhnlichen Bogenlampen haben eine Lichtstärke von 300 bis 2000 HK und verbrauchen ungefähr $1/2$ Watt pro Kerze. Gegenwärtig verwendet man Bogenlicht vor allem noch für die Projektion in Kinos und für Scheinwerfer, z. B. in Leuchttürmen. Die stärksten Scheinwerfer wirken in der Richtung, in der sie die Strahlen konzentrieren, wie Lichtquellen von einigen Milliarden Kerzen.

Noch stärkere Lichtwirkungen als zwischen Kohlenstiften erhält man zwischen Metallen. Besonders bedeutungsvoll ist die *Quecksilberlampe*, bei der der Lichtbogen in Quecksilberdampf erzeugt wird. Der negative Pol wird von flüssigem Quecksilber, der positive von Kohle oder Eisen gebildet[2]. Das Licht der Quecksilberbogenlampen ist besonders reich an ultravioletten Strahlen, weshalb sie ausgedehnte Verwendung in der Medizin, so vor allem als „künstliche Höhensonne" finden. Da gewöhnliches Glas für ultraviolette Strahlen undurchlässig ist, indem es sie absorbiert, müssen die Wandungen der Quecksilberlampe aus Quarz oder besonderen Glassorten, wie dem in Jena hergestellten Uviolglas[3], verfertigt sein. Quecksilberlampen zeichnen sich durch sehr geringen Stromverbrauch aus; er beträgt nur $1/5$ Watt pro Kerze[4].

Bei den Lichtwirkungen des elektrischen Stroms handelt es sich um indirekte thermische Wirkungen; aber auch die direkten Wärmewirkungen finden mannigfache technische Verwendung. Allgemein bekannt sind die modernen elek-

---

[1] Die Bezeichnung als Lichtbogen erklärt sich daraus, daß das Licht nicht gerade ist, sondern Sichelgestalt aufweist.

[2] Nach Anlegung der Spannung genügt bei einer derartigen evakuierten Quecksilbersäule deren Kippen zur Herstellung („Zündung") des Bogens.

[3] Das Wort Uviol ist durch Zusammenziehen aus dem Worte Ultraviolett gebildet worden.

[4] Wegen der Neon-Lampe vgl. Abschnitt 68.

84

trischen Koch- und Heizapparate, Warmwasserspeicher, Heizkissen, Bügeleisen usw. Zur Herstellung besonders hoher Temperaturen von etwa 3000⁰ bedient man sich in den elektrischen Schmelztiegeln des Lichtbogens. L u m m e r ist es, indem er den Lichtbogen unter erhöhtem Druck brennen ließ, sogar gelungen, Temperaturen bis über 7000⁰ herzustellen.

Auf der Wärmewirkung des elektrischen Stroms beruhen schließlich auch die von E d i s o n erfundenen *Schmelzsicherungen*. Sie sollen elektrische Apparate vor den schädlichen Wirkungen eines zufälligen Anstiegs der Stromstärke über einen höchsten, noch zulässigen Wert bewahren. Die Sicherungen werden aus Blei oder Silber in der Form dünner Streifen verfertigt. Man gibt ihnen solche Dimensionen, daß bei Überschreitung des Höchstwertes der Stromstärke der Widerstand gerade groß genug ist, um durch die Wärmeentwicklung den Streifen zu schmelzen und dadurch den zu starken Strom zu unterbrechen.

27. Der Wechselstrom.

Unter dem Einfluß einer Wechselspannung entstehen in einem Leiter Ströme, die in gleichem Rhythmus ebenfalls ihre Richtung wechseln und darum als Wechselströme bezeichnet werden. Die Stromstärke steigt dabei von Null bis zu einem höchsten Wert, dem sogenannten Scheitelwert, nimmt dann wieder ab und sinkt auf Null. Hierauf kehrt der Strom seine Richtung um, und in der entgegengesetzten Richtung steigt nun die Stromstärke wieder bis zu dem Scheitelwert. Dann fällt sie wieder zu Null ab, und der Strom kehrt abermals seine Richtung um, worauf sich der ursprüngliche Vorgang wiederholt.

Die Zahl der in der Sekunde eintretenden Richtungswechsel wird kurz als die Wechselzahl bezeichnet. Da aber während einer Periode der vorhin beschriebenen Art zwei Wechsel erfolgen (einmal von − zu + und einmal von + zu −, wenn wir durch die Vorzeichen die Stromrichtung kennzeichnen), so ist die Periodenzahl oder *Frequenz* nur halb so groß wie die Wechselzahl. Die in den Elektrizitätswerken hergestellten

Wechselströme haben in der Regel eine Wechselzahl von 100 und somit eine Frequenz von 5o pro Sekunde. Bei kleinerer Frequenz (z. B. $16^2/_3$, wie sie für elektrische Vollbahnen verwendet wird) würden Glühlampen ein flimmerndes Licht geben.

Infolge der periodischen Schwankungen des Stroms muß für Wechselströme der Begriff der Stromstärke besonders definiert werden; man versteht darunter konventioneller Weise $^7/_{10}$ des Scheitelwertes der sich periodisch ändernden Stärke[1]. In analoger Weise wird auch die Spannung eines Wechselstroms definiert. Meßinstrumente, deren Ausschlag von der Stromrichtung abhängt, kommen für Wechselströme natürlich nicht in Betracht. Man bedient sich daher vor allem der Hitzdrahtmeßgeräte; sie enthalten einen gespannten Draht, der sich infolge der von der Stromrichtung unabhängigen Wärmewirkung des Stroms durchbiegt und diese Bewegung auf einen Zeiger überträgt[2].

Da die ständige Änderung der Stromrichtung auch fortwährend Extraströme hervorruft, so bewirkt die Selbstinduktion bei den Wechselströmen eine unter Umständen sehr beträchtliche *Vergrößerung des Widerstandes*. Spulen von besonders hoher Selbstinduktion finden als *Drosselspulen* Verwendung, indem sie Gleichstrom gut leiten, hingegen Wechselströmen höherer Frequenz einen kaum überwindbaren Widerstand entgegensetzen. Eine Folgeerscheinung der Selbstinduktion ist es auch, daß sich in dicken, geraden Leitern der Wechselstrom nicht gleichmäßig über den Querschnitt des Drahtes verteilt, sondern an die Peripherie gedrängt ist. Dieses Phänomen wird als Haut- oder Skin-Effekt[3] bezeichnet.

Die Selbstinduktion bewirkt ferner, daß der jeweilige Wechsel der Stromrichtung etwas gegen den Wechsel der Spannung verzögert ist. Diese sogenannte Phasenverschie-

---

[1] $^7/_{10}$ ist angenähert gleich der Hälfte von $\sqrt{2}$, nämlich 0,7071. Daher ist auch angenähert das Quadrat der auf die vorhin angegebene Art definierten Stromstärke gleich dem Mittelwerte des Quadrats der jeweiligen Stromstärke.

[2] Natürlich können solche Hitzdrahtmeßinstrumente auch für Gleichstrom verwendet werden.

[3] Skin ist das englische Wort für Haut.

bung des Wechselstroms ist um so größer, je größer die Selbstinduktion ist. Für große Werte der letzteren nähert sie sich dem größtmöglichen Werte von einer Viertelperiode.

Die Maschinen, die der Erzeugung von Wechselstrom die-

Abb. 34a. Moderner Drehstrom-Generator mit senkrechter Welle mit einer Leistung von 25 000 kVA und einer Drehzahl von 167 Umdrehungen pro Minute auf dem Prüfstand der Siemens-Schuckertwerke-Berlin.

nen, also die sogenannten *Wechselstromgeneratoren*, beruhen auf demselben Prinzip wie die Gleichstrommaschinen, nur daß die Vorrichtung zur Gleichrichtung entfällt und statt dessen die erzeugten Ströme von den Ankerwicklungen direkt in die äußere Leitung gehen. Zur Magnetisierung der

Feldmagnete kann natürlich nur Gleichstrom verwendet
werden; daher können Wechselstromgeneratoren nie selbst-
erregend wirken, sondern müssen mit einer Gleichstrom lie-
fernden „Erregermaschine" gekoppelt sein, durch deren Regulierung zugleich die Spannung des Generators geregelt wird.
Während bei Gleichstrommaschinen, wie wir sahen, der Feld-
magnet fest ist und der Anker rotiert, hat sich bei den
Wechselstrommaschinen das umgekehrte Verfahren als zweck-

Abb. 34b.   Die beiden Ständerhälften des Drehstromgenerators kurz vor dem
Zusammensetzen zwecks Aufbau auf dem Prüffeld.

mäßig erwiesen; man läßt die Feldmagnete umlaufen und
den Anker fest stehen.

Mit den Wechselstrommaschinen lassen sich viel höhere
Spannungen als mit Gleichstrommaschinen erreichen, bei
denen wegen der Funkenbildung eine Grenze von etwa
500 Volt normalerweise nicht überschritten werden kann.
Mit modernen Wechselstromgeneratoren lassen sich Spannungen bis zu rund 10 000 und darüber Volt erzielen. Die größten
bisher gebauten Wechselstrommaschinen haben Leistungen
von rund 50 Millionen Watt oder 60 000 Pferdekräften.
Wechselstromgeneratoren setzen 85 bis 95 Prozent der ihnen
zugeführten Energie in elektrische Energie um.

Eine zweipolige Maschine muß, um Strom von der Frequenz 5o zu liefern, natürlich 5o Umdrehungen pro Sekunde oder 3ooo pro Minute ausführen, eine sechspolige aber nur 1ooo. Durch Verteilung getrennter Wicklungen über den

Abb. 35. Der „Läufer" (rotierender Teil) des in Abb. 34 gezeigten Drehstromgenerators kurz vor dem Absenken in die Generatorgrube im Shanonkraftwerk (Irland).

Ankerumfang kann man es erreichen, daß eine Wechselstrommaschine „mehrphasigen" Wechselstrom liefert. Man erhält dann statt eines einzigen Stromkreises mehrere, von Wechselströmen durchflossene, und zwar bei den gebräuchlichen technischen Anwendungen drei, die um je ein drittel Periode in der Phase gegeneinander verschoben sind. Einen derartigen dreiphasigen Wechselstrom pflegt man als *Drehstrom* zu bezeichnen. Die Wicklungen, denen man die drei Ströme 'entnimmt, kann man dabei so untereinander verbinden, daß man für die Außenleitung nicht drei unabhängige Leitungspaare, also sechs Leitungsdrähte, sondern nur drei Drähte braucht.

Sendet man umgekehrt drei Wechselströme, die in der Phase um je eine drittel Periode verschieden sind, in geeigneter Wicklungsanordnung um einen feststehenden Ring aus weichem Eisen, so erzeugen sie ein rotierendes Magnetfeld, ein sogenanntes magnetisches Drehfeld. Befindet sich in einem solchen Feld ein System von Elektromagneten oder ein entsprechend gewickelter Anker, so tritt von selbst Rotation ein[1]. Auf diesem Prinzip beruhen die für die Elektrotechnik bedeutungsvollen Drehstrommotoren, für die die Abb. 34 und 35 Beispiele zeigen.

28. Der Transformator.

Die modernen elektrischen *Fernleitungen* übertragen von gigantischen Wasserkraftwerken auf Entfernungen von Hunderten von Kilometern elektrische Ströme von vielen Millionen Watt. Der Querschnitt, den man der Leitung geben muß, hängt nun natürlich von der Stromstärke ab. Denn der Energieverlust durch Wärmeentwicklung ist durch das Produkt aus dem Quadrat der Stromstärke und dem Widerstand gegeben; der Widerstand ist aber wieder dem Querschnitt umgekehrt proportional[2]. Wollte man also die Stromstärke verzehnfachen, ohne daß der durch die Wärmeentwicklung bedingte prozentuelle Energieverlust erhöht wird, so müßte man den Querschnitt auf das Hundertfache vergrößern. Bei einer Stromstärke von einigen tausend Ampere würde eine Fernleitung so ungeheuer kostspielig, daß sich kein Großkraftwerk rentieren könnte. Eine so hohe Stromstärke wäre aber

---

[1] Wesentlich komplizierter ist der Betrieb von Elektromotoren mit einphasigem Wechselstrom.

[2] Vgl. Abschnitt 20.

bei rund einer Million Watt erforderlich, wenn die Spannung dieselbe wie in einem städtischen Leitungsnetz sein sollte.

Für Fernleitungen kommen somit aus ökonomischen Gründen nur *Hochspannungen* von etwa 30000 bis einigen Hunderttausend Volt in Betracht. Da an den Verbrauchsstätten des Stroms, schon aus Sicherheitsgründen und wegen der Konstruktion der Motoren und Glühlampen, die Spannung einige wenige hundert Volt keinesfalls überschreiten darf, und auch für Generatoren heute eine größere Spannung als 10000 Volt aus wirtschaftlichen Gründen nicht gewählt wird, so entstand der Elektrotechnik die wichtige Aufgabe, Ströme auf höhere oder niedere Spannung zu transformieren. Dies gelingt leicht bei den Wechselströmen, und hierin liegt auch der Grund, warum die Wechselströme in der Starkstromtechnik immer mehr die Gleichströme verdrängt haben.

Die *Transformatoren* bestehen im wesentlichen aus einer Kombination von zwei Spulenwicklungen verschiedener Windungszahl, die einen gemeinsamen Kern umgeben. Wird durch die erste Spulenwicklung Wechselstrom gesendet, so folgt aus der Theorie der Induktion, daß in der zweiten Spulenwicklung ein Wechselstrom gleicher Frequenz hervorgerufen wird, wobei sich die beiden Spannungen ungefähr ebenso zu einander verhalten wie die beiden Windungszahlen.

Hat z. B. die erste Spulenwicklung 150 Windungen und wird durch sie Wechselstrom von 100 Volt gesandt, so fließt in der sekundären Wicklung, wofern sie 3000 Windungen aufweist, ein Wechselstrom von etwa 2000 Volt. Die tatsächlichen kleinen Energieverluste von einigen wenigen Prozent sind durch Wärmeentwicklung verursacht. Sieht man von ihnen ab, so muß natürlich das Produkt aus primärer Stromstärke und primärer Spannung dem Produkt aus sekundärer Stromstärke und sekundärer Spannung gleich sein. Die Stromstärken müssen sich also umgekehrt wie die Spannungen verhalten. Transformation auf hohe Spannung bedeutet stets Verringerung der Stromstärke und umgekehrt. Hinaufsetzung der Spannung erfolgt zwischen Generator und Fernleitung, Hinabsetzung zwischen Fernleitung und Verbrauchsstation. Abb. 36 zeigt einen modernen Transformator, der zur Hinaufsetzung einer Generatorspannung von 6000 Volt auf eine Fernleitungsspannung von 100 000 Volt dient.

Auch in der Meßtechnik bedient man sich geeigneter Trans-

Abb. 36.   Moderner Transformator der Siemens-Schuckertwerke   (Aus Siemens-Zeitschrift 1932.)

formatoren, um das Messen sehr hoher Spannungen oder sehr großer Stromstärken ungefährlich zu machen.

29. Die Fernleitung elektrischer Energie.

Die durch die Kombination von Stromgenerator, Transformator und Elektromotor geschaffene Methode der *Energie-*

92

übertragung hat in unserem Zeitalter eine ständig wachsende Bedeutung für die Volkswirtschaft erlangt. In immer größerem Ausmaß bedient sich die Industrie der Möglichkeit, Energiequellen statt an den selten hierfür geeigneten Stätten ihres Vorkommens an den oft weit entfernten Stellen des tatsächlichen Bedarfs auszunutzen, an die sie, dank der Errungenschaften der modernen Elektrotechnik, mit einem Energieverlust von nur 5 bis 10 Prozent fortgeleitet werden können.

Auf diese Weise wird vor allem die *hydraulische* Energie übertragen, die sich teils durch Ausnutzung vorhandener natürlicher Gefälle, teils durch künstliches Aufstauen gewinnen läßt. Von großer Bedeutung ist die elektrische Kraftübertragung aber auch für die Ausnutzung minderwertiger Brennstoffe wie z. B. der *Braunkohle*, bei der sich der Transport auf große Entfernungen nicht rentieren würde. Unter den kalorischen Kraftwerken spielen gegenwärtig eine wichtige Rolle die Anlagen mit Dieselmotoren [1], weil sie sich durch besonders günstige und einfache Ausnutzung des Brennstoffs auszeichnen und sich durch ihre schnelle Betriebsbereitschaft zu Reserveanlagen für die Fernleitungen besonders eignen.

Bereits im letzten Jahrzehnt des 19. Jahrhunderts ist als erstes und sehr berühmtes elektrisches Großkraftwerk das an den Niagara-Fällen entstanden, das nicht nur zahlreiche Fabriken in der unmittelbaren Nachbarschaft der Fälle, sondern auch die 42 km entfernte Stadt Buffalo mit elektrischer Energie versah [2]. Einen großen Aufschwung nahm der Ausbau elektrischer Großkraftnetze seit etwa 1920. Das Bestreben der Gegenwart geht immer mehr dahin, für ein sehr weites Gebiet, ja für ein ganzes Land oder selbst für mehrere benachbarte Länder die großen Energiezentren, und zwar sowohl hydraulische als auch kalorische, untereinander

---

[1] Vgl. Abschnitt 53.

[2] Das erste Beispiel einer Kraftübertragung wurde bereits im Jahre 1891 auf der elektrotechnischen Ausstellung in Frankfurt geliefert. Die Wasserkraft einer Turbine von 300 Pferdestärken wurde damals von dem Orte Lauffen nach der Ausstellung über eine Entfernung von 175 Kilometern bei einer Spannung von 27000 Volt übertragen.

zu verkoppeln und derart über Hunderte von Kilometern alle
Städte und Fabriken und teilweise auch Bahnen einheitlich
und unter zentraler Betriebsleitung mit Strom zu versorgen.
Je größer das Gebiet ist, desto vollkommener erscheinen die
Energiequellen ausnutzbar, und desto rentabler erweisen sich
die Anlagen, die für die Erzeugung und Fortleitung der
Ströme geschaffen werden müssen.

Unter den in neuerer Zeit entstandenen Großkraftnetzen
ist eines der großartigsten das weitverzweigte Netz, das die
Wasserkraftwerke in Süddeutschland, dem österreichischen
Vorarlberg und der Schweiz mit den Braunkohle-Kraftwerken
Mitteldeutschlands verkoppelt und die erzeugte Stromenergie
vor allem dem rheinisch-westfälischen Industriegebiet zu-

Abb. 37. Hohlseil. (Aus Felten & Guillaume Carlswerk Rundschau 1930.)

führt. Hierzu wurden Stromübertragungen auf Entfernungen
von rund 1000 Kilometer notwendig, und um bei solcher
Distanz größere Energieverluste zu vermeiden, erwies es sich
als notwendig, mit der Leitungsspannung bis auf 220000
Volt hinaufzugehen; ja die Leitung, die als erste in der Welt
eine so hohe Spannung bewältigt, wurde sogar von Anfang
an im Hinblick auf eine mögliche künftige Erweiterung des
Netzes für 380000 Volt gebaut.

Für derartige *Höchstspannungsleitungen* waren natürlich
besondere Konstruktionen notwendig. Für die Freileitungen
gelangten *Hohlseile* aus Bronze zur Verwendung. Gegenüber
massiven Seilen gleichen Durchmessers weisen sie den Vorzug geringeren Gewichtes und niedrigeren Preises auf; daß
die Leitung trotzdem nicht schlechter ist, erklärt sich aus
dem schon erwähnten Skin-Effekt, der den Strom gegen die
Oberfläche des Leiters drängt. Abb. 37 zeigt ein Beispiel
eines derartigen Hohlseils von einigen Zentimetern Durch-

94

messer, das in seinem Inneren zur Erhöhung der Festigkeit
ein Traggerüst in Gestalt einer Schraubenfeder enthält.
Abb. 38 zeigt einen Mast der Höchstspannungsleitung in
Vorarlberg.

Abb. 38. Höchstspannungsleitung. (Aus Felten & Guillaume Carlswerk Rundschau 1930.)

Die Freileitungen müssen aus Sicherheitsgründen wenigstens stellenweise durch unterirdische *Kabelleitungen*[1] ergänzt werden. Für Spannungen bis zu etwa 60 000 Volt bedient man sich gewöhnlich sogenannter Massekabel; es sind

---

[1] Auch unter Gewässern werden solche Kabel gelegt.

dies Kabel, in denen die einzelnen Stromleiter mit einer
Papierumhüllung versehen sind, welche mit einer besonderen
Masse imprägniert ist. Bei höheren Spannungen würde indessen die Benutzung von Massekabeln unwirtschaftlich werden, weil die notwendige Isolation aus Sicherheitsgründen zu
große Dimensionen erhalten müßte. Würde man bei Höchst-
spannungen dieselben Dimensionen wählen wie bei Spannungen unter 60000 Volt, so würden die Kabel bereits nach

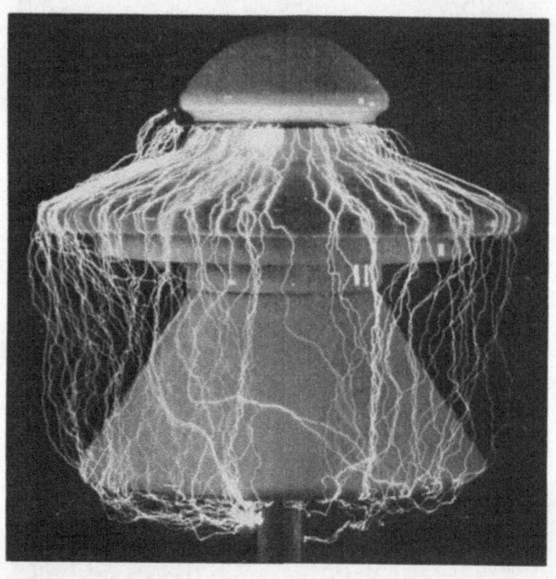

Abb. 39. Überschlag (Funkenentladung) an einem Isolator. (Aus Benischke,
G.: Grundlagen der Elektrotechnik. 6. Aufl. Berlin: Julius Springer 1922.)

kurzer Zeit unbrauchbar, weil die unvermeidliche Erwärmung
die Gleichmäßigkeit der Isolation durch Bildung von Hohl-
räumen zerstört. Spannungen von einigen hunderttausend
Volt können indessen unter Beibehaltung der üblichen Dimensionen von sogenannten *Ölkabeln* bewältigt werden. Sie
sind mit einem leicht flüssigen Öl gefüllt und enthalten
Ausgleichsgefäße, die bei einer Wärmeausdehnung des Kabels
überflüssiges Öl aufnehmen und umgekehrt bei einer Abkühlung des Kabels Öl abgeben, sodaß das Kabel immer

denselben Druckzustand und eine gleichmäßige Isolation beibehält[1].

Von großer Wichtigkeit ist bei Höchstspannungs-Freilei-
tungen die Isolation zwischen den Leitungsdrähten und den
Masten. Vor der Inbetriebsetzung werden die Isolatoren ge-
prüft, indem sie einer wesentlich höheren als der später
tatsächlich wirksamen Spannung ausgesetzt werden. Die
Brauchbarkeit des Isolators erweist sich durch den Überschlag
der Spannung, indem die Entladung nicht durch den Isolator,
sondern durch die Luft gehen muß (Abb. 39).

Die größten elektrischen Kraftwerke der Gegenwart liefern
Stromenergie von je einigen hunderttausend Kilowatt, einigen hunderttausend Pferdestärken entsprechend[1]. Ein Großkraftwerk, das bald nach 1930 in Berlin errichtet wurde,
produziert z. B. 200000 Kilowatt, wozu pro Stunde 150 Tonnen Wasser verdampfen. Das größte russische, derzeit (1933)
teilweise bereits arbeitende hydraulische Kraftwerk „Dnepo-
stroj" wird nach seiner Fertigstellung 600000 Kilowatt liefern; sein Staudamm ist 760 m lang und 52 m hoch.

Die gesamte jährliche Stromerzeugung der Welt wurde
um 1930 auf ca. 300 Milliarden Kilowattstunden geschätzt,
wovon etwa 42% auf die Vereinigten Staaten und 10%
auf Deutschland entfallen. Man kann annehmen, daß derzeit
ungefähr 14% der gesamten Energieproduktion der Welt in
elektrischen Strom umgewandelt werden.

30. Der Gleichrichter.

Für die Elektrotechnik stellt nicht nur die Erhöhung und
Erniedrigung der Stromspannung eine wichtige Aufgabe dar,
sondern auch die Umwandlung von Wechselströmen in
Gleichströme. Denn wenn auch die Wechselströme ganz
außerordentliche Vorteile für die Fernleitung bieten und verhältnismäßig leicht erzeugt werden können, so ist doch für
den Motorenbetrieb, z. B. bei elektrischen Straßenbahnen, der
Gleichstrom geeigneter. Für elektrochemische Zwecke, wie
für das Laden von Akkumulatoren, kann Wechselstrom überhaupt nicht benutzt werden.

---

[1] 1 Kilowatt ist 1,36 Pferdestärken.

Unter den Vorrichtungen, die Wechselstrom in Gleichstrom verwandeln, sind heute die *Gleichrichter* am wichtigsten[1]. Sie beruhen im wesentlichen auf der von Richardson im Jahre 1903 entdeckten Tatsache, daß von *glühenden* Körpern, vor allem von glühenden Metallen, eine negativ elektrische Strahlung ausgeht; sie setzt sich aus den als *Elektronen* bezeichneten kleinsten Materieteilchen zusammen, von denen schon in einem früheren Abschnitt bei Besprechung des lichtelektrischen Effektes die Rede war[2].

Steht nun in einem Vakuum ein glühendes Metall einem kalten gegenüber, und benutzt man die beiden Metalle als Elektroden, nämlich als Zu- und Ableitungsstelle eines elektrischen Stroms, so tritt Elektrizitätsleitung offenbar nur dann ein, wenn die Glühelektrode mit dem negativen Ende, dem sogenannten negativen „Pol“ der Stromquelle verbunden ist und die kalte Elektrode mit dem positiven Pol. Denn dann ist das elektrische Feld so gerichtet, daß es die von der Glühelektrode ausgesandten Elektronen zu der kalten Elektrode treibt. Die heiße Elektrode stößt dann, weil sie mit dem negativen Pol verbunden ist, die gleichfalls negativen Elektronen ab, während die mit dem positiven Pol verbundene kalte Elektrode sie anzieht. Es erfolgt somit ein beträchtlicher Transport von Elektronen von der glühenden zur kalten Elektrode. Da man konventioneller Weise als Stromrichtung diejenige bezeichnet, die der Richtung des Transportes negativer Elektrizität entgegengesetzt ist[3], zo können wir sagen, daß ein elektrischer Strom von der kalten zur heißen Elektrode fließt. Man nennt ihn gewöhnlich Anodenstrom; die „Anode“, nämlich die Eintrittsstelle des Stroms (im konventionellen Sinne) wird also von der kalten Elektrode gebildet, während die heiße als „*Glühkathode*“ die Austrittsstelle des Stroms darstellt.

Verbindet man umgekehrt die heiße Elektrode mit dem positiven Pol der Stromquelle, so tritt keine oder zumindest

---

[1] Einen älteren Typus stellen die „Motor-Generatoren“ oder Umformer dar, bei denen ein Wechselstrommotor einen Gleichstromgenerator antreibt und dadurch Wechsel- in Gleichstrom umformt.

[2] Vgl. Abschnitt 5.

[3] Siehe Abschnitt 18.

Abb. 40. Gleichrichter des Wiener Großsenders. (Phot. Martin Gerlach.)

keine merkliche Elektrizitätsleitung ein, weil die ausgesandten
Elektronen durch das nun entgegengesetzte Feld zu der Glühelektrode zurückgetrieben werden. Eine Vorrichtung der angegebenen Art ist also für die eine Richtung ein Strom-

leiter, während sie sich für die entgegengesetzte wie ein Isolator verhält. Sie stellt, wie man zu sagen pflegt, ein elektrisches Ventil dar.

Die wichtigste technische Anwendung findet das Prinzip des elektrischen Ventils in den *Quecksilberdampfgleichrichtern*, die die Erscheinung des Lichtbogens verwerten. In diesen Gleichrichtern wird die Glühkathode von Quecksilber gebildet. Ihr stehen zwei Anoden aus Graphit oder Eisen gegenüber, deren Temperatur nur dunkle Rotglut erreicht, so daß sie, verglichen mit der Kathode von etwa 3000[0], als „kalt" angesehen werden können[1]. Dadurch, daß zwei Anoden benutzt werden, wird mittels geeigneter technischer Kunstgriffe erreicht, daß beide Halbperioden des Wechselstroms für die Herstellung des Gleichstroms ausgenutzt werden. Ein Quecksilberdampfgleichrichter (vgl. Abb. 40) vermag Spannungen entgegengesetzter Richtung bis zu 20000 Volt „abzusperren". Von der zugeführten Energie gibt er 75 bis 95% wieder ab, um so mehr, je höher die Spannung ist[2]. Neben den Quecksilberdampfgleichrichtern gewinnen für kleinere Leistungen und niedere Spannungen die sogenannten Trockengleichrichter immer mehr Bedeutung[3].

31. Die Verstärkerröhre.

Wenige Erfindungen unseres Zeitalters haben wohl für die moderne Zivilisation eine so weittragende Bedeutung erlangt wie die Erfindung des Apparates, der die beliebige Verstärkung von Wechselströmen unter Beibehaltung ihrer Frequenz gestattet. Dieser Apparat, der den Siegeszug des Radios und des Tonfilms ermöglichte, ist die *Verstärkerröhre*, die um das Jahr 1910 von dem amerikanischen Physiker De

---

[1] Daß im Gegensatz zu dem Quecksilberlichtbogen ein zwischen Kohlenelektroden brennender Lichtbogen auch mit Wechselstrom betrieben werden kann, erklärt sich daraus, daß Kohle bei dem jedesmaligen Stromwechsel nicht so augenblicklich wie Metall „erkaltet".

[2] Die Technik ist bestrebt, die Gleichrichter so zu vervollkommnen, daß die Gleichstromgeneratoren, bei denen man über eine bestimmte Spannung nicht hinausgelangt, durch Kombinationen von Wechselstromgeneratoren und Gleichrichtern ersetzt werden können.

[3] Sie sind nach Art des später zu besprechenden Kristalldetektors auf Kontaktwirkungen beruhende elektrische Ventile.

Forest und den österreichischen Physikern von Lieben und Strauß erfunden und von zahlreichen Forschern weiter ausgestaltet wurde.

In ihrer einfachsten Form besteht die Verstärkerröhre aus einer evakuierten Glasbirne, in der eine Glühkathode und eine kalte Anode einander so gegenüberstehen, daß zwischen beide als *dritte Elektrode* ein sogenanntes *Gitter*, nämlich ein metallisches Drahtnetz, eingefügt ist. Die Anode wird mit dem positiven Pol einer Batterie, der sogenannten Anodenbatterie, verbunden. Der Strom verläßt die Röhre bei der Kathode, die mit dem negativen Pol der Anodenbatterie verbunden ist. Sie ist überdies in den Stromkreis einer zweiten Batterie, der Heizbatterie, eingeschaltet, die den Zweck hat, die Kathode glühend zu erhalten (Abb. 41).

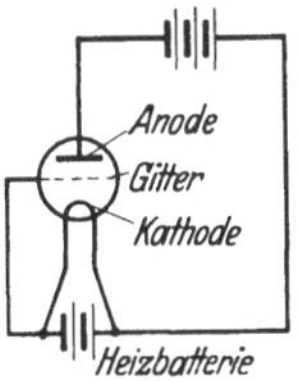

Als Kathode wählt man einen Wolframdraht, den man gewöhnlich mit Oxyden der Erdalkalien (wie Calcium oder Barium) überzieht. Bei diesen Oxyden setzt nämlich, wie Wehnelt entdeckt hatte, schon bei geringer Erhitzung eine beträchtliche Elektronenemission ein, so daß eine schwache Heizbatterie genügt. Dieselbe Wirkung erreicht man übrigens auch, indem man dem Wolfram eine geringe Menge Thorium beimengt. Als Anode benutzt man Metallblech, gewöhnlich aus Kupfer oder Aluminium. Das Gitter umgibt in der Regel den Wolframdraht in Spiralenform[1]. Die Röhren pflegt man innen mit einer spiegelnden Magnesiumschicht zu überziehen, die etwa noch vorhandenes Gas absorbieren soll.

Die Stärke des Anodenstroms hängt natürlich von der Temperatur der Glühkathode ab und kann durch Regulierung des Heizstroms variiert werden; ferner hängt sie von der zwischen Anode und Kathode bestehenden Spannung, der sogenannten Anodenspannung, ab. In ganz besonders hohem Grade erweist sie sich aber als abhängig von der Spannung, die zwischen der Glühkathode und dem Gitter besteht und die als *Gitterspannung* bezeichnet wird.

Abb. 41. Verstärkerröhre (schematisch).

---

[1] Der besseren Übersichtlichkeit halber wurde in Abb. 41 auf die Spiralenform keine Rücksicht genommen.

Wird nämlich an das Gitter eine negative Spannung gelegt[1], so werden durch die abstoßende Wirkung des dann negativ geladenen Gitters die von der Kathode ausgesandten Glühelektronen nach der Kathode zurückgedrükt, der Anodenstrom wird also geschwächt und verschwindet bei genügend hoher Gitterspannung völlig. Umgekehrt erleichtert eine positive Gitterspannung den Austritt der Elektronen, sie verstärkt also den Anodenstrom; es sei denn, daß die Gitterspannung bereits so groß ist, daß das positiv aufgeladene Gitter fast alle Elektronen auffängt und sie am Erreichen der Anode verhindert.

Die Stärke des Anodenstroms kann also (bei gegebener Temperatur des Glühdrahts) sowohl durch Variation der Anoden- als auch der Gitterspannung erhöht oder erniedrigt werden. Es zeigt sich aber, daß man denselben Effekt wie durch bestimmte Änderungen der Anodenspannung bereits durch wesentlich kleinere Änderungen der Gitterspannung hervorbringen kann. So kann ein Strom, zu dessen Erzeugung in einer kleinen Röhre beispielsweise ohne Gitter eine Anodenspannung von 100 Volt erforderlich

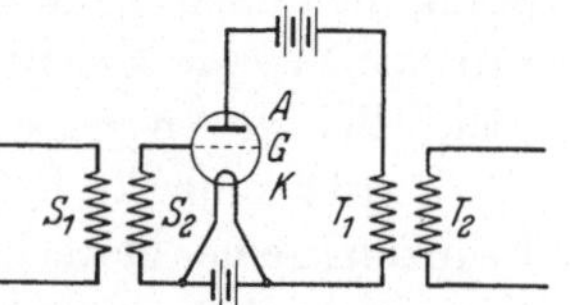

Abb. 42. Verstärkung von Wechselströmen (schem.).

ist, bereits durch eine negative Gitterspannung von etwa 10 Volt völlig unterdrückt werden. Während man die Anodenspannung von 50 auf 100 Volt erhöhen muß, um einen vorhandenen Anodenstrom zu verdoppeln, erreicht man dasselbe Ziel auch ohne Änderung der Anodenspannung, indem man an das Gitter eine positive Spannung von nur 5 Volt anlegt[2]. Bei den angeführten Beispielen vermag also eine zehnmal kleinere Änderung der Gitterspannung eine bestimmte Änderung der Anodenspannung zu ersetzen. Man sagt, daß in diesem Falle der Verstärkungsgrad 10 betrage.

Einen zu verstärkenden Wechselstrom sendet man zweckmäßig durch die Primärspule (S_1) eines „Eingangstransfor-

---

[1] Man verbindet dazu das Gitter mit dem negativen Pol einer Batterie, während der positive Pol mit dem Glühdraht verbunden wird.

[2] Dabei würde aber der zwischen Gitter und Glühkathode angelegten Batterie kein Strom entnommen werden!

mators (Abb. 42). Dadurch entsteht in der Sekundärspule (S_2) durch Induktion eine Wechselspannung, die nun an das Gitter (G) der Röhre angelegt wird. Durch die Anodenspannung wird zwischen Anode (A) und Kathode (K) der Anodenstrom hervorgerufen, der nun durch die Wechselspannung in rund verzehnfachtem Maße beeinflußt wird. Außer der Heizbatterie ist in den Stromkreis ferner die Primärspule (T_1) des Ausgangstransformators eingefügt. Dadurch entsteht dann in der Sekundärspule (T_2) durch Induktion wiederum ein Wechselstrom; er fließt mit derselben Frequenz, in demselben Rhythmus wie der Strom in der Primärspule des Eingangstransformators, jedoch infolge der Gitterwirkung mit wesentlich vergrößerter Stromstärke [1].

Bei Röhren mit einem einzigen Gitter liegt der Verstärkungsgrad zwischen 10 und 15. Durch Kombination von zwei oder mehr Verstärkerstufen kann man eine Verstärkung bis zu dem hundert-, ja mehrtausendfachen erzielen.

32. Die elektrischen Schwingungen.

Während die von den industriellen Wechselstromgeneratoren erzeugten Ströme üblicherweise eine Frequenz von 50 oder $16^2/_3$ pro Sekunde haben, haben die Physiker schon in der Mitte des 19. Jahrhunderts Wechselströme von außerordentlich hoher Frequenz in den *Entladungen von Kondensatoren* kennengelernt. Nehmen wir an, es sei die linke Seite eines Kondensators [2] positiv und die rechte negativ elektrisch geladen, und es werde nun eine leitende Verbindung zwischen den beiden Platten hergestellt. Es setzt dann ein Entladungsstrom ein, der Gleichheit des Potentials herbeiführt. Sobald er beendet ist, tritt aber infolge der Selbstinduktion ein Extrastrom entgegengesetzter Richtung auf, der nun die rechte, also ursprünglich negative Seite positiv und die linke Seite negativ auflädt. Dieser Vorgang wiederholt sich unter allmählichem Abklingen. Die Elektrizität pendelt sozusagen

---

[1] Im vorhergehenden konnte natürlich nur ein besonders einfaches Schema der Stromverstärkung skizziert werden. In Wirklichkeit kommen noch mannigfache, hier nicht näher zu erörternde Kunstgriffe hinzu.

[2] Vgl. Abschnitt 21.

zwischen links und rechts hin und her, bis die Schwingungen
infolge der durch die Wärmeentwicklung bedingten Energieverluste erlöschen.

William Thomson hat zuerst um 1850 eine Theorie solcher *elektrischer Schwingungen* entwickelt und gezeigt, daß
die Dauer einer einzelnen Schwingung um so kleiner, die
Schwingung also um so rascher sein müsse, je kleiner die
Kapazität des Kondensators und die Selbstinduktion des Lei-
tungskreises sind.

Feddersen ist es in der Tat 1859 gelungen, die mit der
Entladung einer Leidener Flasche verbundenen Schwingungen experimentell nachzuweisen. Er benutzte hierzu die Tat-

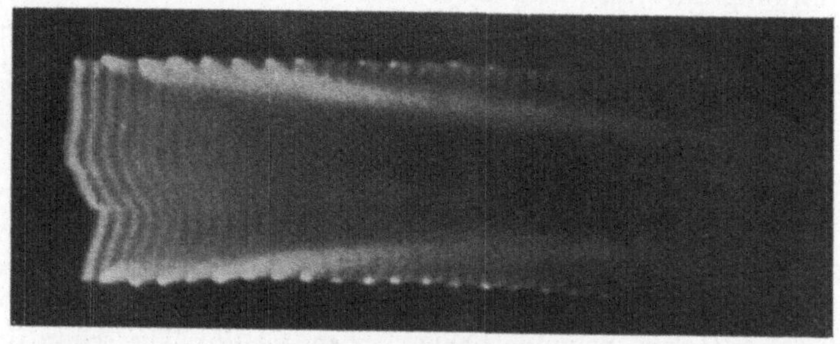

Abb. 43. Feddersen-Funken nach B. Walter. (Aus Pohl, R.W.: Einführung
in die Elektrizitätslehre. 3. Aufl. Berlin: Julius Springer 1931.)

sache, daß den periodischen Schwankungen der Stromstärke
auch periodische Schwankungen der Helligkeit des Ent-
ladungsfunkens entsprechen, nämlich zwei Helligkeitsmaxima
pro Periode. Feddersen photographierte nun das von einem
sehr rasch rotierenden Spiegel gelieferte Bild des Entladungs-
funkens und konnte so die zeitliche Aufeinanderfolge der
Helligkeitsschwankungen in ein räumliches Nebeneinander
auflösen, das in der Photographie deutlich erkennbar war.
Abb. 43 zeigt eine neuere Aufnahme nach der Feddersenschen
Methode. Die hellen Enden der einzelnen Funkenbilder entsprechen dabei stets der ursprünglich negativen Kondensator-
fläche, so daß aus der Photographie auch deutlich der periodische Wechsel der Richtung ersichtlich ist. Aus der bekannten Umdrehungszahl des Spiegels und aus den Photo-

104

graphien konnte bereits Feddersen die Dauer einer einzelnen elektrischen Entladungsschwingung ermitteln; er fand dafür Werte von 1 bis 40 Millionstel Sekunden.

Dauernde Wechselströme, die zwar keine ebenso hohe Frequenz, aber immerhin eine von einigen Tausenden pro Sekunde aufweisen, lassen sich mittels des *Funkeninduktors* herstellen. Es ist dies ein Transformator, bei dem als primärer Strom Gleichstrom verwendet wird, der durch besondere automatisch funktionierende Vorrichtungen periodisch unterbrochen wird[1]. Der induzierte sekundäre Strom ist natürlich gleichwohl ein Wechselstrom[2], und zwar von außerordentlich hoher Spannung von Zehntausenden oder Hunderttausenden von Volt. Ist die sekundäre Spule offen, so besteht zwischen ihren Enden diese hohe Spannung und führt zu der Bildung von Funken, die eine Länge von Zentimetern oder Dezimetern, ja mehr als einem Meter haben können[3].

Hochfrequente und zugleich außerordentlich hochgespannte Wechselströme erhält man, wie um das Jahr 1900 T e s l a zeigte, wenn man den Entladungsstrom von Leidener Flaschen durch eine aus wenigen Windungen dicken Kupferdrahtes gebildete Primärspule eines Transformators hindurchgehen läßt. Die Leidener Flasche wird dabei fortwährend durch den Strom eines Funkeninduktors aufgeladen. Die von Tesla entdeckten Erscheinungen haben seinerzeit mit Recht das allergrößte Aufsehen auch in Laienkreisen erweckt. Wenn sich z. B. die Enden des Sekundärkreises frei in der

---

[1] Als automatische Unterbrecher benutzt man entweder den Neefschen Hammer, bei dem durch die Anziehung eines Elektromagneten eine Feder in schwingende Bewegung versetzt wird, oder den von Wehnelt erfundenen elektrolytischen Unterbrecher. Er besteht aus einer Bleiplatte und einer Platinspitze, die in verdünnter Schwefelsäure der Zu- und Ableitung des Gleichstroms dienen. Der Draht gerät ins Glühen, und es bildet sich um ihn eine Gashaut, die periodisch zerreißt und dadurch periodisch, einige tausendmal in der Sekunde, den Strom unterbricht. Auch sogenannte „Turbinen-Unterbrecher" werden in der Praxis viel benutzt.

[2] Denn die induzierte elektromotorische Kraft ist bei dem Öffnen und Schließen entgegengesetzt gerichtet.

[3] Die größte mit einem Induktor erzielbare Funkenlänge wird als die Schlagweite des Induktors bezeichnet. Jedem Zentimeter Schlagweite entsprechen ungefähr 8000—18000 Volt (je nach der Elektrodenform).

Luft befinden, so strahlen von ihnen elektrische Büschel aus, sobald der primäre Stromkreis erregt wird (Abb. 44). Verbindet man die Enden des sekundären Kreises mit zwei weiteren konzentrischen Drahtkreisen, so nimmt man zwischen ihnen ein zusammenhängendes, in schönen Farben leuchtendes Band wahr. Führen die Enden der sekundären Spule zu dünnen, parallel ausgespannten Drähten, so leuchten diese, selbst in größerer Entfernung vom Transformator, in ihrer ganzen

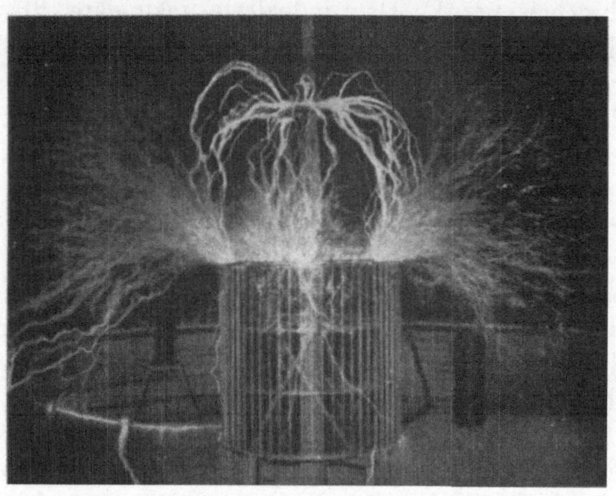

Abb. 44. Büschelentladung und Flammenbogen bei ca. 12 Millionen Volt nach Tesla. (Aus Boksan, S.: N. Tesla und sein Werk. Leipzig: Deutscher Verlag für Jugend-und Volk 1932.)

Länge. Geißlersche Röhren [1] geraten ins Leuchten, ohne daß ihnen Strom zugeführt werden müßte. Bei den Teslaströmen ist der früher [2] erwähnte Skin-Effekt wegen der enormen Frequenz besonders stark; überraschenderweise bleiben sie infolge des raschen Wechsels selbst bei größerer Stromstärke für den menschlichen Körper völlig ungefährlich [3].

---

[1] Vgl. Abschnitt 56.

[2] Siehe Abschnitt 27.

[3] Wichtig ist allerdings bei den Teslaschen Versuchen, daß primärer und sekundärer Kreis miteinander in Resonanz sind (vgl. Abschnitt 37). Selbstverständlich muß auch für genügende Isolierung Sorge getragen werden.

33. Die elektromagnetische Natur des Lichtes.

Wenn die Frage aufgeworfen wird, welches Jahr eigentlich als das Geburtsjahr der modernen Physik anzusehen sei, so erscheint ein Hinweis auf das Jahr 1873 wohl berechtigt. Denn in diesem Jahre veröffentlichte Maxwell seine großartige Theorie, die durch eine einheitliche Zusammenfassung der Erscheinungen der Elektrizität, des Magnetismus und des Lichtes die Entwicklung der Physik in völlig neue Bahnen lenken sollte. Nur wenige Physiker erfaßten damals die volle Bedeutung der Maxwellschen Veröffentlichung; aber die, die es vermochten, wurden wohl so hingerissen wie der damals noch jugendliche Boltzmann, der auf die mathematischen Formeln der neuen Theorie die Worte aus Goethes „Faust" anwenden zu sollen glaubte: „War es ein Gott, der diese Zeichen schrieb, / Die mit geheimnisvoll verborgnem Trieb / Die Kräfte der Natur um mich enthüllen / Und mir das Herz mit stiller Freude füllen?"

Maxwells Theorie ist begreiflicherweise viel zu schwierig, als daß sie hier näher erörtert werden könnte. Das wesentlich Neue an ihr war, daß sie mit dem Gesetz von Coulomb und den schon bekannten Grundgesetzen des Elektromagnetismus und der Induktionsströme die Hypothese verband, daß jede Änderung der Feldstärke in einem elektrischen Felde einen „Verschiebungsstrom" hervorrufe, der entweder selbst oder in Verbindung mit einem etwaigen Leiterstrom eine geschlossene Elektrizitätsströmung darstelle. In kühner Willkür, die indessen ihre glänzende Rechtfertigung durch die außerordentliche Fruchtbarkeit der dadurch gewonnenen Ergebnisse fand, schrieb nun Maxwell den hypothetischen Verschiebungsströmen dieselben Eigenschaften zu, wie sie an den Strömen in leitenden Drähten beobachtet werden.

Durch diese Vorstellung gelangte Maxwell zu den berühmten, nach ihm benannten Grundgleichungen des elektromagnetischen Feldes, und aus diesen deduzierte er nun als eine Folgerung von größter Tragweite die Möglichkeit *elektromagnetischer Wellen*, die sich, wie er aus den Messungen von Weber und Kohlrausch [1] schloß, im leeren Raum mit *Lichtgeschwindigkeit* fortpflanzen müssen.

Wenn sich an einer Stelle eines elektrischen oder magnetischen Feldes die Feldstärke periodisch ändert, und zwar im allgemeinen sowohl nach ihrem Betrage als auch nach ihrer Richtung, so sagen wir, daß an der betreffenden Stelle elektrische oder magnetische Schwingungen auftreten. Wie nun etwa mechanische Luftschwingungen zu Schallwellen Anlaß geben, mittels deren sie sich ausbreiten, so können elektrische oder magnetische Schwingungen elektrische oder magnetische Wellen hervorrufen. Aus der Maxwellschen Theorie folgt, daß jede elektrische Welle notwendigerweise mit einer magnetischen verbunden sein muß, und umgekehrt; daß sich beide mit derselben Geschwindigkeit fortpflanzen und daß die magnetische Feldstärke stets senkrecht zu der elektrischen und beide wiederum senkrecht zu der gemeinsamen Fortpflanzungsrichtung sind, mit solchem Richtungssinn, wie es Abb. 45 anzeigt. Die elektromagnetischen Wellen sind also rein transversal; sie besitzen diejenige Eigenschaft, die notwendigerweise auf Grund der Polarisationserscheinungen den Lichtwellen zugeschrieben werden muß [2].

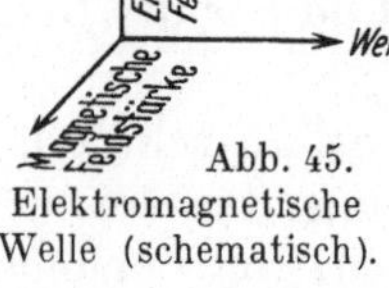

Abb. 45.
Elektromagnetische
Welle (schematisch).

Indem Maxwell die von ihm als theoretisch möglich erkannten elektromagnetischen Wellen mit den Lichtwellen identifizierte, gelangte er schließlich zu der Folgerung, daß die *Dielektrizitätskonstante* eines Mittels mit dem *Quadrate* seines optischen *Brechungsexponenten* übereinstimmen müsse [3]. Daß diese aus der Theorie resultierende sogenannte Maxwellsche Relation in der Tat bei Gasen erfüllt ist, hat schon wenige Monate nach dem Bekanntwerden der Theorie B o l t z - m a n n nachgewiesen [4].

---

[1] Vgl. Abschnitt 18.

[2] Der älteren Theorie, die das Licht auf elastische Schwingungen eines geheimnisvollen „Lichtäthers" zurückgeführt hatte, war die Transversalität der Lichtschwingungen aus verschiedenen, hier nicht näher zu erörternden Gründen ein unlösbares Rätsel gewesen.

[3] Vgl. die Abschnitte 10 und 21.

[4] Bei nichtgasförmigen Stoffen ist die Maxwellsche Relation für sichtbares

Die tatsächliche experimentelle Erzeugung der von Maxwell
als möglich deduzierten elektromagnetischen Wellen ist allerdings erst 15 Jahre nach dem Erscheinen des Maxwellschen
Werkes der Physik geglückt, und zwar im Jahre 1888 durch
die berühmten Versuche von Heinrich H e r t z , durch die zugleich die Wesensgleichheit der neuen Wellen mit dem Lichte
klar erwiesen wurde. Hertz ging bei seinen Experimenten begreiflicherweise von den schon erörterten Kondensatorschwingungen aus. Sie haben, wie erwähnt, im Falle von Leidener
Flaschen eine Schwingungsdauer bis hinab zu einer millionstel Sekunde. Da nach einer ganz allgemeinen Beziehung die
Wellenlänge gleich ist dem Produkte aus der Schwingungsdauer und der Wellengeschwindigkeit (die wir in diesem
Falle mit der Lichtgeschwindigkeit zu identifizieren haben),
so würden auch den raschesten solcher Schwingungen noch
Wellen von etwa 300 Metern entsprechen. Mit Wellen solcher Länge konnte begreiflicherweise nicht experimentiert
werden. Hertz gelang indessen die Herabsetzung der Wellenlänge bis auf wenige Meter, ja Dezimeter dadurch, daß er
statt einer Leidener Flasche zwei entsprechend geformte Messingkörper benutzte, die er voneinander durch eine kurze
Funkenstrecke trennte und die er durch einen Funkeninduktor ständig lud. Durch diese Anordnung setzte er sowohl
Kapazität als auch Selbstinduktion hinab [1].

Die wellenförmige Ausbreitung der so hervorgerufenen
Schwingungen wies Hertz mittels eines kreisförmigen Drahtes
nach, in dem an einer kleinen Unterbrechungsstelle die Wellen durch Resonanz einen Funken hervorriefen. Mittels dieser
primitiven Vorrichtung konnte Hertz in der Tat zeigen, daß
die durch die elektrischen Schwingungen erzeugten Wellen
sich nach denselben Gesetzen wie Lichtwellen, und zwar mit
deren Geschwindigkeit ausbreiten und daß sie wie diese
reflektiert, gebrochen, gebeugt, polarisiert und zur Interferenz gebracht werden. Die Maxwellsche Vermutung der

---

Licht allerdings wegen der Dispersion nicht gut erfüllt; wohl aber zeigt sie
sich durchwegs im ferneren Ultrarot genau gültig.

[1] Vgl. Abschnitt 32.

elektromagnetischen Natur des Lichtes war damit zur Gewiß-
heit erhoben.

In dem elektromagnetischen Felde, das z. B. mit einem
Sonnenstrahl auf der Erde verknüpft ist, beträgt der größte
Wert der periodisch veränderlichen elektrischen Feldstärke
etwa 10 bis 15 Volt pro Zentimeter, der der magnetischen
Feldstärke etwa ein Fünftel der Horizontalintensität des Erdmagnetismus. Der Druck, den ein Sonnenstrahl infolge der
elektromagnetischen Wellen auf einen ihm im Wege stehenden Körper ausübt, entspricht pro Quadratmeter ungefähr
dem Gewichte eines Milligramms[1].

34. Die Telegraphie.

Seit den frühesten Zeiten hat zu den wichtigsten Bestrebungen auf technischem Gebiet die Ermöglichung rascher
Nachrichtenübertragung gehört. Zahlreiche Erfindungen des
18. Jahrhunderts und des ersten Drittels des 19. Jahrhunderts
haben optische Signale in den Dienst dieses Bestrebens gestellt; aber erst die Verwertung der Elektrizität hat die Entwicklung der eigentlichen Telegraphie ermöglicht. Schon zwei
Jahre nach Faradays Entdeckung der Induktionsströme, haben
im Jahre 1833 der Astronom G a u ß und der Physiker
W e b e r den ersten *elektromagnetischen Telegraphen* kon-
struiert, der damals in Göttingen physikalisches Institut und
Sternwarte miteinander verband.

S t e i n h e i l gestaltete bald darauf die Gauß-Webersche
Erfindung weiter aus und machte dabei die überraschende
Entdeckung, daß die Rückleitung durch die Erdleitung ersetzt werden kann, so daß statt zweier Drähte ein einziger
genügt. Doch weder der Apparat von Gauß und Weber noch
derjenige von Steinheil erwiesen sich als für eine weite Verbreitung geeignet. Dies war erst bei dem elektromagnetischen
Schreibapparat der Fall, den 1837 der Amerikaner M o r s e
erfand und der auch heute noch einer der verbreitetsten Tele-
graphenapparate ist. 1843 wurde die erste regelmäßige Tele-

---

[1] Der Lichtdruck ist experimentell zuerst von Lebedew 1901 nachgewiesen worden.

graphenlinie zwischen den Städten Washington und Baltimore
erbaut.

Das Prinzip des Morseschen Telegraphen ist schematisch in
Abb. 46 dargestellt. In der Sendestation (rechts) wird, wenn
ein Zeichen gegeben werden soll, der Taster niedergedrückt,
wodurch sich folgender Stromverlauf ergibt: von der Batterie
(B) durch die Leitung zu dem ruhenden Taster der Empfangsstation, von diesem durch den Elektromagneten (M') zu
der Bodenplatte der Empfangsstation und von dort zu der
Bodenplatte der Aufgabestation. Der Elektromagnet zieht
einen kleinen Hebel an und drückt dadurch ein mit Farbe
behaftetes Rädchen gegen einen durch ein Uhrwerk vorbei-

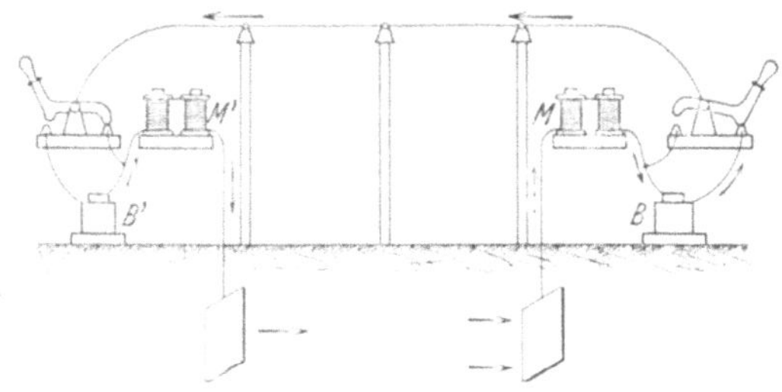

Abb. 46. Schema der Telegraphie.

geführten Papierstreifen. Auf diesem entstehen je nach der
Dauer des Niederdrückens des Tasters Punkte und Striche,
aus denen nun Morse das Alphabet zusammensetzte. Da
beide Stationen gleich ausgerüstet sind, kann jede Station sowohl senden als auch empfangen.

Bei dem Durchfließen einer langen Drahtleitung erfährt
der Strom natürlich durch Isolationsverluste eine beträchtliche Schwächung, und es bedeutete daher einen wesentlichen
Fortschritt, als 1839 W h e a t s t o n e den ursprünglichen
Morseschen Betrieb durch die Einführung des *Relais* verbes-
serte. Es ist dies ein Elektromagnet mit leicht beweglichem
Anker, der seinerseits wieder durch Hebelwirkung den Stromkreis einer in der Empfangsstation befindlichen Lokalbatterie
zu schließen vermag. Die Windungen des Relais werden von
dem „Linienstrom" durchflossen, den die Aufgabestation

sendet, während erst der Strom der Lokalbatterie denjenigen Elektromagneten speist, der den Schreibapparat in Bewegung setzt. Den vom Relais gesteuerten Strom kann man auch dazu verwenden, um einen neuen Leitungsabschnitt zu speisen, wodurch namentlich bei Einschalten von weiteren Zwischen-Relais-Stationen das Telegraphieren auf beliebige Entfernungen möglich wird.

In der ursprünglichen, durch Morse erfundenen Form und unter Benutzung des aus Punkten und Strichen zusammengesetzten Morse-Alphabetes gestattet der Telegraph die Übertragung von etwa 40 bis 60 Buchstaben in der Minute. Die weitere Entwicklung der Telegraphie war begreiflicherweise von einem zweifachen Bestreben geleitet. Einerseits galt es, den erschwerenden Umstand zu beseitigen, der durch die Übertragung des zur Beförderung übergebenen Textes in Morse-Schrift und die Rückübertragung der empfangenen Depesche in die Alltagsschrift bedingt ist. Andererseits mußte man trachten, die Zahl der in der Minute übertragbaren Buchstaben zu steigern, um dadurch die an sich kostspielige Telegraphenleitung besser auszunutzen.

Dem ersten Bestreben dient der um 1850 von dem Amerikaner H u g h e s erfundene *Typendruckapparat,* der im wesentlichen noch heute in größeren Stationen benutzt wird; er vereinigt in sich Sende- und Empfangsvorrichtung. Die Zeichengebung erfolgt mittels einer besonderen Klaviatur. Wird die einem bestimmten Buchstaben entsprechende Taste niedergedrückt, so erreicht der den Druckvorgang auslösende Stromimpuls den synchron laufenden Apparat der Empfangsstation gerade in dem Augenblick, in dem sich bei beiden Apparaten der betreffende Buchstabe am Typenrad gegenüber der Druckwalze befindet. Der Hughes-Apparat liefert derart die Telegramme bereits in gewöhnlicher Druckschrift auf Papierstreifen, die sodann der Empfänger, auf einem Papier aufgeklebt, erhält. Die Leistung beträgt ungefähr 100 bis 120 Buchstaben in der Minute.

Der intensiveren Ausnutzung der Telegraphenleitung diente zunächst die Einführung der sogenannten Duplexschaltungen, die es ermöglichen, auf einer einzigen Leitung gleichzeitig in beiden entgegengesetzten Richtungen zu telegraphieren. In der Schnelligkeit der Zeichengebung bewirkte einen außerordentlichen Fortschritt die Erfindung der *Maschinentelegraphie* durch Wheatstone (um 1860). Um die für die Fernsendung des Telegramms erforderliche Zeit möglichst herabzusetzen, wird vor der Aufgabe der Text mittels einer Art Schreibmaschine in einen Papierstreifen eingestanzt, wobei jedem Buchstaben eine bestimmte Lochkombination entspricht (vgl. Abb. 47). Durch die Löcher werden mittels einer geeigneten Vorrichtung Stromimpulse ausgelöst, die die Niederschrift des Telegramms in gewöhnlicher Morse-Schrift ermöglichen. Die Leistungsfähigkeit des Maschinentelegraphen beträgt 1000 bis 1600 Buchstaben in der Minute.

Mit Wheatstoneschen Apparaten wurde z. B. die von

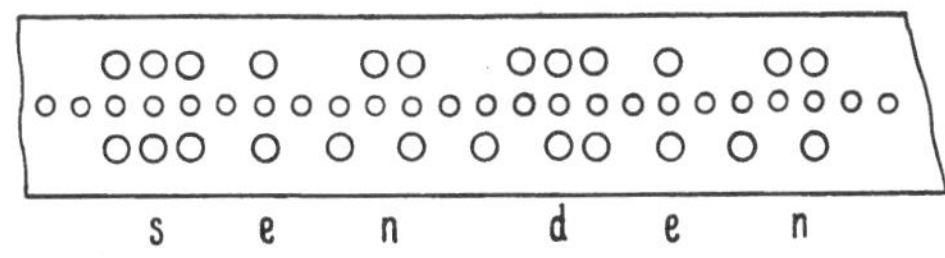

Abb. 47. Lochstreifen für Telegraphie, das Wort „senden" darstellend.

Siemens im Jahre 1870 erbaute indo-europäische Telegraphenlinie betrieben. Sie hatte eine Länge von rund 14000 Kilometern und 14 Zwischenrelais-Stationen, die also etwa je 1000 Kilometer voneinander entfernt waren. Sie war bis zum Jahre 1931 in Betrieb; erst dann wurde sie aufgelassen, weil sie durch schon bestehende Kabel- und Radioverbindungen überflüssig geworden war.

Nach der Erfindung der Lochstreifensendung kam als eine weitere, die Leistungsfähigkeit des Telegraphen wesentlich erhöhende Erfindung noch die *Multiplextelegraphie* hinzu. Sie bezweckt es, die Leitung auch während der Pausen auszunutzen, die sich dadurch ergeben, daß die einzelnen Sendezeichen zur Ermöglichung ihres Drucks durch Intervalle voneinander getrennt werden müssen. Bei dem um 1870 von B a u d o t konstruierten, nach ihm benannten und weit verbreiteten Telegraphen arbeiten vier Apparate über eine Leitung. Durch einen etwa 100- bis 200 mal in der Minute umlaufenden Verteiler werden die Apparate derart abwechselnd in den Stromkreis eingeschaltet, daß immer in Empfangs- und Sendestation nur die einander entsprechenden Apparate miteinander verbunden sind und daher jeder Empfangsapparat nur die ihm zugehörigen Stromimpulse aufnehmen kann[1].

Da der Baudot-Apparat eine vervierfachte Leistung aufweist, konnten mit ihm auch ohne Lochstreifensendung bis zu ungefähr 600 Buchstaben in der Minute erzielt werden. Die Multiplextelegraphie schuf derart in einem und demselben Drahte mehrere Verbindungsmöglichkeiten oder, wie man bildlich in der Sprache der Elektrotechnik sagt, in einer und derselben „*Ader*" mehrere telegraphische „*Kanäle*".

Die Zahl der in einer Ader möglichen Kanäle kann nun aber seit etwa 1920 noch wesentlich, und zwar auf etwa 12 bis 24, dadurch gesteigert werden, daß man zur Zeichengebung *Wechselströme* benutzt. Derart kann man nämlich gleichzeitig[2] über eine und dieselbe Leitung Stromimpulse verschiedener Frequenz senden, die einander nicht stören, und die unter Benutzung geeigneter „Frequenzsiebe" in verschiedenen, beliebigen Apparaten getrennt aufgefangen werden können[3].

Als nun gar überdies ein als *Unterlagerungstelegraphie* bezeichnetes Verfahren ersonnen wurde, durch das jede der Telephonie dienende Ader, unabhängig von dieser Bestimmung, gleichzeitig auch noch für Zwecke der Telegraphie verwendet werden kann[4], da stand der Telegraphie eine

---

[1] Wesentlich ist für den Baudot-Apparat, daß bei ihm — im Gegensatze zu den Apparaten mit Morse-Zeichen — die Gebung jedes Buchstabens die gleiche Dauer (nämlich 5 Zeiteinheiten im telegraphischen Sinne) erfordert.

[2] Diese Gleichzeitigkeit ist zu unterscheiden von der Wechselzeitigkeit der Multiplextelegraphie, bei der die Apparate nicht gleichzeitig, sondern in raschem Turnus abwechselnd an die Leitung geschaltet werden.

[3] Frequenzsiebe sind Vorrichtungen, die nur solche Wechselströme durchlassen, deren Frequenzen innerhalb bestimmter Grenzen liegen; mittels ihrer können also Wechselströme eines bestimmten Frequenzintervalls aus einem Gemisch „ausgesiebt" werden.

[4] Die Unterlagerungstelegraphie beruht auf der Tatsache, daß die Gleichstromzeichen der Telegraphie und die Wechselströme der Telephonie auf ähnliche Weise voneinander getrennt werden können wie die Wechselströme verschiedener Frequenz bei der vorhin erwähnten Wechselstromtelegraphie.

114

früher kaum geahnte Zahl von Kanälen zur Verfügung; zumal seit etwa 1925 das Telephonnetz in Europa und Nordamerika eine außerordentliche Ausgestaltung erfuhr.

Die Entfaltung großer Sendegeschwindigkeiten, auf die früher so viel Wert gelegt werden mußte, erschien nun überflüssig. Statt dessen finden in der modernen Telegraphie Apparate immer mehr Verbreitung, die als *Fernschreiber* bezeichnet werden und die in ihrem Aufbau und in ihrer Bedienungsweise einer Schreibmaschine ähneln. Die Entwicklung strebt nach der Einrichtung eines dem Fernsprechverkehr ähnlichen Fernschreibverkehrs, in dem die Teilnehmer direkt miteinander in Verbindung treten. Mittels des Fernschreibers können natürlich auch in Abwesenheit des Teilnehmers Nachrichten automatisch entgegengenommen werden [1].

Als ein besonderer Zweig der Telegraphie hat sich seit etwa 1860 die transozeanische oder *Kabeltelegraphie* entwickelt. Die erste den Atlantischen Ozean durchquerende submarine Linie wurde nach mehreren gescheiterten Versuchen 1866 dem dauernden Verkehr übergeben. Große Schwierigkeiten bereitete zunächst die Tatsache, daß sich die Tausende von Kilometern langen Kabel wie Leidener Flaschen von außerordentlich großer Kapazität verhalten; der innere Belag wird von dem Stromleiter, der äußere von dem Meerwasser, die Zwischenschicht von dem isolierenden Guttapercha gebildet. Infolge der großen Kapazität mußte das Kabel für jedes einzelne Signal förmlich eigens geladen und wieder entladen werden, was das Telegraphieren beträchtlich verlangsamte. Gleichwohl gelang es durch Verwendung besonderer Kunstgriffe in der Schaltung und durch die Ausbildung hoch empfindlicher Empfangsapparate [2] die Leistung von ursprünglich rund 20 Buchstaben bis auf etwa 200 pro Minute gegen Ende des 19. Jahrhunderts zu steigern.

Seit etwa 1920 verdankt die Untersee-Telegraphie einen ge-

---

[1] Natürlich ist dafür gesorgt, daß auch von verschiedenen Firmen konstruierte Apparate miteinander arbeiten können.

[2] Sie müssen noch auf Ströme von einigen hundertstel Milliampere reagieren.

waltigen Aufschwung der Einführung der Verstärkerröhre sowie der Erfindung des *Krarup-Kabels*. Nach Krarup wird der Nachteil der großen Kapazität kompensiert, indem man den stromleitenden Teil des Kabels mit einer magnetischen Substanz umgibt (und dadurch eine wesentlich höhere, der Kapazität entgegenwirkende Induktivität schafft). In modernen Tiefseekabeln hat der Stromleiter einen Durchmesser von etwa 1/2 cm; die ihn umgebende magnetische Schicht aus Permalloy[1] ist einige Zehntel Millimeter dick. Mit der Isolation beträgt der Durchmesser etwas über ein Zentimeter; er wird aber durch die „Bewehrung", die das Kabel gegen äußere Beschädigungen schützt, auf etwa 3 bis 5 cm erhöht.

Das leistungsfähigste Kabel der Gegenwart dürfte das große Azorenkabel sein, das 1931 zwischen Neufundland und den Azoren gelegt wurde und durch das die Zahl der den nördlichen Atlantischen Ozean durchquerenden Kabel auf 21 stieg. Es wird nach dem Multiplexsystem mit fünf Kanälen betrieben und bewältigt bis zu 2500 Buchstaben in der Minute. Der Verkehr der deutsch-atlantischen Telegraphengesellschaft stieg von 1926 bis 1930 von ungefähr 10 auf 30 Millionen Worte im Jahre.

Die Gesamtlänge des Festland-Telegraphennetzes der Welt betrug um das Jahr 1930 ungefähr 6 Millionen Kilometer und die Gesamtzahl der jährlich aufgegebenen Telegramme etwa 400 Millionen.

35. Die Telephonie.

Ebenso wie der Telegraph und die Glühlampe hat auch das *Telephon* die erste praktische Ausbildung in Amerika erfahren; es wurde 1876 von Bell erfunden[2]. In seiner ursprünglichen Form besteht es aus einem Magnetstabe, dessen einer Pol von einer Drahtspule umgeben ist und vor dem sich eine dünne Eisenmembrane befindet. Wird gegen diese gesprochen, so wird sie durch die Schallwirkung

---

[1] Vgl. Abschnitt 23.

[2] In mancher Hinsicht ist allerdings Philipp Reis (1860) als Vorläufer anzusehen. Er konnte jedoch nur Töne und nicht auch die menschliche Sprache übertragen.

in Schwingungen versetzt, also periodisch dem Magneten
genähert und von ihm entfernt. Durch Induktion entstehen
derart in der den Magneten umgebenden Spule Wechselströme, die, wenn sie zu einem zweiten Telephon geleitet
werden, dessen Membrane in gleichem Rhythmus hin- und
herbewegen. Dadurch wird in dem zweiten Telephon ein
gegen das erste gesprochener Ton hörbar.

Bei der ursprünglichen Konstruktion mußte also der
Sprecher durch seine Stimme den Telephonstrom selbst erzeugen. Bereits im Jahre 1878 kam indessen Hughes auf
den glücklichen Gedanken, die Wirksamkeit der Stimme
des Sprechers auf die „Steuerung" (Modulation) eines Stromes zu beschränken, den er einer am Sprechorte befindlichen
Batterie entnahm. Das derart von Hughes erfundene *Mikrophon* besteht in seiner einfachsten Form aus einem an beiden
Enden zugespitzten Kohlestäbchen, das lose zwischen zwei
Kohlestücken sitzt und durch das der Strom der Batterie
geleitet wird. Spricht man gegen das Stäbchen, so rufen die
Schallwellen in gleichem Rhythmus periodische Veränderungen des elektrischen Widerstandes an den Berührungs-
stellen hervor. Dadurch erfährt auch die Stärke des Batterie-
stroms periodische Schwankungen, die in dem Empfangs-
telephon in Schallschwingungen des gleichen Rhythmus verwandelt werden.

Die hohe Empfindlichkeit des Mikrophons[1] erklärt sich
daraus, daß eine „Berührung" im alltäglichen Sinne dieses
Wortes noch lange keine Berührung im elektrischen Sinne
darstellt. Zwischen zwei einander berührenden Kohlenstücken
gibt es infolge der Unebenheiten der Oberflächen tatsächlich
nur wenige winzige Brücken für den Übergang der Elektrizität, und kleinste Bewegungen genügen bereits, um die Zahl
dieser Brücken wesentlich zu erhöhen oder zu verringern.
Dadurch werden aber in Anbetracht des großen spezifischen
Widerstandes der Kohle gewaltige Stromschwankungen hervorgerufen. Um die Kontaktstellen zu vermehren, hat man
die ursprünglichen Kohlenstäbe später allgemein durch
Kohlenkörner ersetzt.

---

[1] Man hört z. B. laut das Kriechen einer Fliege über das Mikrophon.

Eine bedeutende Verbesserung erfuhr das Telephon durch die Einführung von „*Übertragern*", die im wesentlichen Transformatoren darstellen. Man verbindet das Mikrophon mit der primären Wicklung einer Spule, deren sekundäre Wicklung erst der eigentlichen Fernleitung angehört. Die im Mikrophon erzeugten Schwankungen des verhältnismäßig starken lokalen Stroms induzieren derart in der Leitung Ströme von höherer Spannung, aber geringerer Intensität, wodurch die Fortleitung wesentlich erleichtert wird (vgl. Abb. 48).

Die ersten städtischen Fernsprechnetze entstanden in Amerika schon wenige Jahre nach der Erfindung des Tele-

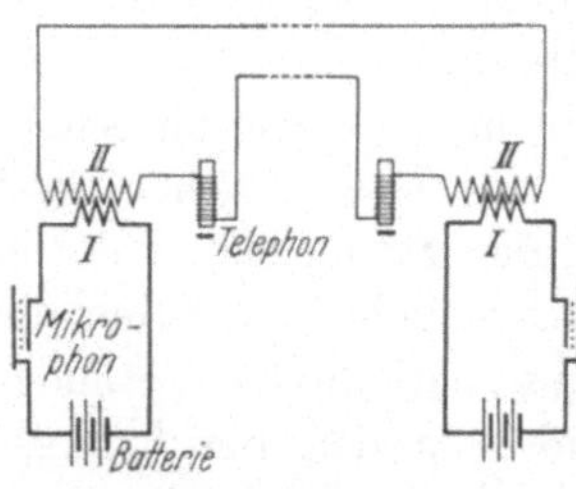

Abb. 48. Telephon mit zwei Übertragern (schematisch). (Aus Handwörterbuch des elektr. Fernmeldewesens. Bd. I. Berlin: Julius Springer 1929.)

phons und fanden bald auch in Europa Verbreitung[1]. Da es natürlich unmöglich ist, alle Teilnehmer am Fernsprechverkehr untereinander durch direkte Drahtleitungen zu verbinden, erwiesen sich Vermittlungsanlagen in der Form von Telephonzentralen notwendig. Seit etwa 1900 ist man auch dazu übergegangen, durch eine einzige Batterie in der Zentrale die Mikrophone der angeschlossenen Teilnehmer zu speisen; dadurch wurde die Unterbringung „lokaler" Batterien an den einzelnen Sprechstellen überflüssig[2]. Seit etwa 1910 hat das bereits 1893 von dem Amerikaner Strowger erfundene *automatische Vermittlungssystem* wachsende Verbreitung gefunden.

In den Anfangsstadien der Telephonie wurden ähnliche Freileitungen wie in der Telegraphie benutzt. Da aber die oberirdischen Drähte in den Städten nicht unbegrenzt vermehrt werden konnten, zwang die rasch zunehmende Teilnehmerzahl bald zu dem Bau unterirdischer *Telephonkabel*;

---

[1] Übrigens waren schon 1877 in Deutschland gegen 20 Anstalten zur telephonischen Übermittlung von Depeschen errichtet worden.

[2] Hierzu war allerdings eine wesentliche Änderung des Schaltungssystems notwendig.

dadurch wurde auch der Fernsprechverkehr von vielen bei Freileitungen unvermeidlichen Störungen befreit. Anfänglich hatte man sich auch in der Telephonie so wie in der Telegraphie der Erdleitung nach dem Steinheilschen Prinzip bedient. Seit es sich aber zeigte, daß hierbei in einer Leitung infolge von Induktion auch die Gespräche anderer benachbarter Leitungen mitgehört werden und auch Störungen über eine Erdverbindung eindringen können, ist man in der Telephonie allgemein zu der Benutzung von Doppelleitungen übergegangen.

Die gebräuchlichsten Telephonkabel sind gegenwärtig die Papier-Luftraum-Kabel. Um die stromleitende „Ader" ist eine Schnur in der Form einer langgestreckten Spirale und über diese lose eine Hülle trockenen Papiers gewickelt. Zwischen diesem und dem Stromleiter befindet sich also ein leerer, nur Luft enthaltender Zwischenraum, wodurch die schädliche Kapazität des Kabels wesentlich herabgesetzt wird[1]. Die einzelnen Papierhüllen haben Durchmesser von einigen wenigen Millimetern. In einem Telephonkabel sind gewöhnlich einige hundert, bisweilen aber auch einige tausend Doppelleitungen in Bündeln vereinigt (vgl. Abb. 49).

Die *Überlandtelephonie* auf weite Entfernungen[2] bereitete anfangs große Schwierigkeiten, weil bei langen Freileitungen zu starke Störungen auftraten und Kabel infolge ihrer großen Kapazität die schwachen Wechselströme zu rasch absorbierten. Ein außerordentlicher Fortschritt wurde um 1900 durch eine Erfindung des Amerikaners Pupin herbeigeführt. Er brachte in den Kabeln in genau voraus berechneten Abständen Spulen von ebenfalls voraus berechneter Induktivität an. Dadurch gelang es ihm, die Wechselstromverluste sehr herabzusetzen und die Sprechweite wesentlich, bis etwa auf das Fünffache, zu erhöhen. Von welcher Wichtigkeit die Pupin-Spulen für die neuere Entwicklung der Telephonie wurden, mag daraus erhellen, daß allein in Deutsch-

---

[1] Luft hat nämlich nur die Dielektrizitätskonstante 1, während Guttapercha eine solche im Werte 3 aufweist.

[2] Der zwischenstaatliche Telephonverkehr kam um das Jahr 1890 auf.

land bereits weit mehr als eine Million solcher Spulen fabriziert wurden.

Einen ganz besonderen Aufschwung nahm der Fernsprech-Weitverkehr, seitdem auch die *Verstärkerröhre* der Tele-

Abb. 49. Ein 4048-paariges Fernsprechkabel von Siemens. (Aus Siemens-Jahrbuch 1930.)

phonie nutzbar gemacht wurde. In einer gewöhnlichen Doppelleitung kann man, wie die Erfahrung zeigt, an drei Zwischenstellen Verstärker einschalten und auf diese Art eine Sprechweite von 400 bis 600 Kilometer erzielen. Bei größeren Entfernungen muß man für beide Richtungen getrennte Leitungen verwenden, so daß man z. B. neben einer Doppelleitung Berlin—Paris noch eine zweite Doppelleitung Paris—Berlin benötigt. Mit einer derartigen „Vierdrahtleitung" kann man aber, weil sich in einer Leitung, die nur nach einer Richtung betrieben wird, beliebig viele Verstärker einfügen lassen, auch die allerweitesten Entfernungen überbrücken.

Das erste Untersee-Telephonkabel wurde um 1890 zwischen Dover und Calais gelegt. Heute werden bereits alle für den Verkehr wichtigeren Meeresteile, wie Nord- und Ostsee oder Mittelländisches Meer von Fernsprechkabeln durchquert. Auch für die Durchquerung des Atlantischen Ozeans ist bereits ein Projekt ausgearbeitet; es sieht als Schutzhülle für das Papier-Luftraum-Kabel Hohlseile vor, die dem gewaltigen Meeresdruck in einigen Kilometer Tiefe standhalten sollen. Größere Schwierigkeiten würde aber der Bau von bedienungslosen Untersee-Verstärkerstationen verursachen, oder auch der Betrieb mehrerer Adern in einem Kabel, ohne daß ein sogenanntes „Nebensprechen", also ein Mithören über benachbarte Leitungen zu befürchten wäre.

Die Gesamtzahl der Fernsprechstellen der Welt beträgt gegenwärtig (1933) etwa 35 Millionen; 57 v. H. hiervon entfallen auf die Vereinigten Staaten von Amerika und 9 v. H. auf Deutschland. Auf je 100 Einwohner kommen in den Vereinigten Staaten etwa 16 und in Deutschland etwa 5 Stellen. Die Gesamtlänge der Fernsprechleitungen beträgt allein in den Vereinigten Staaten, in denen rund 3 Milliarden Dollar für Zwecke der Telephonie investiert sind, fast 100 Millionen Kilometer oder das mehr als 2000fache des Erdumfangs.

36. Die Sendung elektrischer Wellen.

Die Hertzschen Versuche offenbarten bereits die Möglichkeit einer drahtlosen Übertragung elektrischer Energie. Wenn es gewiß auch nur winzigste Bruchteile der von einem Erreger ausgestrahlten Energie sein können, die man selbst in einer Entfernung von bloß einem Kilometer auffangen

kann, so konnte doch gehofft werden, daß sich elektrische
Wellen wenigstens zur Nachrichtenübertragung verwerten
lassen würden. Dies ist in der Tat bereits 1896 Marconi
gelungen, der dadurch der Begründer der *drahtlosen Telegraphie* wurde. Schon im folgenden Jahre konnte er auf eine
Entfernung von mehr als 10 Kilometern Funkentelegramme
zwischen dem Lande und einem Schiff wechseln, und 1902
gelang es ihm, zum ersten Male drahtlos über den Atlantischen Ozean zu telegraphieren. Seit dem Beginne des
20. Jahrhunderts hat sich die drahtlose oder Radiotelegraphie in ständiger Vervollkommnung zu einem wichtigen
Zweige der Elektrotechnik entwickelt.

Die fundamentalen Probleme der drahtlosen Telegraphie
sind die Konstruktionen geeigneter Apparate zur Erzeugung,
zur Sendung, zum Empfang und zur Wahrnehmbarmachung
elektrischer Wellen. Der Erzeugung elektrischer Schwingungen dienen die sogenannten *Hochfrequenzgeneratoren*, die
an die Stelle des ursprünglichen Hertzschen Oszillators ge-
treten sind. Dieser hatte den großen Nachteil der beträchtlichen „Dämpfung", nämlich des sofortigen Abklingens seiner Schwingungen. Wohl ruft jeder Funkübergang Schwingungen hervor, die aber immer wieder sofort erlöschen. Eine
der Hauptbestrebungen der Physiker war von Anfang an
dahin gerichtet, einen Sender für *ungedämpfte* Schwingungen zu konstruieren, nämlich einen, bei dem der durch
die Dämpfung herbeigeführte Energieverlust der Schwingung
sofort wieder ersetzt wird, so daß konstante Schwingungen
erfolgen. Mannigfache Systeme, die diesem Zwecke dienten
und seinerzeit eine große Rolle spielten, sind heute völlig
veraltet. In der modernen Radiotechnik erscheinen als die
wichtigsten Vorrichtungen zur Erzeugung ungedämpfter
Schwingungen Wechselstrommaschinen von sehr hoher Drehzahl und vor allem der Röhrengenerator.

In Amerika ist Alexanderson die Konstruktion von
Wechselstrommaschinen gelungen, die bis zu 20000 Umdrehungen in der Minute ausführen und in die einige hundert Pole eingebaut sind, so daß die Maschine Wechselströme
bis zu einer Frequenz von 100000 pro Sekunde unmittel-

bar erzeugt. Man kann aber auch Maschinen benutzen, die nur geringere Frequenzen liefern und nachträglich mittels ruhender sogenannter Frequenzwandler die Periodenzahl des Stroms erhöhen. Es gibt Vorrichtungen, mittels deren man einigemal hintereinander die Frequenz verdoppeln kann, andere, durch die man beliebige ungerade Vielfache der Maschinenfrequenz erzielen kann.

Die gegenwärtig gebräuchlichste Art der Schwingungserzeugung ist das von M e i ß n e r entwickelte Rückkoppelungsverfahren. Der dabei benutzte *Röhrengenerator* oder Röhrensender unterscheidet sich von der Verstärkerröhre, wie ein Vergleich der Abb. 5o mit der früheren Abb. 41 zeigt, nur dadurch, daß in den Stromkreis, der von der Anode zur Kathode führt, noch ein sogenannter Schwingungskreis eingefügt ist, bestehend aus Spule L (mit Selbstinduktion) und Kondensator von regulierbarer Kapazität[1]; auch der von dem Gitter zur Kathode führende Kreis enthält eine Spule L', und zwar so, daß auf sie die erste Spule durch sogenannte Rückkoppelung, durch Induktion wirken kann.

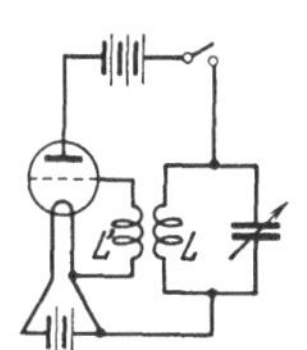

Abb. 50.
Röhrensender
(schematisch).

Wird nun die Batterie eingeschaltet, so entsteht infolge des Auftretens eines Extrastroms in der ersten Spule eine rasch abklingende Schwingung, die aber durch Induktion eine Wechselspannung in der zweiten Spule und damit im Gitter hervorruft. Die Wechselspannung des Gitters erzeugt nun wieder periodische Schwankungen gleicher Frequenz im Anodenstrom, und da dieser die erste Spule durchfließt, führt er dem Schwingungskreis, woferne die Spulen in richtigem Sinne gewickelt sind, neue Energie zu. Dadurch wird rückwirkend wieder die Wechselspannung des Gitters erhöht, und so geht es, ähnlich wie bei der Dynamomaschine[2], in wechselseitiger Verstärkung weiter, bis ein konstanter, von den Betriebsbedingungen abhängiger Wert der Schwingungsenergie erreicht ist. Der Röhrensender er-

---

[1] Man bezeichnet symbolisch einen Kondensator von regulierbarer Kapazität, also z. B. einen Drehkondensator, durch zwei parallele, von einem schiefen Pfeil durchschnittene Striche.

[2] Vgl. Abschnitt 25.

zeugt also ungedämpfte Schwingungen, deren Frequenz durch
Benutzung geeigneter Spulen und entsprechende Einstellung
des Drehkondensators beliebig geregelt werden kann.

Außer durch derartige „Selbsterregung" kann man eine
Senderöhre auch durch „Fremderregung" in Schwingungen
versetzen, indem man einen äußeren Schwingungskreis mit
Gitter und Kathode verbindet, z. B. die beiden Pole einer
hochfrequenten Wechselstrommaschine oder aber auch den
Schwingungskreis einer anderen selbsterregten Röhre. Infolge
der Gitterwirkung verstärkt dann die fremderregte Röhre die
ihr zugeführten Schwingungen. Moderne Sendestationen arbeiten mit solchen, auch mehrstufigen Kombinationen von
Röhren. Die stärksten Senderöhren haben eine Leistung von
einigen hundert Kilowatt. Selbstverständlich bedürfen so
starke Röhren einer fortwährenden Wasserkühlung.

Stellt die Erzeugung der ungedämpften Schwingungen die
erste große Teilaufgabe der Radiotechnik dar, so besteht die
zweite in der Umsetzung der Schwingungen in frei im Raume
sich ausbreitende Wellen. Zu diesem Zwecke werden die im
geschlossenen Kreise erzeugten Schwingungen auf einen offenen Schwingungskreis, die sogenannte *Antenne* übertragen,
und zwar gewöhnlich durch Koppelung mittels geeigneter
Induktionsspulen[1]. Während ein geschlossener Schwingungskreis nur sehr wenig Energie in Form von elektromagnetischen Wellen ausstrahlt, geht eine beträchtliche Strahlung
von elektrischen Schwingungen in einem ausgespannten
Drahte aus. Zu besonders starken Schwingungen läßt sich
aber ein solcher Draht dann anregen, wenn seine durch Kapazität und Induktivität bestimmte Eigenfrequenz mit der Frequenz der ihm zugeführten Schwingungen übereinstimmt;
in diesem Falle kommt es auf elektrischem Gebiete zu der
Erscheinung, die wohl jedermann aus der Akustik als *Resonanz* bekannt ist.

Die einfachste Form der Antenne ist ein langgestreckter,
vertikaler, an seinem unteren Ende mit der Erde verbundener
Sendedraht. Um ihn genau auf den mit ihm gekoppelten
Schwingungskreis „abzustimmen", d. h. um seine Eigen-

---

[1] Man denke an einen Transformator!

frequenz der Frequenz dieses Kreises gleichmachen zu können, sind in den Draht regulierbare Spulen und Kondensatoren eingefügt. In großen Sendestationen benutzt man Antennen von einer Höhe von über 100 bis zu etwa 300 Metern, wobei hohe Maste der Befestigung und Aufhängung des Sendedrahtes dienen. Zu den größten telegraphischen Sendeanlagen der Welt zählt die deutsche Station von Nauen mit zwei Türmen von 260 Meter Höhe.

Wenn sich ein vertikaler Sendedraht ganz frei im Raume befände, so müßte die Strahlung hauptsächlich in der Mittelebene, also horizontal vor sich gehen. Tatsächlich wird aber die Strahlung wesentlich durch die Verhältnisse des Erdbodens und der *Atmosphäre* beeinflußt. In hohem Grade hängt die Reichweite einer Station von der Tageszeit ab. Sie kann bei Nacht 10- bis 15 mal größer als bei Tage sein. Bei Nachtempfang werden die Signale oft zeitweise schwach, eine Erscheinung, die als „*Fading*"[1] bezeichnet wird. Bei Wellenlängen von mehr als einigen Kilometern machen sich diese störenden Effekte weit weniger als bei kleinerer Wellenlänge bemerkbar, weshalb die der Radiotelegraphie dienenden Großstationen für Wellenlängen von einigen bis zu 20 Kilometern eingerichtet wurden. Es entspricht dies Schwingungen von etwa 15 000 bis 100 000 Perioden pro Sekunde oder, wie man zu Ehren des Entdeckers der elektrischen Wellen zu sagen pflegt, von 15 000 bis 100 000 „*Hertz*"[2].

Wellenlängen unter 1000 m erwiesen sich zunächst wegen zu geringer Reichweite als für die drahtlose Telegraphie unbrauchbar. Um das Jahr 1925 machte man aber die überraschende Feststellung, daß mit noch wesentlich kürzeren Wellen, nämlich mit sogenannten *Kurzwellen* von etwa 10 bis 50 Metern Länge, ebenfalls beträchtliche Reichweiten erzielt werden können. Dabei erscheint besonders merkwürdig, daß bei solchen Kurzwellen der Empfang auf verhältnismäßig kleine Entfernungen gut gelingt, dann eine sogenannte „tote Zone" kommt, in der ein Empfang überhaupt nicht möglich

---

[1] „Fading" ist das englische Wort für „hinschwindend", „verblassend"·
[2] Das „Hertz" ist also die Einheit für die auf die Sekunde bezogene Frequenz.

ist, und erst nach Überschreitung dieser Zone wieder ein guter Empfang beobachtet werden kann. Diese Erscheinung ist jedoch keineswegs auf Kurzwellen beschränkt, sondern macht sich nur bei diesen offenkundiger bemerkbar, so daß erst durch die Experimente mit Kurzwellen die Radiotechniker die Möglichkeit gewannen, ausgiebige Forschungen über die Ausbreitung elektrischer Wellen und die Fading-Phänomene anzustellen. Die Ursache der Fading-Erscheinungen liegt darin, daß sich in einer Höhe von etwa 60 bis 100 Kilometern in der Atmosphäre gut leitende Schichten (vor allem die sogenannte Heaviside-Schicht) befinden. Von diesen Schichten werden die aufwärts gehenden Wellen reflektiert und erreichen erst in größerer Distanz von der Sendestation wieder den Erdboden. Interferenzen zwischen den Bodenwellen, also den Wellen, die sich längs der Erdoberfläche fortpflanzen, und einer von einer leitenden atmosphärischen Schicht zurückgebeugten Welle oder zwischen zwei solchen Wellen rufen das Fading hervor. Sein Anwachsen und Verschwinden erklärt sich durch die Bewegungen der leitenden Schichten.

Auch zur Erzeugung der Kurzwellen bedient man sich der Röhrensender, doch waren mannigfache Kunstgriffe zur Überwindung der Schwierigkeiten erforderlich, die durch die Verwendung sehr kleiner Kapazitäten und Induktivitäten bedingt sind. Seit etwa 1930 hat die Radiotechnik auch noch die sogenannten *Ultrakurzwellen* mit Längen von einigen Metern bis hinab zu wenigen Dezimetern in ihren Bereich einbezogen. Diese Wellen haben übrigens auch eine große Bedeutung auf medizinischem Gebiete erlangt, da durch sie erst eine *Tiefendiathermie* ermöglicht wurde. Mit ihrer Hilfe lassen sich solche Teile des menschlichen Körpers (wie beispielsweise das Schädelinnere) erwärmen, zu denen ein durch Elektroden zugeleiteter Strom wegen des zu großen Widerstandes nur sehr geschwächt gelangen könnte. Die Erzeugung ganz kurzer elektrischer Wellen von Zentimetern und Millimetern Länge ist schon früher, allerdings nur in ganz geringer Intensität, verschiedenen Physikern geglückt. Sie gelangten in der Erregung solcher *Mikrowellen* bis zu Wellenlängen von weniger als ein zehntel Millimeter und unterschritten damit beträchtlich die längsten im Ultrarot bekannten Wellen von etwa ein drittel Millimeter.

Bei der engen Nachbarschaft der in der modernen Radiotechnik verwendeten Frequenzen ist es von großer Wichtigkeit, Schwankungen der Sendefrequenz zu verhindern. Diesem Zwecke dient vor allem die *Quarzsteuerung* der Sender; sie beruht auf der Erscheinung, daß sich Quarzkristalle ausdehnen oder zusammenziehen, wenn an gegenüberliegende Kristallflächen eine elektrische Spannung angelegt wird[1]. Unter dem Einfluß einer Wechselspannung gerät daher ein Quarzkristall in mechanisch-elastische Schwingungen, die infolge von Resonanz dann besonders stark werden, wenn die elektrische Schwingungsfrequenz mit der maßgebenden Eigenfrequenz des Kristalls übereinstimmt. Letztere hängt im wesentlichen von der Dicke der Kristallplatte ab. Einer Dicke von 1 Millimeter entspricht im Resonanzfalle[2] eine elektrische Wellenlänge von ungefähr 100 m, einer Dicke von 1 cm eine elektrische Wellenlänge von 1000 m.

Die Konstanz der einzuhaltenden Hochfrequenz kann dadurch kontrolliert werden, daß ein schwingender Quarzkristall im Vakuum lebhafte Leuchterscheinungen hervorzubringen vermag. Da schon bei einer Frequenzänderung um ein halbes Promille das Leuchten erlischt, ist auf diese Weise in der Tat eine sehr scharfe Kontrolle mittels einer Quarzplatte möglich, der man gerade eine solche Dicke gibt, daß die elastische Eigenfrequenz mit der zu kontrollierenden elektrischen Frequenz übereinstimmt.

Eine jede Vorrichtung, die der Sendung elektrischer Wellen dient, eignet sich für die Zwecke der drahtlosen Telegraphie oder Telephonie. Indem man die Antennenschwingungen ruckweise (für ein längeres oder kürzeres Intervall) un-

---

[1] Umgekehrt hat der Quarz die Eigentümlichkeit, durch Druck entgegengesetzte elektrische Ladungen an gegenüberliegenden Kristallflächen anzunehmen. Diese als Piezoelektrizität bezeichnete Erscheinung wurde schon um 1780 entdeckt.

[2] Indem man die sogenannten Oberschwingungen des 1 mm dicken Kristalls benutzt, kann man ihn auch für kürzere elektrische Wellen als solche von 100 m benutzen.

terbricht oder auch nur schwächt, vermag man kurze Wellen-
züge, also drahtlose Impulse zu senden, die in der üblichen
Weise als telegraphische Zeichen verwertbar sind.

Bei der *drahtlosen Telephonie* werden die gesandten elektrischen Wellen durch die Stimme des Sprechers oder durch
Musik „*moduliert*". Die zu übertragenden akustischen Schwingungen erfolgen natürlich viel langsamer als die elektrischen.
Der Grundton der Musik (das einfach gestrichene a) hat
z. B. 435 Schwingungen in der Sekunde, also, wie man in
der Sprache der Elektrotechnik sagt, 435 Hertz, während eine
elektrische Welle von 5oo m Länge 6oo ooo Hertz entspricht.
Die langsamen „niederfrequenten" akustischen Schwingungen überlagern sich aber nun über die „hochfrequenten" elektrischen Schwingungen in der Weise, daß die Intensität der
elektrischen Schwingungen periodischen Veränderungen unterworfen wird, die in dem Rhythmus der akustischen
Schwingungen erfolgen. In der drahtlosen Telephonie fun-
gieren also die elektrischen Wellen als Trägerwellen, indem
sie ihre Stärke in der Periode des übertragenen Tones
wechseln.

37. Der Empfang elektrischer Wellen.

Die sich ausbreitenden elektrischen Wellen rufen an allen
Stellen, die sie erreichen, periodisch veränderliche Felder und
somit in allen von ihnen getroffenen Körpern Wechselspan-
nungen hervor, unter deren Einfluß in leitenden Kreisen
Wechselströme entstehen. Wenn die elektrische Eigenfrequenz des leitenden Kreises mit der Wellenfrequenz übereinstimmt, so kommt es zu Resonanzerscheinungen, bei denen
die Stärke der Wechselströme die größtmögliche Höhe erreicht. Mit Hilfe regulierbarer Kapazitäten und Induktivitäten
kann derart eine „*Empfangsantenne*" auf eine beliebige
Welle „*abgestimmt*" werden.

Da indessen die Empfangsantenne nur einen ganz winzigen
Bruchteil der von der Sendeantenne ausgestrahlten Energie
aufzunehmen vermag, haben die Wechselströme eine viel zu
geringe Intensität, als daß sie bei größerer Entfernung ohne
besondere Vorrichtungen nachgewiesen werden könnten. Ihre

Stromstärke ist in der Regel nur von der Größenordnung von vielleicht dem hunderttausendsten Teil eines Milliampere, und an sich ist der Nachweis schwacher Wechselströme viel schwieriger als derjenige ebenso schwacher Gleichströme; denn jede Periode eines Wechselstroms setzt sich aus zwei Halbperioden zusammen, während deren der Strom entgegengesetzt gerichtet ist. Es entfallen somit alle Durchschnittswirkungen, zu denen die beiden Halbwellen in umgekehrtem Sinne beitragen. Zum Nachweise der schwachen Wechselströme in der Empfangsantenne dienen daher als „Detektoren" solche Vorrichtungen, die die eine Halbwelle abschneiden und dadurch eine feststellbare Durchschnittswirkung ermöglichen. Unter diesen Vorrichtungen sind am wichtigsten der Kristalldetektor und die Elektronenröhre in „Audionschaltung".

Der *Kristalldetektor* besteht aus einem geeigneten Mineral, gewöhnlich Pyrit, gegen dessen Fläche eine Metallspitze leicht federnd drückt. Er wirkt als elektrisches Ventil[1], indem er die eine Halbwelle unterdrückt, und liefert somit gleichgerichtete Stromimpulse.

Gegenüber dem Kristalldetektor hat das „*Audion*" den Vorteil, daß es mit der gleichrichtenden Wirkung überdies eine Verstärkung verbindet, da das Audion, wie schon erwähnt, nichts anderes als eine besonders geschaltete Elektronenröhre ist. Die empfangenen Wellen werden bei dem Audion über einen kleinen Kondensator dem Gitter der Röhre zugeführt, an das dadurch abwechselnd eine positive und eine negative Spannung gelegt wird, und zwar in hochfrequentem Wechsel. Bei positiver Spannung gelangen Elektronen von der glühenden Kathode auf das Gitter, bei negativer Spannung hingegen nicht[2]. Die Folge hiervon ist, daß unter dem Einfluß einer auftreffenden Welle sich das Gitter negativ auflädt und dadurch die Stärke des Anodenstroms sinkt. Durch eine geeignete Schaltung kann man nun ein Anwachsen der Gitterspannung über ein bestimmtes Ausmaß

---

[1] Vgl. Abschnitt 30. Die Ventilwirkung des Kristalldetektors beruht im wesentlichen auf thermoelektrischen Erscheinungen.

[2] Vgl. Abschnitt 31.

verhindern und dadurch erreichen, daß in dem Anodenstrom, der ja ein Gleichstrom ist, Schwankungen in demselben Rhythmus auftreten, in dem die auftreffende Welle moduliert ist. Der Anodenstrom schwingt also mit der akustischen Frequenz, jedoch in verstärktem Ausmaß, weil ja jede Elektronenröhre zugleich als Verstärker wirkt, wie schon in einem früheren Abschnitt gezeigt wurde. Führt man den periodisch schwankenden Anodenstrom einem Telephon zu, so entsteht in diesem ein der übertragenen „Niederfrequenz" entsprechender Ton. Denselben Effekt, jedoch ohne Verstärkung, kann man natürlich auch durch einen Kristalldetektor erzielen.

Zur Verbesserung des Empfanges kann man die von dem Detektor kommenden niederfrequenten Schwingungen abermals durch eine Elektronenröhre verstärken, die in diesem Falle als *Niederfrequenzverstärker* wirkt. Man kann auch die von der Antenne kommenden modulierten elektrischen Schwingungen vor ihrer Gleichrichtung einer zwischengeschalteten Elektronenröhre zuführen, die in diesem Falle als *Hochfrequenzverstärker* arbeitet. Mit einer derartigen Kombination, die von der Antenne über Hochfrequenzverstärker zum Audion und von diesem über den Niederfrequenzverstärker zum Telephon führt, lassen sich solche Verstärkungen erreichen, daß die Verwendung hoher Empfangsantennen überflüssig wird und die Benutzung kleiner Rahmenantennen genügt. (Die Empfangsintensität läßt sich schließlich auch noch dadurch steigern, daß man die hochfrequenten verstärkten Schwingungen, die dem Anodenkreis einer Röhre entnommen werden, auf die Empfangsantenne rückwirken läßt; durch derartige „Rückkoppelung" verringert man die schädliche Dämpfung[1] der Schwingungen in der Empfangsantenne.)

Die Vervollkommnung des Wellenempfanges hat seit etwa 1915 einen gewaltigen Aufschwung der drahtlosen oder *Radiotelegraphie* herbeigeführt. Schon um das Jahr 1920 kam die Reichweite der größten Funkstellen dem Erd-

---

[1] Vgl. das in Abschnitt 36 über den Röhrengenerator Gesagte!

umfange gleich[1]. Bei dem deutschen Großsender in Nauen bei Berlin stieg die jährliche telegraphische Wortleistung von etwa 1 Million im Jahre 1918 bis auf ungefähr 18 Millionen im Jahre 1930[2]. Die Kurzwellentelegraphie ermöglicht bereits eine Leistung von mehr als 1000 Buchstaben in der Minute.

Die Betriebszentralen für den radiotelegraphischen Verkehr sind durch besondere Kabelleitungen mit den zugehörigen Sende- und Empfangsanlagen verbunden, die man zweckmäßig außerhalb der Großstädte und voneinander getrennt errichtet hat. So befindet sich z. B. die deutsche Sendeanlage für den transatlantischen Verkehr in Nauen in einer Entfernung von 35 km von der Berliner Betriebszentrale, von der aus sie „ferngetastet" wird; wieder 30 km von Nauen entfernt liegt die zugehörige Empfangsanlage in Geltow bei Potsdam. Aber weder in Nauen noch in Geltow, sondern nur in der Berliner Betriebszentrale sind tatsächlich Beamte mit der Übermittlung der Nachrichten in beiden Richtungen beschäftigt.

Unter den mannigfachen Anwendungen der Radiotelegraphie seien nur kurz erwähnt: der internationale Wetterdienst, der auch Sturmflut-, Eis-, Hochwassermeldungen u. dgl. einschließt, der Zeitzeichendienst und der Weltnachrichtendienst, der Schiffen auf hoher See übermittelt wird.

Die erste regelmäßige *radiotelephonische* Verbindung über den Ozean wurde 1927, und zwar zwischen London und New York, eröffnet. Da gegenwärtig bereits zwischen allen großen Ländern radiotelephonische Verbindungen bestehen, z. B. zwischen Deutschland und Argentinien, oder zwischen England und Australien, so können durch Kombination mit Kabellinien des Festlandes Ferngespräche bereits zwischen beliebigen Orten der Erde geführt werden.

---

[1] Um über die ganze Erde telegraphieren zu können, genügt natürlich eine Reichweite in der Länge des halben Äquators.

[2] In den nächsten Jahren trat infolge der Wirtschaftslage ein Rückgang ein.

38. Der Rundfunk.

Bis etwa zum Jahre 1920 blieb die Verwertung der Radiotelephonie auf die Nachrichtenübertragung beschränkt, und zwar zunächst innerhalb öffentlicher Institutionen, wie Polizei und Militär, oder innerhalb privater Gesellschaften. Kurz vor 1920 entwickelte sich der „Rundspruch" als ein für einen beschränkten Kreis von Teilnehmern, wie vor allem Zeitungsredaktionen und Börsen, bestimmter Nachrichtendienst.

Im Jahre 1921 begann die Ausgestaltung des Rundspruchs zu dem der Unterhaltung dienenden *Rundfunk*, indem zunächst in Amerika Gesellschaften Vorträge und Musikaufführungen veranstalteten und durch Sendeanlagen derart auf ausgestrahlte elektrische Wellen übertrugen, daß jedermann die Darbietungen hören konnte, der im Besitze eines geeigneten Empfangsapparates war. Nachdem schon 1920 der erste Rundfunk in Pittsburgh eingerichtet worden war, wurden zahlreiche Sender in den Vereinigten Staaten im nächsten Jahre errichtet, und 1923 wurde der Deutsche Rundfunk eröffnet. In stürmischer Entwicklung hat dann das „Radio" innerhalb weniger Jahre allgemeine Verbreitung unter den Kulturnationen gefunden — sicherlich als eine der größten Leistungen in der Geschichte der menschlichen Zivilisation.

Die Entwicklung des Rundfunkwesens ist vor allem gekennzeichnet durch die Vervollkommnung der Instrumente, die der akustischen Modulation der elektrischen Wellen dienen, durch die Verbesserung und Verfeinerung der Empfangsapparate und durch die Errichtung von Großsendern mit immer höheren Leistungen.

Bei dem vorwiegend für musikalische Darbietungen bestimmten Rundfunk ist der Frequenzbereich, über den sich die Aufnahme von Schallschwingungen erstrecken muß, naturgemäß viel weiter als derjenige, der in der gewöhnlichen Telephonie zur Erzielung von Sprechverständlichkeit genügt. Zur Aufnahme der akustischen Schwingungen dienen darum im Rundfunk speziell konstruierte *Mikrophone,* unter denen das Reiß-, das Kondensator- und das Bändchenmikrophon am wichtigsten sind. Das von Eugen Reiß erfundene und nach ihm benannte Mikrophon besteht aus einem kleinen würfelförmigen Marmorblock, der in einer flachen, quadratischen Aushöhlung eine etwa 1 bis 2 mm dicke, nach außen durch eine Gummimembrane abgeschlossene Schicht von Kohlepulver enthält. Dieses wird absichtlich aus Körnern verschiedenster Größe gewählt, damit es für alle Frequenzen gleich empfindlich sei.

Das *Kondensatormikrophon* stellt einen elektrischen Kondensator in dem früher erörterten Sinne[1] dar. Die eine Platte wird von einer besonders dünnen Metallmembrane (von rund $1/_{100}$ mm Dicke) gebildet, die in einer Entfernung von ungefähr $1/_{50}$ mm einer festen Metallscheibe gegenübersteht. Spricht man gegen den Kondensator, so verändert man dadurch periodisch den Abstand der beiden Platten und damit die Kapazität[2], so daß unter dem Einfluß einer angelegten Spannung Wechselströme entstehen.

Bei dem *elektrodynamischen Mikrophon* wird ein Stromleiter von geringer Masse zwischen den Polen eines festen Magneten durch die Schallwirkung in Schwingungen versetzt, so daß in ihm durch Induktion Wechselströme erzeugt werden. Man benutzt entweder ein geriffeltes, sehr dünnes Aluminiumbändchen (sogenanntes Bändchenmikrophon) oder eine leichte Spule aus Aluminiumdraht. Bei dem elektrodynamischen Mikrophon erweist sich also eine besondere Stromquelle als überflüssig.

Ebenso wie das Mikrophon als Aufnahmeapparat, mußte sich natürlich auch der Telephonhörer als Empfangsapparat den gesteigerten Ansprüchen des Rundfunks anpassen, zumal von einem guten Empfänger die Wiedergabe durch *Lautsprecher* verlangt wurde. Die Aufgabe des Lautsprechers besteht darin, die von dem Empfangsapparat gelieferten Stromschwankungen in genügend starke Luftschwingungen umzuwandeln und sie möglichst rein und frei von Verzerrung abzugeben. Aus dem Konstruktionsprinzip des Telephons entwickelte sich zunächst der elektromagnetische Lautsprecher. Später erst gelang es, elektrodynamische Lautsprecher einwandfrei zu bauen. Bei dem Bändchenlautsprecher, der die

---

[1] Vgl. Abschnitt 21.
[2] Die Kapazität hängt ja von dem Plattenabstand ab; vgl. Abschnitt 21.

Umkehrung des Bändchenmikrophons darstellt, gerät ein Aluminiumband in einem Magnetfeld durch die Stromschwankungen in Schwingungen, die es auf die Luft überträgt. Die Wiedergabe ist auch für große Räume ausreichend stark. Für Übertragungen im Freien und in großen Sälen benutzt man den auf demselben Prinzip beruhenden „Blatthaller", dessen Klänge bis auf 5oo Meter deutlich und rein hörbar sind. Die für den Gebrauch in Zimmern heute verwendeten elektrodynamischen Lautsprecher übertragen die Bewegung einer von dem verstärkten Empfangsstrom durchflossenen und im Felde eines Elektromagneten befindlichen Spule auf eine gewöhnlich in Konusform ausgeführte Membrane[1].

Die Entwicklung der Rundfunk-Empfangsgeräte strebte zunächst vor allem nach Erhöhung der Empfindlichkeit. Eine wesentliche Verbesserung erfuhr die Hochfrequenzverstärkung durch die Einführung der *Neutrodynschaltung*, durch die die schädliche Kondensatorwirkung zwischen Gitter und Anode in den Röhren des Hochfrequenzkreises beseitigt wurde[2]. Mit wachsender Stärke der Rundfunksender wurde die Herstellung „*trennscharfer*" Apparate immer wichtiger; ihre Konstruktion beruht am häufigsten auf dem Prinzip des sogenannten *Überlagerungsempfanges*. Es werden in dem Empfänger selbst durch einen Generator Schwingungen von regulierbarer Frequenz erzeugt, und zwar wird diese so eingestellt, daß durch Kombination der Generatorschwingungen mit der empfangenen modulierten Welle Schwingungen einer ganz bestimmten „Zwischenfrequenz" entstehen, die immer dieselbe ist, welche Wellenlänge auch immer von außen empfangen wird[3]. Gewöhnlich wählt man eine Zwischenfrequenz, die ungefähr einer Wellenlänge von 2500 m entspricht; die Zwischenfrequenz wird noch vor der notwendigen Gleichrichtung stufenweise in mehreren auf sie genauest

---

[1] Auch nach dem Kondensator-Prinzip wurden Lautsprecher (z. B. der Reiß-Lautsprecher) gebaut; doch sind sie heute von den elektrodynamischen Lautsprechern bereits überholt.

[2] Bei Niederfrequenz ist die „Gitter-Anoden-Kapazität" nicht so störend.

[3] Aus der Kombination zweier Frequenzen resultiert durch sogenannte „Schwebungen" (wie sie auch aus der Musik bekannt sind) eine neue Frequenz, die dem Unterschiede der kombinierten Frequenzen gleich ist.

abgestimmten Kreisen verstärkt, wodurch sich eine außerordentliche Trennschärfe erzielen läßt.

Der Verstärkungsgrad der zum Empfang benutzten Röhren konnte wesentlich dadurch gesteigert werden, daß man neben dem Gitter, das der Steuerung des Anodenstroms dient, in die Röhre noch andere gitterähnliche Vorrichtungen einbaute, die unter bestimmter konstanter Spannung gehalten werden. Durch Konstruktion solcher *Mehrgitter-* bzw. Schirmgitterröhren wurde die frühere, recht heikle Neutrodynschaltung überflüssig; es konnte dadurch aber auch die Zahl der Stufen bei dem Überlagerungsempfang wesentlich verringert und die Leistung mehrerer Niederfrequenzverstärkerstufen in einer einzigen Röhre vereinigt werden. Während früher ein Überlagerungsempfänger bis zu elf Röhren benötigte, kann man jetzt bereits Apparate gleicher Leistung und Trennschärfe mit bloß drei Röhren herstellen. Durch diese Verbesserungen wurden die Apparate kleiner und billiger, und schließlich bewirkte auch die Einführung der „Einknopfbedienung" eine wesentliche Vereinfachung in der Handhabung[1]. In den ersten Jahren des Rundfunks benötigten die Teilnehmer besondere Batterien zur Heizung der Glühkathode sowie zur Entnahme der Anoden- und Gitterspannung. Erst nach langen Bemühungen gelang es, Netzanschlußapparate zu konstruieren, bei denen eine reine Wiedergabe möglich ist[2].

Bei Apparaten, die nur dem Nahempfang zu dienen brauchen, bei denen also keine Trennschärfe, sondern nur Qualität der Wiedergabe erforderlich ist, werden heute Schaltungen verwendet, die eine Audionstufe und ein oder zwei besonders leistungsfähige Niederfrequenzstufen (in Form von Mehrgitterröhren) umfassen. Neben den Röhrenapparaten wird für den Nahempfang auch noch der ursprüngliche Detektorapparat viel verwendet. Er hat nur einen einzigen abstimmbaren Empfangskreis, dessen schwache Wechselströme von einem gewöhnlichen Kristalldetektor gleichgerichtet und unmittelbar einem Kopfhörer zugeführt werden.

---

[1] Die verschiedenen gleichzeitig zu verstellenden Kondensatoren und Induktivitäten werden entsprechend mechanisch gekoppelt.

[2] Die größte Schwierigkeit bereitete die Heizung der Glühkathode mit der verhältnismäßig großen Spannung von 110 oder 220 Volt.

Sowohl die Anzahl als auch die Sendestärke der *Rundfunksender* ist in ständiger Zunahme begriffen. 1933 zählte man 235 europäische Rundfunksender mit einer gesamten Sendeenergie von 3140 Kilowatt. Zwei Jahre vorher waren es wohl schon 208, aber mit einer nur rund sechsmal kleineren Gesamtenergie gewesen. Um wechselseitige Störungen bei dem Empfang tunlichst zu vermeiden, werden die Wellenlängen von internationalen Konferenzen (z. B. 1933 Luzern) verteilt. Für den Rundfunk werden vorwiegend die Wellenlängen von ca. 200 bis 600 und von 1000 bis 2000 m benutzt; die anderen Wellenlängen sind für bestimmte Zwecke des Nachrichtendienstes reserviert. Als allgemeiner Grundsatz gilt, daß einander geographisch nahe Sender möglichst verschiedene Wellenlänge haben sollen und daß jeder Sender von dem ihm in der Wellenlängentabelle benachbarten einen Frequenzabstand von 9000 Hertz aufweist, damit nicht die akustisch modulierte Frequenz des einen Senders in den Bereich des anderen übergreift. Die stärksten Sender Europas sind gegenwärtig (1933) Leipzig (120 kW; 389,6 m), Prag (120 kW; 488,6 m), Wien (100 kW; 517,2 m), Warschau (160 kW; 1411,8 m) und Moskau (500 kW; 1481 m).

Wie ein feinerer Radioempfang nur über eine Folge von Röhren möglich ist, so arbeitet auch jeder Rundfunksender mit einer Anzahl von *Röhrenstufen*. Der 1933 erbaute Wiener Großsender ist z. B. siebenstufig. Die erste Stufe dient der Erzeugung der ersten, quarzgesteuerten Sendefrequenz, die weiteren sechs der fortschreitenden Leistungsverstärkung. Erst in der fünften Stufe wird die Sendefrequenz (als Trägerfrequenz) durch die mittels eines Kabels aus den Aufnahmeräumen zugeführten Sprechströme moduliert. Dann erfolgt noch eine zweimalige Verstärkung der modulierten Schwingungen, und zwar in der letzten, der siebenten Stufe, vor der Abgabe an die Antenne, mittels zweier 1³/₄ m hoher 300-Kilowattröhren. (Ihnen stehen zwei weitere als Reserve zur Seite; vgl. Abb. 51.)[1] Bei diesem, derzeit (1933) neuesten Sender

---

[1] Das ganze europäische Telephonkabelnetz enthält auch bereits schon besondere Adern und Verstärkereinrichtungen, die nur dem Programmaustausch zwischen verschiedenen Sendegesellschaften dienen. Nur die außer-

Abb. 51. Die siebente Stufe des Wiener Großsenders (zwei 300-Kilowatt-
röhren für Betrieb und zwei als Reserve). (Phot. Martin Gerlach.)

dient ein 130 m hoher Stahlgittermast (Abb. 52) unmittelbar
als Antenne, während bei früheren Anlagen solche Maste

ordentliche Übertragungsqualität und Störungsfreiheit dieser Kabel erklären
es, daß der Programmaustausch nicht drahtlos über die Sender selbst erfolgt.

stets nur als Träger eines besonderen Antennendrahtnetzes Verwendung finden. Durch Hinzufügung eines zweiten gleichen Mastes in einer Entfernung von einer Viertelwellenlänge soll später erreicht werden, daß die Strahlung (entsprechend der exzentrischen Lage Wiens innerhalb Österreichs) vorwiegend nach Westen gerichtet wird.

Das Rundfunkprogramm einiger Stationen wird neuestens zwecks Erzielung besonders großer Reichweiten versuchsweise auch über *Kurzwellensender* ausgestrahlt; zu diesen Stationen gehört z. B. Königswusterhausen (19,73 m bei Tag und 31,38 m am Abend; 8 kW) und als derzeit für Europa wichtigste amerikanische Station Pittsburgh (25,27 und 48,86 m; 40 kW).

Das allgemeine Interesse an den technischen Vervollkommnungen des Rundfunks und der drahtlosen Telegraphie hat auch eine rege Tätigkeit von Amateuren ins Leben gerufen, die heute über die ganze Erde ein großes Sende- und Empfangsnetz unterhalten. Bestimmte Kurzwellenbereiche stehen international ausschließlich den Liebhabern für ihre Experimente zur Verfügung. Ihren Arbeiten ist ein gewaltiges Beobachtungsmaterial über die Ausbreitung der elektrischen Wellen und namentlich der Kurzwellen zu danken; ja auf die Vorzüge der kurzen Wellen wurden die Fachkreise überhaupt erst dadurch aufmerksam, daß es zur allgemeinen Verblüffung Amateuren gelang, mit ganz schwachen Sendern über den Ozean hinweg miteinander in Verbindung zu treten.

Neben den Kurzwellensendern werden neuestens versuchsweise auch *Ultrakurzwellensender* errichtet. Ultrakurzwellen werden in den hohen Schichten der Atmosphäre nicht reflektiert und breiten sich nur geradlinig aus. Dies hat den Nachteil, daß sie keine sehr große Reichweite haben und fast nur für den Bezirksempfang in Betracht kommen, aber den Vorteil, daß sie wie Lichtwellen durch Reflektoren gebündelt und gerichtet werden können, so daß ganz geringe Sendeenergien genügen und jedenfalls auch bei Nachrichtenübertragung die Wahrung des Geheimnisses erleichtert ist. Sendeanlagen für Ultrakurzwellen werden wegen ihrer geradlinigen Ausbreitung zweckmäßig in ziemlicher Höhe errichtet; so wurde z. B. in

Abb. 52. Der 130 m hohe Antennenmast des Wiener Großsenders. (Phot.
Martin Gerlach.)

Berlin auf dem 138 m hohen Funkturm ein Sender für
7-Meter-Wellen geschaffen.

Die ungeheure Bedeutung des Rundfunks für das moderne
Leben vermag aus der Tatsache zu erhellen, daß 1932 auf je

1000 Einwohner in Deutschland 66, in Österreich 73, in den Vereinigten Staaten 138 und in Dänemark, das in dieser Hinsicht die erste Stelle einnimmt, 140 Empfangsapparate kamen.

39. Der Tonfilm.

Dem stürmischen Aufstieg des Rundfunks folgte in einem Abstand von nur wenigen Jahren der Triumph einer zweiten Erfindung, die von kaum geringerer Bedeutung für unsere moderne Kultur wurde; im Jahre 1927 begann der *Tonfilm* seinen raschen Siegeslauf. Er wurde in seiner heutigen Form 1923 von drei Deutschen, E n g l, M a s o l l e und V o g t, erfunden, die dabei eine schon 1900 von R u h m e r ersonnene Methode der *Lichttonaufzeichnung* verwerteten[1].

Abb. 53. Filmstreifen nach dem Intensitätsverfahren. (Aus Siemens-Jahrbuch 1930.)

Bei dem Tonfilm in seiner heute fast allein üblichen Form wird die aufzunehmende Sprache oder Musik zunächst wie bei dem Rundfunk mittels eines Mikrophons in elektrische Stromschwankungen verwandelt; diese werden nach genügender Verstärkung dann durch entsprechende Steuergeräte in Lichtschwankungen umgesetzt, welche auf einem Film zur photographischen Aufzeichnung gelangen und dadurch eine synchrone Kinematographie von Bild und Ton ermöglichen[2].

Die photographische Aufzeichnung der Töne kann auf

[1] Die Erfindung von Engel, Masolle und Vogt wurde unter dem Namen „Tri-Ergon“, d. h. Werk der Drei, herausgebracht. Bemerkenswert ist, daß der tatsächlich erste Tonfilm bereits 1889 von Edison unter Benutzung eines Grammophons vorgeführt wurde. Der Film zeigte einen Bekannten Edisons, der den Hut abnahm und dazu die Worte sprach: „Guten Morgen, Mr. Edison, wie gefällt Ihnen der Kinematograph?“.

[2] Im Gegensatz zu dem hier beschriebenen Lichttonverfahren bediente sich das heute überholte Nadeltonverfahren eines Grammophons in Ver-

zweierlei Art erfolgen. Bei dem sogenannten *Intensitätsverfahren* werden Schwankungen der Helligkeit hervorgerufen, und die Tonaufzeichnung erscheint somit auf dem entwickelten Film in „Sprossenschrift" in der Form von gleich langen, aber verschieden geschwärzten Querstreifen (Abb. 53). Bei dem anderen Verfahren, dem sogenannten *Transversalverfahren*, schwankt die Länge des Bildes eines Lichtspaltes gleichbleibender Helligkeit; es ergibt sich dann in „Zackenschrift" eine gleichmäßig vollkommen geschwärzte Tonspur, die jedoch variierende Querausdehnung aufweist (Abb. 54). Bei beiden Verfahren ist die Tonhöhe durch den Abstand der aufeinanderfolgenden Maxima (Sprossen oder Spitzen) gegeben; hingegen ist die Tonstärke bei dem Intensitätsverfahren durch den Grad der Schwärzung, bei dem Transversalverfahren durch die Länge der Querstreifen dargestellt[1].

Das Licht wird von einer starken Lichtquelle konstanter Helligkeit[2] geliefert und gelangt von ihr durch einen Kondensor zu dem Steuergerät; als solches dient bei dem Intensitätsverfahren, auf dessen Besprechung wir uns beschränken wollen, eine *Kerr-Zelle.* Schon im Jahre 1875 hatte der englische Physiker **Kerr** entdeckt, daß in einem *elektrischen Felde* isolierende oder schlecht leitende Flüssigkeiten *dop-*

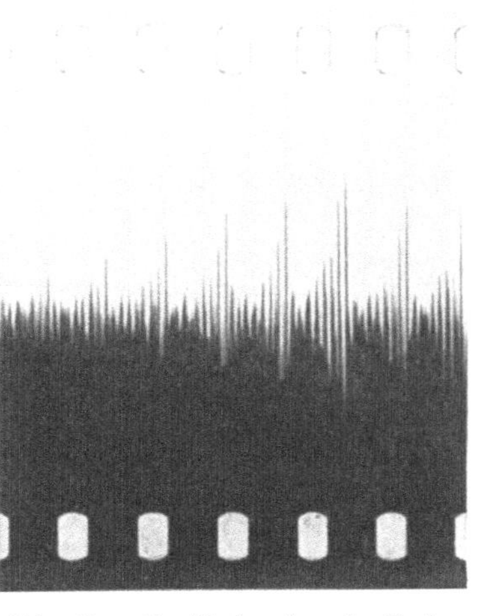

Abb. 54. Tonfilmband mit Zackenschrift. (Aus Siemens-Jahrbuch 1930.)

<hr>

bindung mit einer elektromagnetischen Schalldose. Dabei waren aber besondere Vorrichtungen zum „Synchronerhalten" von Bild und Ton notwendig.

[1] Das Transversalverfahren wird auch als Amplituden- oder Schwarz-Weiß-Verfahren bezeichnet.

[2] Es erscheint natürlich auch möglich, mittels der Mikrophonströme unmittelbar die Intensität einer Lichtquelle zu steuern; in der Praxis hat sich aber diese Methode nicht bewährt.

pelbrechend werden; besonders stark äußert sich dieses „Kerrsche Phänomen" bei dem Nitrobenzol. Die Kerr-Zelle besteht nun in ihrer durch K a r o l u s (1924) ausgebildeten Form aus zwei in Nitrobenzol eingetauchten Kondensatorelektroden, zwischen denen ein winziger Spalt freigelassen ist, welcher verkleinert auf dem Film abgebildet wird. Das Nitrobenzol befindet sich zwischen zwei Nicolschen Prismen[1], die so gestellt sind, daß ohne Feld das Licht der Lampe nicht durch sie hindurchzugehen vermag; dies wird erst möglich, wenn an die Elektroden eine elektrische Spannung gelegt wird und somit Doppelbrechung eintritt. Die Menge des durchgelassenen Lichtes hängt, wie die physikalische Theorie zeigt, von der Spannung ab, so daß eine durch Mikrophonströme gesteuerte Kerr-Zelle Lichtschwankungen im Rhythmus dieser Ströme hervorzurufen vermag[2].

Der bei dem Tonfilm zu einer getreuen Wiedergabe notwendige Tonbereich erstreckt sich von ungefähr 30 bis 10000 Hertz, und da, wie schon erwähnt[3], die Filmgeschwindigkeit mit 456 mm pro Sekunde normiert ist, erfordert somit die Aufzeichnung einer einzelnen Schwingung des höchsten Tons den 10000sten Teil von 456 mm oder ungefähr 0,04 mm; die Breite eines Spaltbildes darf also keinesfalls größer sein. Es ist üblich geworden, mit einem Spaltbild von 0,02 mm zu arbeiten, den Spalt selbst jedoch breiter zu wählen und ein Objektiv zur Gewinnung eines verkleinerten Bildes zu benutzen.

Zur Wiedergabe der Aufzeichnung müssen die bei der Durchleuchtung des Films auftretenden Lichtschwankungen zunächst mittels *lichtempfindlicher Zellen* in elektrische Stromschwankungen zurückverwandelt werden; hierzu benutzt man entweder Selen- oder Photozellen. Bei ersteren wird die Erscheinung verwertet, daß der elektrische Widerstand von metallischem *Selen*[4] bei Belichtung stark sinkt;

---

[1] Vgl. Abschnitt 13.

[2] Dabei bedient man sich einer zusätzlichen Gleichstrom-„Vorspannung", damit die Schwankungen um einen bestimmten Mittelwert erfolgen.

[3] Vgl. Abschnitt 16.

[4] Selen tritt in zwei Modifikationen auf, einer roten nichtmetallischen und einer grauen metallischen.

solche Zellen können also nur in Verbindung mit einer zusätzlichen Gleichstromquelle gebraucht werden. Die auf dem lichtelektrischen Effekt[1] beruhenden *Photozellen* (vgl. Abb. 55) sind Glasgefäße, die innen auf einer Seite mit Kaliumamalgam belegt und entweder evakuiert sind oder ein sehr verdünntes Edelgas (Argon oder Helium) enthalten[2]. Obwohl der von einer Photozelle unter dem Einflusse der Belichtung gelieferte Strom nur von der Größenordnung eines Mikro-Ampere (also eines millionstel Ampere) ist, folgt er doch „trägheitslos", d. h. ohne jedes Nachhinken, allen Lichtschwankungen. Die von der Selen- oder Photozelle

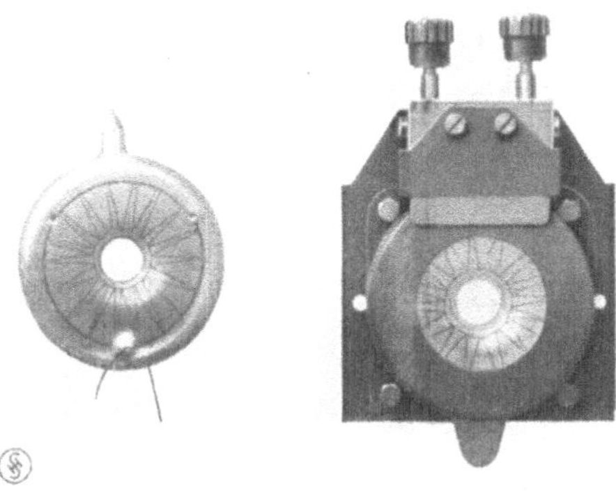

Abb. 55. Photoelektrische Zelle mit und ohne Fassung. Siemens & Halske A.-G. Berlin. (Handbuch der Bildtelegraphie und des Fernsehens. Herausgeg. von F. Schröter. Berlin: Julius Springer 1932.)

kommenden Stromschwankungen werden Verstärkerröhren und von diesen elektrodynamischen Lautsprechern zugeführt.

Die Negative für Ton und Film werden bei dem Kopieren zu einem einzigen Positivband vereinigt. Bei der Vorführung passiert dieses zuerst das „Filmfenster", von wo das Bild durch eine Lichtquelle auf die Projektionsfläche geworfen

---

[1] Vgl. Abschnitt 6.

[2] Durch Füllung mit Edelgas wird der Effekt wesentlich erhöht. Bei den Photozellen ist die Verwendung einer zusätzlichen Stromquelle nicht unbedingt erforderlich, jedoch zweckmäßig und üblich; nur bei einer besonderen Art von Zellen, den sogenannten Halbleiterzellen, unterläßt man die Einschaltung einer Stromquelle.

wird. Dann erst gelangt der abrollende Film vor das „Tonfenster", wo eine zweite Lichtquelle die Tonniederschrift durchleuchtet. Entsprechend dem Abstande der beiden Fenster sind im Filmstreifen Bild und zugehöriger Ton durch einen normierten Abstand von 20 Einzelbildchen getrennt; um diese Strecke von 38 cm eilt der Ton auf dem Film dem Bild voraus.

Zum Zwecke der Wiedergabe eines Tonfilms in einer anderen als der ursprünglichen Sprache kann man natürlich auch unter unveränderter Beibehaltung der Bilderfolge den Film „nachsynchronisieren". Dabei muß aber darauf geachtet werden, daß den in der Übersetzung gesprochenen Worten die Lippenbewegungen und Mundstellungen des Bildes tunlichst entsprechen. Besondere Methoden sowie bestimmte Apparate, die den Sprecher der Übersetzung dirigieren, erleichtern die Erreichung dieses Zieles.

Die ersten großen Tonfilme kamen 1927 in Amerika vor das Publikum. Bereits um das Jahr 1930 war der stumme Film völlig durch den tönenden verdrängt. Anfang 1931 betrug die Gesamtzahl der Sitzplätze in den Kinotheatern in Deutschland nahezu 2 Millionen, in ganz Europa etwa $13^1/_2$ und in den Vereinigten Staaten $18^1/_2$ Millionen.

40. Bildübertragung und Fernsehen.

Die Entwicklung, die zu der Erfindung und Vervollkommnung des Tonfilms führte, berührt sich in vieler Hinsicht mit dem Werdegang der Bildtelegraphie und den Anfängen des Fernsehens. Bei der *Bildtelegraphie*, die bereits 1902 durch Korn begründet wurde, wird das zu übertragende Bild auf eine zylindrische Trommel gespannt und diese in eine gleichförmige Drehung versetzt, wobei sie sich bei der Umdrehung ein wenig in der Richtung ihrer Achse verschiebt. Während dieser Bewegung fällt ein winziger scharfer Lichtfleck auf die bewegte Trommel und tastet dabei das vorbeigeführte Bild in schraubenförmigen Linien ab. Je nachdem, ob der Lichtfleck auf eine hellere oder dunklere Stelle des Bildes fällt, wird mehr oder weniger Licht zurückgeworfen, so daß eine lichtempfindliche Zelle, auf die man das

144

reflektierte Licht fallen läßt, einen stärkeren oder schwächeren Strom ergibt. Derart kann das räumliche Nebeneinander der Bildpunkte in ein zeitliches Nacheinander von elektrisch übertragenen Zeichen umgewandelt werden.

Die durch eine Fernleitung oder drahtlos übertragenen Zeichen steuern nun an der Empfangsstelle mittels einer Kerr-Zelle die Intensität eines Lichtstrahls, der von einer Lichtquelle auf lichtempfindliches Papier oder einen Film fällt, der ebenso auf eine rotierende Trommel gespannt und fortbewegt wird. Dadurch setzen sich die nacheinander empfangenen photographischen Eindrücke schließlich wieder nebeneinander zu dem gleichen Bilde zusammen[1]. Vorrichtungen an der Sendestelle ermöglichen es, daß direkt ein positives Bild empfangen werden kann.

Je größer die Zahl der übertragenen Bildpunkte ist, desto klarer wird das Bild, wie dies Abb. 56 zeigt. Seit etwa 1930 ist für die Zeitungen ein regelmäßiger bildtelegraphischer Dienst zwischen den großen Städten eingerichtet, der die Presse instandsetzt, neben den telegraphischen Nachrichten über wichtige Ereignisse auch gleich zugehörige Photographien ihren Lesern darzubieten.

Je tiefer nun die für die Übertragung eines Bildes erforderliche Zeit herabgesetzt werden konnte, desto mehr näherte sich der Wunschtraum des *Fernsehens* seiner Verwirklichung. In ziemlich grober Weise erschien das Problem praktisch bereits gelöst, als es gelang, rund tausend Lichtpunkte eines bewegten Bildes so rasch zu übertragen, daß der Vorgang der Bildübertragung 12 mal in der Sekunde wiederholt werden konnte. Die Übermittlung erfolgte dabei durch Modulation elektrischer Wellen. Dazu war ein *Frequenzband* von etwa 7500 Hertz erforderlich, das sich noch gut über die großen Rundfunksender übertragen ließ.

Als man später dazu überging, 3000 Bildpunkte bei 25 Wiederholungen des Bildes in der Sekunde zu übertra-

---

[1] In Wirklichkeit wird der gleichmäßige Lichtstrahl zur Abtastung der Bildtrommel (aus technischen Gründen der Fernleitung und Verstärkung) durch eine Lochscheibe „zerhackt" und in Lichtstöße verwandelt, deren Stärke durch das Bild moduliert wird.

a) mit
5000 Punkten.

b) mit
10000 Punkten.

c) mit
30000 Punkten.

Abb. 56. Fernsehrasterbild mit 5000, 10000 und 30000 Punkten. (Nach gegeben von F. Schröter.

Banneitz. Aus Handbuch der Bildtelegraphie und des Fernsehens. Heraus-
Berlin: Julius Springer 1932.)

10*

gen, benötigte man bereits ein Frequenzband von 37 500 Hertz, das sich nur noch auf Kurzwellensender übertragen ließ. Zu einem wirklich vollkommenen Fernsehen, wie es etwa eine Sendung von Spielfilmen voraussetzen würde, erweist sich indessen ein Frequenzband von 100 000 bis 300 000 Hertz als notwendig; ein solches kann aber nur durch *Ultrakurzwellen* von etwa 50 Millionen Hertz aufwärts, also von 10 Metern Wellenlänge abwärts, befriedigend übertragen werden. Da sich Ultrakurzwellen nur geradlinig ausbreiten, müssen somit Fernseh-Sendeanlagen wohl zweckmäßig auf hohen Türmen errichtet werden; dies ist in der Tat bereits auf dem Dache des 102 Stockwerke hohen Empire-State-Building in New York geschehen. Jedenfalls müssen aber noch mannigfache Vervollkommnungen der Empfangsapparate selbst abgewartet werden, bis es möglich sein wird, im eigenen Heim den Darbietungen eines Fernkinos mit Ohr und Auge zu folgen. Erst wenn dieses Problem vollkommen gelöst sein wird, wird es vielleicht auch gelingen, die bereits heute mögliche akustische Teilnahme an fernen Tagesereignissen durch eine optische zu ergänzen.

Dritter Teil.

Die Wärme.

41. Temperatur und Wärmemenge.

Obwohl mancherlei Beobachtungen über Wärmeerscheinungen bis in das Altertum zurückreichen, so hat sich doch erst im 18. Jahrhundert, also wesentlich später als die Mechanik oder Optik, die Wärmelehre zu einem Zweige der exakten Physik zu entwickeln begonnen. Der erste Schritt in dieser Richtung war die Schaffung einer genauen *Temperaturskala* durch die Einführung zweier fester *Fundamentalpunkte*. Seit der ersten Hälfte des 18. Jahrhunderts ist es üblich geworden, als solche den Gefrierpunkt und den Siedepunkt des Wassers (unter normalem Druck) zu benutzen, und die Ausdehnung einer Flüssigkeit zwischen diesen beiden Punkten in allerdings willkürlicher Weise in eine bestimmte Zahl gleicher Teile zu teilen, denen man die Temperaturgrade entsprechen ließ. Wie ja allgemein bekannt, wird bei der in der Wissenschaft allein üblichen Celsius-Skala der Abstand in 100 Teile geteilt, bei der leider noch vielfach üblichen Réaumur-Skala, die ebenfalls die Zählung der Grade bei dem „Eispunkt" beginnt, in 80 Teile. Bei der ältesten, heute aber noch in den angelsächsischen Ländern allgemein verbreiteten Skala von Fahrenheit ist der Abstand der Fundamentalpunkte in 180 Teile geteilt, dem Eispunkt aber nicht, wie bei den beiden anderen Skalen, die Zahl 0, sondern die Zahl 32 zugeordnet[1].

Als thermometrische Flüssigkeit verwendet man vorwiegend Quecksilber in luftleeren Röhren. So einfach aber nun auch

---

[1] Fahrenheit glaubte in der tiefsten Temperatur des besonders strengen Winters von 1709 (die 32° F unter dem Eispunkte lag) den absoluten Nullpunkt der Temperatur erblicken zu sollen. Er benutzte übrigens noch als dritten Fundamentalpunkt in seiner Skala 96° F, die Temperatur des menschlichen Körpers.

das Prinzip der Temperaturmessung, der sogenannten *Thermometrie*, ist, so langwierig und mühselig war der Weg zu der heutigen Vollkommenheit, die es gestattet, zwischen Eis- und Siedepunkt des Wassers Temperaturen bis auf etwa drei Tausendstel eines Grades genau zu messen.

Eine wesentliche Fehlerquelle der Thermometer war dadurch bedingt, daß sich ja nicht nur die Flüssigkeit, sondern auch das Glasrohr ausdehnt und daher Nachwirkungseffekte des Glases die Genauigkeit der Messungen beeinträchtigen können. Diese Fehlerquelle wurde praktisch durch die Erfindung besonderer thermometrischer Glassorten (Jenaer Glas) beseitigt[1]. Eine weitere Quelle der Ungenauigkeit stellte die ungleichmäßige Ausdehnung des Quecksilbers dar; diese Schwierigkeit wurde durch Vergleiche mit den viel vollkommeneren, wenn auch für die unmittelbare Praxis nicht geeigneten *Gasthermometern* überwunden. Nachdem schon 1660 B o y l e entdeckt hatte, daß bei gegebener Temperatur Druck und Volumen eines Gases einander umgekehrt proportional sind[2], stellte im Beginne des 19. Jahrhunderts G a y - L u s s a c fest, daß sich bei einer unter konstantem Druck erfolgenden Erwärmung *alle* Gase pro Grad um $1/_{273}$ desjenigen Volumens ausdehnen, das sie bei 0^0 haben. Weiterhin fand Gay-Lussac auch, daß bei einer unter Beibehaltung des Volumens erfolgenden Erwärmung alle Gase ihren Druck ebenfalls pro Grad um $1/_{273}$ desjenigen Wertes erhöhen, den der Druck bei 0^0 aufweist.

Auf Grund der Beobachtungen Gay-Lussacs konnte bereits ein *absoluter Nullpunkt* fixiert werden als diejenige Temperatur, bei der entweder das Volumen oder der Druck eines „idealen" Gases völlig verschwinden muß. Aus den Messungen ergibt er sich zu $-273,2^0$ C, und es sei gleich bemerkt, daß gegenwärtig (1933) die experimentelle Physik dem absoluten Nullpunkt bereits auf weniger als ein zehntel Grad nahegekommen ist[3]. Als absolute Temperatur bezeichnet man diejenige, die sich ergibt, wenn man zu der von dem

---

[1] Vgl. Abschnitt 11.

[2] Fälschlich wird dieses Boylesche Gesetz auch nach Mariotte benannt.

[3] Vgl. Abschnitt 46.

Eispunkte in Celsius-Graden gerechneten Temperatur noch 273,2 hinzuaddiert.

Gegenüber dem Quecksilberthermometer besitzt ein Gasthermometer aus drei Gründen den Vorzug größerer Genauigkeit. Zunächst einmal dehnt sich das Gas rund 130 mal, Quecksilber hingegen nur 7 mal so stark wie gewöhnliches Glas aus. Ferner ist der Temperaturbereich des Gasthermometers wesentlich weiter als der des Quecksilberthermometers, der nur von dem Gefrierpunkt bis zu dem Siedepunkt dieses Metalls reicht. Vor allem aber dehnen sich die Gase viel regelmäßiger als die Flüssigkeiten aus; dies offenbart sich darin, daß bei genügender Verdünnung praktisch alle Arten von Gasthermometern untereinander übereinstimmen. Durch die Temperaturskala eines *Wasserstoffthermometers* werden darum üblicherweise die Skalen von Normal-Quecksilber-Thermometern geeicht, und mit diesen werden dann die für den Handel bestimmten und zu eichenden Thermometer verglichen [1].

Unter gewöhnlichem Druck sind Quecksilberthermometer nur bis zu 357^0 verwendbar, bei welcher Temperatur das Quecksilber siedet. Da aber durch Druckerhöhung auch der Siedepunkt hinaufgesetzt werden kann, können Thermometer aus schwer schmelzbarem Glas, die mit Gas unter sehr hohem Druck gefüllt sind, sogar bei Temperaturen bis zu 750^0 verwendet werden. Zur Messung tiefer Temperaturen benutzt man Flüssigkeiten von besonders tiefem Gefrierpunkt, wie Äthylalkohol, Toluol oder vor allem Pentan, das sich hierfür bis zu -200^0 eignet [2].

Für Präzisionsmessungen sowie für sehr hohe und sehr tiefe Temperaturen bedient man sich *elektrischer* Methoden. Man mißt dabei entweder die durch Temperaturdifferenz an den Kontaktstellen zweier Metalle auftretende elektromotorische Kraft [3] oder den von der Temperatur abhängigen

---

[1] Bei den Fieberthermometern ist das obere Stück des Quecksilbers durch eine Luftblase von dem übrigen Quecksilber getrennt. Bei dem Steigen wird der abgetrennte Faden vorgeschoben, während er bei der Abkühlung an einer Verengerung der Röhre steckenbleibt.

[2] Auch mit flüssigem Sauerstoff gefüllte Dampfdruckthermometer werden verwendet.

[3] Vgl. Abschnitt 73.

Widerstand eines Platindrahtes. Die Präzision der elektrischen Temperaturmessung ist, wie schon erwähnt[1], so enorm, daß mittels ihrer Temperaturdifferenzen von rund $^1/_{100\,000}$ Grad noch gemessen werden können.

Oberhalb von etwa 1600^0 sind auch die elektrischen Methoden nicht mehr anwendbar. Die Messung so hoher Temperaturen ist die Aufgabe eines besonderen, als *Pyrometrie* bezeichneten[2] Zweiges der Thermometrie, der als Temperaturmaß die von den heißen Körpern ausgesandte Strahlung benutzt[3].

Schon in der zweiten Hälfte des 18. Jahrhunderts entwickelte sich aus dem Temperaturbegriff als zweiter für die Wärmelehre fundamentaler Begriff der der *Wärmemenge*. Seine Begründung war vor allem das Verdienst von Black, der zuerst, und zwar um das Jahr 1760, an dem Beispiel von Wasser und Quecksilber feststellte, daß verschiedene Stoffe eine verschiedene Aufnahmsfähigkeit für Wärme haben. Es erwies sich dadurch als unmöglich, so, wie man es ursprünglich getan hatte, Temperatur und Wärme einfach zu identifizieren. Man mußte vielmehr neben dem Temperaturgrad als eine zweite thermische Einheit diejenige Wärmemenge einführen, die die Masseneinheit eines als Standard ausgewählten Stoffes um ein Grad erwärmt. Auf 1 Gramm *Wasser* und ein Grad der Celsius-Skala bezogen, wird diese Einheit als *Kalorie* bezeichnet[4].

Unter der *spezifischen Wärme* eines Stoffs versteht man die Zahl der Kalorien, die man einem Gramm des Stoffs zuführen muß, um eine Erwärmung um 1^0 C zu bewirken. Unter allen festen und flüssigen Stoffen weist Wasser mit 1 die größte spezifische Wärme auf; die des Eises ist nur halb so groß, und die der meisten Metalle liegt gar nur zwischen etwa 0,03 und 0,2. Eine merkwürdige Anomalie zeigt das Wasser auch hinsichtlich seiner Wärmeausdehnung. Es hat bei 4^0 seine größte Dichte, ist also bei dieser Tempe-

---

[1] Vgl. Abschnitt 20.

[2] Pyr heißt auf Griechisch das Feuer.

[3] Vgl. Abschnitt 50.

[3] Die genauere Definition der Kalorie spricht nicht von der Erwärmung um 1°, sondern von der Erwärmung von $14^1/_2$ auf $15^1/_2°$.

ratur schwerer als bei jeder anderen. Bei einer Erwärmung
von o auf 4 Grad zieht sich das Wasser zusammen und dehnt
sich erst dann bei weiterer Temperatursteigerung gleich allen
anderen Körpern aus. Dieser Anomalie des Wassers ist es
zu verdanken, daß größere Seen niemals bis auf den Grund
zufrieren und somit die Fische den Winter überdauern können.
Denn da das Eis und ebenso bei jeder Temperatur Wasser
leichter als Wasser von 4^0 sind, so sammelt sich das vier-
grädige Wasser unter einer schützenden Eisdecke an.

42. Die Äquivalenz von Wärme und Arbeit.

Die alltägliche Beobachtung zeigt eine Fülle von Vorgängen, bei denen entweder durch mechanische Vorgänge
Wärme oder umgekehrt durch Wärme Bewegung erzeugt
wird. Im Jahre 1842 sind, unabhängig voneinander, J o u l e
und Robert M a y e r zu der Erkenntnis gelangt, daß in solchen Fällen zwischen der aufgewandten oder gewonnenen
mechanischen Arbeit und der entstandenen oder verbrauchten
Wärmemenge ein konstantes Umwandlungsverhältnis besteht.
Die Zahl der Energie-Einheiten, die einer Kalorie gleich sind,
wird das *mechanische Wärmeäquivalent* genannt; es beträgt
426,9 Gramm-Meter oder 41,86 Millionen Erg[1].

Mayer berechnete das Äquivalent auf Grund theoretischer
Überlegungen, die die spezifische Wärme der Gase betrafen,
indem er dabei ältere experimentelle Daten verwertete. Joule
bestimmte das Äquivalent direkt, indem er in Wasser oder
Quecksilber ein Schaufelrad laufen ließ, das durch ein fallen-
des Gewicht betrieben wurde, und zugleich die Temperatursteigerung der Flüssigkeit maß. Seine Methode ist natürlich
später wesentlich vervollkommnet worden.

Da ein elektrischer Strom von 1 Watt in der Sekunde
10^7 Erg produziert[2], ist somit nach dem vorhin Gesagten
eine Watt-Sekunde gleich 0,239 Kalorien. So groß ist die

---

[1] Ein Gramm-Meter ist die Arbeit, die bei dem Heben eines Gramm-
Gewichtes um 1 Meter verrichtet wird. Wegen des Erg vgl. Abschnitt 7.

[2] Dies folgt daraus, daß 1 Watt das Produkt aus 1 Volt und 1 Ampere
ist und 1 Volt der 300. Teil der elektrischen Spannungseinheit ist,
während bei der Stromstärke von 1 Ampere $3 \cdot 10^9$ elektrostatische Einheiten
in der Sekunde den Querschnitt passieren.

in der Sekunde entwickelte Stromwärme in einem Leiterstück vom Widerstande eines Ohm bei einer Stromstärke von 1 Ampere.

Mayer selbst hat bereits im Jahre 1845 das Prinzip des konstanten Umwandlungsverhältnisses zwischen mechanischer Arbeit und Wärme zu dem allgemeineren Gesetz der *Erhaltung der Energie* erweitert, so daß es nicht nur mechanische und thermische, sondern auch elektrische, magnetische, optische und chemische Energie umfaßte. Unabhängig von Mayer hat dann zwei Jahre später, also 1847, denselben Gedanken in exakterer Form auch Helmholtz entwickelt und verkündet.

In der Wärmetheorie, der sogenannten *Thermodynamik*, wird das Prinzip der Äquivalenz von Arbeit und Wärme als der *erste Hauptsatz* bezeichnet. Zwei spezielle Arten von Vorgängen sind für seine Anwendung von besonderer Wichtigkeit; einerseits Prozesse, die so verlaufen, daß weder von außen Wärme zugeführt noch nach außen Wärme abgegeben wird und die man als *adiabatische* Vorgänge [1] zu bezeichnen pflegt; andererseits solche Prozesse, die ohne Änderung der Temperatur vor sich gehen und die man *isotherm* nennt.

Bei adiabatischen Prozessen muß nach dem ersten Hauptsatz eine äußere Arbeitsleistung eine äquivalente Verminderung des Wärmeinhalts des Systems nach sich ziehen. Wenn sich also z. B. ein Gas adiabatisch ausdehnt (man denke an den Dampf im Kolben einer Dampfmaschine), und dabei natürlich gegen den zu überwindenden äußeren Druck [2] Arbeit verrichtet, so muß es sich abkühlen. Umgekehrt muß sich ein Gas erwärmen, wenn es adiabatisch komprimiert wird [3].

Isotherme Vorgänge ergeben sich, wenn das arbeitende System (z. B. der Kolben einer Dampfmaschine) mit einem großen Wärmereservoir (z. B. dem Dampfkessel) in Verbindung gehalten wird. Bei solchen Vorgängen ist gemäß dem

---

[1] Hindurchgehen heißt auf Griechisch „Diabainein".

[2] Der äußere Druck, der auf dem Gase lastet, ist dem inneren Gasdruck gleich.

[3] Auf dieser Tatsache beruhte das in früheren Zeiten viel gebrauchte pneumatische Feuerzeug.

154

ersten Hauptsatz die von außen zugeführte oder nach außen
abgegebene Wärmemenge der geleisteten oder verbrauchten
mechanischen Arbeit gleich.

43. Entropie und Nichtumkehrbarkeit.

Der erste Hauptsatz liefert die wichtige Beziehung der
Äquivalenz für sämtliche Umwandlungen zwischen Wärme
und Arbeit; er sagt aber nichts darüber aus, unter welchen
Voraussetzungen und in welcher Richtung solche Umwandlungen eintreten und unter welchen Voraussetzungen sie
unterbleiben. In dieser Hinsicht fand der erste Hauptsatz eine
wesentliche Ergänzung durch ein in den Jahren 1850 und
1851 von Clausius und William Thomson aufgestelltes
Prinzip, das seitdem allgemein als der *zweite Hauptsatz* der
Wärmelehre bezeichnet wird.

In der Fassung von Clausius besagt der zweite Hauptsatz,
daß Wärme nicht von selbst von einem kälteren in einen wärmeren Körper übergehen könne. Thomson sprach den zweiten
Hauptsatz in der Form aus, daß eine periodisch funktionierende Maschine, die lediglich durch Abkühlung eines Wärme-
reservoirs ständig Arbeit schaffen würde (also ein „Perpetuum mobile zweiter Art"[1]) unmöglich sei. In der Tat wider-
strebt ja unserer Erfahrung völlig der Gedanke, daß es ohne
Arbeitsaufwand möglich sein sollte, einen Körper abzukühlen, ihm derart Wärmeenergie zu entziehen und diese nun-
mehr nutzbar zu verwerten; es erscheint undenkbar, irgend-
einen Körper, durch Abkühlung unter die Temperatur seiner
Umgebung, gleichzeitig als automatische Kältemaschine und
überdies noch als Energiequelle zum Betriebe eines Motors
zu benutzen.

Eine präzisere Fassung erhielt der zweite Hauptsatz nun
durch den von Clausius geschaffenen Begriff der *Entropie*.
Die Entropie erscheint für einen „idealen" thermodynamischen Vorgang dadurch definiert, daß sie sich bei einer Zu-

---

[1] Unter einem Perpetuum mobile versteht man eine Maschine, die sich
ohne Energiezufuhr von außen ständig in Gang erhält und überdies Arbeit
verrichtet. Die Unmöglichkeit eines derartigen Perpetuums der ersten Art
folgt aus dem Satze von der Erhaltung der Energie.

fuhr oder Abgabe von Wärme um einen Betrag ändert, der gleich ist der zugeführten oder abgegebenen Wärme, dividiert durch die absolute Temperatur. Unter einem idealen thermodynamischen Vorgang versteht man dabei einen, bei dem jeder sonst durch Leitung oder Strahlung[1] mögliche Temperaturausgleich und jede Reibung vermieden sind. Es sind nun Kombinationen aufeinanderfolgender Teilvorgänge möglich, deren jeder einen Körper oder eine Gesamtheit von Körpern (ein „System") thermodynamischen Veränderungen unterwirft, während im Endergebnis der anfängliche Zustand wieder hergestellt wird. Eine derartige Kombination von Teilvorgängen wird als ein *Kreisprozeß* bezeichnet. Ein idealer Kreisprozeß muß, wie die Theorie zeigt, so verlaufen, daß sich die durch die Teilvorgänge hervorgerufenen Zuwüchse und Verminderungen der Entropie wechselseitig aufheben; im Endergebnis bleibt also dann die Entropie gegenüber dem Anfangszustand unverändert.

Dies gilt, wie schon betont, nur für ideale Prozesse. Jeder Wärmeaustausch innerhalb des Systems, sei es durch Leitung oder Strahlung, erhöht die Entropie des Systems, und ebenso jede durch Reibung bedingte Umwandlung von mechanischer Energie in Wärme. Die umgekehrten Vorgänge, nämlich Vergrößerung bereits bestehender Temperaturdifferenzen oder Rückverwandlung von Reibungswärme in Bewegungsenergie würden allerdings die Entropie vermindern. Die Erfahrung zeigt indessen, daß Entropie vermehrende Vorgänge, wie Temperaturausgleich und Produktion von Reibungswärme, in der Natur beständig und ganz spontan vor sich gehen, während alle die Entropie vermindernden Prozesse, wie die Schaffung von Arbeit aus Wärme, nie selbständig, sondern nur in Kombination mit Entropie erhöhenden Vorgängen möglich sind, durch die sie mehr als kompensiert werden.

Wenn es aber nun keine selbständigen Entropie vermindernden Vorgänge gibt, so kann offenbar ein Prozeß nur

---

[1] Gemeint ist hier ein Ausgleich „endlich großer" Temperaturdifferenzen — im Gegensatz zu verschwindend kleinen, die man zwischen dem Körper und dem Reservoir annehmen muß, aus dem ihm Wärme zufließt oder an das vom Körper Wärme abfließt.

156

dann umkehrbar sein, wenn er ohne Entropieänderung verläuft. Umkehrbar erscheint also nur ein im vorher angegebenen Sinn „idealer" thermodynamischer Vorgang, bei dem es an jeder Berührung zwischen Körpern verschiedener Temperatur fehlt und jede Reibung ausgeschaltet ist. Diesem Idealfall können sich wirkliche Vorgänge nur nähern, ohne ihn völlig zu erreichen. Es gibt keine umkehrbaren wirklichen Vorgänge. In dem ständigen *Wachstum der Entropie* drückt sich vielmehr die „*Nichtumkehrbarkeit*" alles natürlichen Geschehens aus.

44. Der Wärmetod der Welt und das Boltzmann'sche Entropiegesetz.

Obwohl die *Gesamtenergie der Welt* eine *unveränderliche* Größe darstellt, müssen wir doch zufolge der Nichtumkehrbarkeit des natürlichen Geschehens annehmen, daß diese Energie einer ständigen „*Entwertung*" oder, wie man auch sagt, einer unaufhörlichen „Degradation" unterworfen ist. Nur die nicht-thermischen Formen der Energie haben einen „Wert" und die Wärmeenergie bloß insoweit, als Temperaturdifferenzen ausgenutzt werden können. Infolge der ständigen Zunahme der Entropie strebt infolgedessen, wie zuerst Thomson (1851) verkündete, die Welt dem Zustand des „*Wärmetodes*" entgegen, in dem ihre völlig entwertete Energie nur noch aus Wärme von durchaus gleicher Temperatur bestehen würde. Jeder physikalische Vorgang, jede Bewegung, jedes elektrische oder optische Phänomen, ja selbst jede Wärmeleitung oder Wärmestrahlung wäre nach Eintritt des Wärmetodes für immer unmöglich.

Was ist aber nun der Grund dieser Sonderstellung der Wärme gegenüber allen anderen Formen der Energie, was die tiefere Bedeutung der geheimnisvollen, das Weltall allmählich ermordenden Entropie? In überraschend einfacher, genialer Weise hat dieses Grundrätsel im Jahre 1866 der Wiener Physiker Boltzmann gelöst. Seine Antwort besagt im wesentlichen: *Entropie* ist nichts anderes als *Wahrscheinlichkeit*, und das beständige Wachstum der Entropie sowie die Nichtumkehrbarkeit des natürlichen Geschehens erklären sich aus dem Bestreben aller Systeme, aus Zuständen geringerer in solche größerer Wahrscheinlichkeit überzugehen.

Diese Interpretation ergibt sich nach Boltzmann als notwendige Folge der *atomistischen* Naturauffassung. Denn wenn, wie allgemein angenommen wird, die Materie aus individuellen Teilchen zusammengesetzt ist und die Wärmeerscheinungen auf verborgenen Bewegungen dieser Individuen beruhen[1], so ist alle Wärmelehre letzten Endes *Statistik*, und vom statistischen Standpunkte aus kann jedem Gesamtzustand eines Systems, der durch bestimmte Lagen, bestimmte Geschwindigkeiten und bestimmte Bewegungsrichtungen seiner Teilchen gegeben ist, eine entsprechend definierte Wahrscheinlichkeit zugeordnet werden. Boltzmann wurde zu der Erkenntnis geführt, daß die Entropie bis auf einen universellen Proportionalitätsfaktor mit dem Logarithmus der Wahrscheinlichkeit übereinstimmt[2].

Wenn aber nun der zweite Hauptsatz der Wärmelehre auf Wahrscheinlichkeitsbetrachtungen zurückführbar ist, dann kann er auch kein Gesetz im strengen Sinne dieses Wortes darstellen, sondern nur eine *Regel*, die allerdings bei den physikalischen Vorgängen unvorstellbar häufiger befolgt als verletzt wird. Ein einfaches Beispiel möge dies illustrieren. Wir betrachten etwa zwei um einen Grad in der Temperatur verschiedene Körper und nehmen an, daß zwischen ihnen spontan Wärme im winzig geringen Betrage von 1 Erg übergehe. Nach dem zweiten Hauptsatz kann die Wärme spontan, also ohne Kompensation nur von dem wärmeren zu dem kälteren Körper übergehen. Nach der von Boltzmann begründeten Auffassung ist der Übergang in beiden Richtungen möglich, aber eben viel wahrscheinlicher in der Richtung vom wärmeren zum kälteren Körper. Es sei die Wahrscheinlichkeit für die Verletzung des zweiten Hauptsatzes etwa 1 zu z; d. h. einmal unter z Fällen soll es vorkommen, daß die betrachtete Wärmemenge von selbst von dem kälteren zu dem

---

[1] Vgl. Abschnitt 72.

[2] Wenn y gleich 10 zur x-ten Potenz ist, so nennt man bekanntlich x den Logarithmus von y (bezogen auf die Basis 10).

wärmeren Körper übergeht. Die Zahl z kann nun auf Grund
der bekannten Konstanten der Atomphysik abgeschätzt werden[1]. Wir finden aber, daß z so groß ist, daß, wenn wir
diese Zahl in Ziffern anschreiben wollten, wir kaum mit
einem Papierstreifen von der Länge des Erdumfanges aus-
kommen würden.

Stellt man also im Sinne des zweiten Hauptsatzes die Behauptung auf, daß Wärme nie von selbst in wahrnehmbarer
Weise von einem kälteren zu einem wärmeren Körper ohne
Kompensation übergeht, so ist die Wahrscheinlichkeit dafür,
daß diese Behauptung durch ein Experiment widerlegt werde,
unter allem Vorstellungsvermögen gering. Selbst wenn Millionen Physiker durch Millionen Jahre alle Minuten von
neuem das Experiment anstellen würden, daß sie bei Zimmertemperatur zwei um einen Grad verschiedene Körper miteinander in Verbindung setzen, so hätten sie nur eine unvorstellbar geringe Aussicht, es auch nur einmal zu beobachten,
daß die Wärmeabgabe statt seitens des wärmeren seitens des
kälteren Körpers in einem Betrage von wenigstens einem Erg
erfolgt. Wenn aber auch ebenfalls unter allem Vorstellungsvermögen gering, so ist gleichwohl die Möglichkeit vorhanden, daß auf dem von Boltzmann aufgedeckten Wege die
Welt durch eine Abweichung von dem zweiten Hauptsatz den
Wärmetod überwinden könnte.

45. Die Änderungen des Aggregatzustandes.

Zu den thermischen Erscheinungen, die schon seit den
frühesten Zeiten lebhaftes Interesse erweckten, gehören die
Veränderungen des *Aggregatzustandes*, also der Übergang
eines Körpers aus dem festen in den flüssigen oder aus dem
flüssigen in den gasförmigen Zustand sowie die umgekehrten
Prozesse. Schon Galilei stellte die mit dem Schmelzen und
Gefrieren verbundenen Volumänderungen fest, und als die
Thermometrie ausgestaltet wurde, erkannte man bald, daß die
Schmelz- und Gefriertemperatur identisch und bei jedem
Stoff durch seine chemische Beschaffenheit bestimmt sind.

---

[1] Vgl. Abschnitt 72.

Um das Jahr 1760 machte B l a c k die wichtige Entdeckung,
daß bei dem Schmelzen eine bestimmte Wärmemenge verbraucht wird, die man, auf die Gewichtseinheit bezogen, als
Schmelzwärme bezeichnet. Umgekehrt wird diese in der Flüssigkeit „latente" Wärme bei dem Gefrieren frei.

Schmelztemperatur und Schmelzwärme sind im Laufe der
Zeit für viele Tausende von Stoffen genau bestimmt worden.
Unter den Metallen haben besonders hohe Schmelzpunkte
Platin, Iridium, Tantal und vor allem Wolfram (3300^0). Unter
den bei Zimmertemperatur flüssigen Stoffen ist durch einen
besonders tiefen Gefrierpunkt, wie schon erwähnt, das Pentan ausgezeichnet, das erst bei -200^0 fest wird.

Die Schmelzwärme des Eises ist besonders groß; sie beträgt
79,7 Kalorien. Vermischt man ein Kilogramm Eis von 0^0 mit
1 kg Wasser von $79,7^0$, so erhält man, woferne alle Wärmeverluste an die Umgebung sorgfältig vermieden werden, 2 kg
Wasser von 0^0. Mit der Tatsache der latenten Schmelzwärme
hängt auch die allgemein bekannte Erscheinung zusammen,
daß Trinkwasser, in dem ein Stück Eis schwimmt, seine Temperatur von 0^0 so lange beibehält, bis das Eis völlig zer-
gangen ist.

Bei den weitaus meisten Stoffen tritt durch das Schmelzen
eine Vergrößerung des Volumens ein, und hiemit hängt es
auch zusammen, daß bei all diesen Stoffen eine Erhöhung
des Drucks eine Steigerung der Schmelztemperatur bewirkt;
denn bei einer Volumvergrößerung ist Arbeit gegen den äußeren Druck zu verrichten. Der Schmelzpunkt des Quecksilbers
kann z. B. durch Anwendung eines Drucks von 15000 Atmosphären[1] von normal -39^0 bis auf $+10^0$ erhöht werden. Zu
den ganz wenigen Ausnahmen, bei denen sich durch das
Schmelzen das Volumen verringert und infolgedessen eine
Druckerhöhung den Schmelzpunkt erniedrigt, gehört das
Wasser. Eis schwimmt auf Wasser, und der Schmelzpunkt
des Eises sinkt für jede Atmosphäre Druckzuwachs um
$0,0075^0$.

Wird *Eis* stellenweise einem *Druck* ausgesetzt, so schmilzt
es an der betreffenden Stelle infolge der Herabsetzung des

---

[1] Also eines Drucks, der 15000 mal so groß wie der normale Luftdruck ist.

Schmelzpunktes, gefriert aber sofort wieder, wenn der Druck
aufhört. Dadurch erklärt sich die überraschende Erscheinung,
daß eine durch ein Gewicht belastete Drahtschlinge, die man
um einen Eisblock legt, durch diesen hindurch abwärts wandert. Darin liegt auch die Ursache, warum man zwar nicht
auf Spiegelglas, wohl aber auf Eis Schlittschuh laufen kann.
Auch der Vorgang der Gletscherbildung erklärt sich auf diese
Weise. Unter dem gewaltigen Druck großer Schneemassen
schmelzen die untersten Schneeschichten, um dann zu Eis zu
erstarren. Im Gegensatze zu Eis ist Schnee festes kristallisiertes Wasser; die wunderbare Schönheit, die *Schneekristalle*
unter dem Mikroskop offenbaren, zeigt Abb. 57.

Mit der Erscheinung des Schmelzens ist enge der Vorgang
des *Siedens* verwandt, mit dem sich eingehender zuerst
Black um das Jahr 1760 befaßte. Er stellte hierbei in Analogie zu der ebenfalls von ihm entdeckten Schmelzwärme das
Vorhandensein einer beträchtlichen latenten *Verdampfungswärme* fest, die bei Wasser nicht weniger als 540 Kalorien
beträgt. Die Wärmemenge, durch die man eine bestimmte
Menge Wasser von 0^0 auf 100^0 erhitzt, beträgt also kaum ein
Fünftel derjenigen Wärmemenge, die dann noch erforderlich
ist, um das hundertgrädige Wasser zu verdampfen. Die Siedetemperatur hängt, wie noch näher ausgeführt werden soll,
wesentlich von dem Drucke ab.

Von besonderem Interesse und besonderer praktischer
Wichtigkeit sind Systeme, in denen flüssiges Wasser und
Wasserdampf nebeneinander bestehen. Der wesentliche Unterschied zwischen einem derart zusammengesetzten System und
reinem, für sich allein bestehenden Wasserdampf erklärt sich
daraus, daß Wärme, die reinem Dampf zugeführt wird, nur
dessen Volumen oder dessen Druck erhöht, während Wärme,
die dem zusammengesetzten System geliefert wird, überdies
auch dazu dient, Wasser in Dampf überzuführen. Ähnlich ist
es auch im umgekehrten Fall. Verliert reiner Dampf Wärme,
so verringert sich das Volumen oder der Druck; wird hingegen dem zusammengesetzten System Wärme entzogen, so
tritt überdies eine Überführung von Dampf in Wasser ein.
Man bezeichnet *Dampf* als *überhitzt* oder aber als *gesättigt*,

Abb. 57. Schneekristallformen nach Mikrophotogrammen von W. A. Bentley.
[Aus Naturwiss. 18 (1930).]

je nachdem ob er für sich allein oder neben flüssigem Wasser besteht.

Es folgt nun aus der Wärmetheorie und wird durch die Erfahrung vollkommen bestätigt, daß unter gegebenem Druck Dampf und Wasser nur bei ganz bestimmter Temperatur nebeneinander bestehen können. Für gesättigten Dampf entspricht also jedem Druck eine bestimmte „Sättigungstemperatur“ und umgekehrt jeder gegebenen Temperatur ein ganz bestimmter Dampfdruck. Während überhitzter Dampf das schon erwähnte Boylesche Gesetz befolgt, wonach Druck und Volumen einander umgekehrt proportional sind, hängt im gesättigten Zustand der Dampfdruck einzig und allein von der Temperatur ab. Wenn daher gesättigter Dampf komprimiert wird, so steigt nicht der Druck, sondern es tritt Kondensation ein, und wenn sich gesättigter Dampf ausdehnt, so verringert sich nicht der Druck, sondern es findet Verdampfung statt.

Bei 100^0 als dem „Siedepunkt“ des Wassers beträgt der Sättigungsdruck natürlich gerade 1 Atmosphäre, bei 90^0 rund 0,7 atm., bei 50^0 0,12 und bei 0^0 0,006 atm. Umgekehrt siedet Wasser bei 0^0 unter 0,006 atm., bei 50^0 unter 0,12 atm., und so fort. Bei einer gegebenen Temperatur kann nach dem vorhin Gesagten eine Flüssigkeit nur dann sieden, wenn der Druck kleiner als der Sättigungsdruck dieser Temperatur ist. Unter einem Druck von 2 Atmosphären kann das Wasser erst bei 121^0, unter 3 atm. erst bei 134^0 sieden, und so fort[1].

Der Übergang von Flüssigkeit in Dampf erfolgt im übrigen, wie wohl bekannt, nicht nur durch Sieden, sondern auch ständig bei niedrigerer Temperatur durch langsame *Verdunstung* an der Oberfläche[2]. Auch dieser Vorgang ist mit einem Verbrauch an Wärme verbunden, wodurch sich die beträchtliche Abkühlung stark verdunstender Flüssigkeiten erklärt.

---

[1] Hierauf beruht der schon um 1680 von Papin erfundene Dampfkochtopf, in dem Speisen höher erhitzt werden können, als es in offenen Kochgefäßen möglich wäre.

[2] Im gesättigten Zustand ist in einem Kubikzentimeter Luft bei gegebener Temperatur stets dieselbe Menge Wasserdampf enthalten. Man bezeichnet sie als die absolute Feuchtigkeit bei der betreffenden Temperatur. Das Ver-

Der Temperaturfall, den an heißen Sommertagen ein Regen hervorbringt, beruht großenteils auf der Verdunstungskälte. Wind und Luftzug fördern die Verdunstung und damit die Abkühlung unserer Haut, weshalb man in heißen Räumen Ventilatoren aufstellt. Befeuchtet man Watte, die um eine Thermometerkugel gehüllt ist, mit Äther, so kann man ein Sinken des Thermometerstandes um 20^0 beobachten.

Der Übergang in den gasförmigen Aggregatzustand kann auch unmittelbar aus dem festen Zustand erfolgen. Wohl bekannte Beispiele dieser als *Sublimation* bezeichneten Erscheinung sind die Verdunstung von Eis und das Vorkommen fester Riechstoffe, bei denen man keine Spur einer Verflüssigung wahrzunehmen vermag. Ein Beispiel des umgekehrten Vorgangs ist die Absetzung der sogenannten Schwefelblumen aus Schwefeldampf[1]. Unter Umständen können von einem Stoffe auch alle drei Aggregatzustände gleichzeitig nebeneinander bestehen. Dies ist aber für jeden Stoff nur bei einer ganz bestimmten Temperatur und unter einem ganz bestimmten Drucke möglich; man bezeichnet diesen Zustand als den des Tripelpunktes. Er liegt bei Wasser bei $+0{,}0075^0$ und $0{,}006$ atm.

46. Die Verflüssigung der Gase.

Bei überhitzten Dämpfen ist für eine gegebene Temperatur der Druck geringer als derjenige, der bei der betreffenden Temperatur gesättigtem Dampfe zukommt. Man kann auch umgekehrt sagen, daß bei gegebenem Druck überhitzter Dampf eine höhere Temperatur aufweist als diejenige, die bei diesem Druck gesättigter Dampf hat[2]. Wenn man also überhitzten Dampf entweder abkühlt oder aber komprimiert und dadurch nach dem Boyleschen Gesetz auf höheren Druck

hältnis zwischen der tatsächlich im Kubikzentimeter enthaltenen Wassermenge und der absoluten Feuchtigkeit wird als die relative Feuchtigkeit bezeichnet; sie wird gewöhnlich in Prozenten angegeben und mittels der bekannten Hygrometer gemessen.

[1] Wie auf Grund des Satzes von der Erhaltung der Energie nicht anders zu erwarten ist, ist die Sublimationswärme gleich der Summe aus Schmelz- und Verdampfungswärme.

[2] Dadurch erklärt sich auch die Bezeichnung des Dampfes als „überhitzt".

bringt, so muß man allmählich den Zustand der Sättigung erreichen, und sobald dies geschieht, tritt *Kondensation* ein; es beginnt die Ausscheidung von Flüssigkeit aus dem Dampfe.

Da überhitzte Dämpfe nichts anderes als Gase sind, die dem Boyleschen Gesetz gehorchen, so konnte man ein ähnliches Verhalten wie bei ihnen auch bei den Stoffen erwarten, die bereits bei gewöhnlicher Temperatur gasförmig sind; man konnte hoffen, durch fortgesetzte Kompression oder Abkühlung auch diese *Gase* in den gesättigten Zustand überzuführen und sie auf diesem Wege zu *verflüssigen.* Lange Zeit hindurch scheiterten aber alle diese Versuche bei der Mehrzahl der Gase, die man deshalb resignierend als permanente Gase bezeichnete. Zu den Ausnahmen, bei denen die Verflüssigung gelang, gehörte vor allem die Kohlensäure.

Die Ursache der rätselhaften „Permanenz" der meisten Gase wurde 1869 von A n d r e w s entdeckt. Er stellte nämlich fest, daß es für jedes Gas eine *„kritische Temperatur"* gibt, oberhalb deren der Zustand der Sättigung auch unter noch so starkem Drucke nicht erreicht werden kann. Da bei gesättigtem Dampf der Druck nur von der Temperatur abhängt, entspricht der kritischen Temperatur auch ein ganz bestimmter „kritischer Druck".

Besonders tief, nämlich bei -268^0, also nur fünf Grad über dem absoluten Nullpunkt, liegt die kritische Temperatur bei Helium. Bei Wasserstoff beträgt sie -240^0, bei Stickstoff -146^0, bei Sauerstoff -119^0. Bei Kohlensäure liegt sie bei $+31^0$, so daß Kohlensäure schon bei Zimmertemperatur verflüssigt werden kann und darum nicht als permanent angesehen wurde. Bei Wasserdampf liegt die kritische Temperatur bei 374^0; so erklärt es sich, daß sich Wasserdampf scheinbar so ganz anders als „permanente" Gase verhält. In Wirklichkeit verschwindet die Verschiedenheit zwischen Wasserdampf und einem permanenten Gase sowohl für Temperaturen oberhalb von 374^0 (für welche auch Wasserdampf permanent ist) als auch für solche Temperaturen, die unterhalb der kritischen des betreffenden Gases liegen. Für die verschiedenen Gase ist der kritische Druck um so höher, je höher die kritische Temperatur liegt; bei Wasserstoff beträgt er z. B.

14,0, bei Kohlensäure 72,9 und bei Wasserdampf 224,2 Atmosphären.

Der durch kritische Temperatur und kritischen Druck gekennzeichnete *kritische Zustand* wurde bei Kohlensäure bereits ein halbes Jahrhundert vor Andrews' Entdeckung durch C a g n i a r d d e l a T o u r (1822) realisiert. Im kritischen Zustand geht die Flüssigkeit ohne Aufkochen unmittelbar in ihren Dampf über; diese Tatsache findet bei dem später noch zu besprechenden Benson-Verfahren eine wichtige technische Anwendung.

Die Verflüssigung der permanenten Gase ist zuerst C a i l l e t e t 1877 gelungen. Er komprimierte mittels besonderer Pumpen die Gase auf 200—300 Atmosphären und kühlte sie zugleich mit fester Kohlensäure. Dann setzte er den enormen Druck plötzlich auf gewöhnlichen Atmosphärendruck herab; das komprimierte Gas dehnte sich heftig aus und kühlte sich dabei (gemäß dem ersten Hauptsatz) so stark ab, daß es flüssig wurde. Eine Reihe von Forschern vermochten dieses Verfahren so zu verbessern, daß sie in größerer Menge *flüssige Luft* herstellen und allmählich bis zu -215^0 vordringen konnten, bei welcher Kälte die Luft bereits *fest* wird. Einen wesentlichen Fortschritt bedeutete in der Technik der Luftverflüssigung die Erfindung des *Gegenstromapparates* durch L i n d e im Jahre 1896.

Linde benutzte die schon viel früher von Joule und Thomson entdeckte Erscheinung, daß sich im allgemeinen ein Gas abkühlt, wenn es langsam und unter Vermeidung eines Wärmeaustausches mit seiner Umgebung, durch eine poröse Öffnung von höherem zu tieferem Drucke strömt. In dem Lindesche Apparat strömt nun ständig bereits auf tieferen Druck gebrachte (entspannte) und daher abgekühlte Luft erst zu entspannender Luft entgegen und entzieht dieser Wärme. Dadurch sinkt die Temperatur immer tiefer, so daß schließlich die Luft flüssig wird. Mittels des Gegenstromapparates gelingt die Herstellung flüssiger Luft in beliebigen Mengen, ohne daß eine Vorkühlung der Luft erforderlich wäre. Anders ist es jedoch bei Wasserstoff und Helium, weil diese als Ausnahmen bei gewöhnlicher Temperatur durch den

Joule-Thomson-Prozeß erwärmt statt abgekühlt werden und erst bei sehr tiefen Temperaturen das Beispiel der Luft befolgen. Die Verflüssigung des *Wasserstoffs* gelang indessen D e w a r dadurch, daß er ihn nach der Kompression und vor der Entspannung durch flüssige Luft vorkühlte. Bei normalem Druck siedet Wasserstoff bei -253^0; doch kann man, indem man den Druck vermindert, die Temperatur noch um weitere 6 Grad herabsetzen und bei -259^0 Wasserstoff in den festen Aggregatzustand überführen. K a m e r l i n g h O n n e s vermochte schließlich im Gegenstromapparat auch das permanenteste aller Gase, das *Helium,* zu verflüssigen, indem er es durch flüssigen Wasserstoff vorkühlte. Bei normalem Druck siedet Helium bei -269^0; durch Herabsetzen des Drucks konnte K e e s o m Helium zum Gefrieren bringen, und im Jahre 1933 konnte d e H a a s sogar Temperaturen erreichen, die um weniger als ein zehntel Grad von dem absoluten Nullpunkt entfernt waren [1].

47. Die Lösungen.

Ebenso wie der Übergang eines Stoffes aus dem festen in den flüssigen oder aus dem flüssigen in den gasförmigen Aggregatzustand ist auch die Auflösung eines festen Stoffes in einem Lösungsmittel (z. B. von Zucker in Wasser) mit einem Wärmeumsatz, in der Regel mit einem Wärmeverbrauch, verbunden. Bei der Auflösung tritt daher Abkühlung ein, wenn nicht von außen zugleich Wärme zugeführt wird. Die verbrauchte Wärme bezeichnet man, indem man sie auf die Gewichtseinheit des gelösten Stoffes bezieht, als *Lösungswärme.*

Wenn man Rhodankalium in einer gleichen Gewichtsmenge Wasser löst, kann man dessen Temperatur um 34^0 erniedrigen. Besonders starke Abkühlungen werden erzielt, wenn man einen festen Stoff mit Eis oder Schnee mischt, weil in solchen Fällen zwecks Lösung des Stoffes der Schnee oder das Eis zuerst schmelzen muß, und die dazu notwendige Wärme ebenfalls der Mischung entzogen wird. Wenn man 100 Teile Schnee mit 33 Gewichtsteilen Kochsalz mischt, so erhält man

---

[1] Es gelang ihm dies durch Entmagnetisierung magnetischer Substanzen.

eine Kältemischung von -22^0. Mit 143 Teilen kristallisierten Chlorcalciums auf 100 Gewichtsteile Schnee läßt sich sogar eine Kälte von -50^0 erzielen. Zu den wenigen Stoffen, die statt unter Wärmeverbrauch unter Wärmeentwicklung in Lösung gehen, gehört Gips.

Der *Gefrierpunkt* einer Lösung ist, wie schon 1788 B l a d - g e n entdeckte, gegenüber dem Gefrierpunkt des reinen Lösungsmittels *erniedrigt*. Meerwasser, das 3 bis 4 Prozent Salz gelöst enthält, gefriert z. B. bei -2 bis -3 Grad. Umgekehrt erscheint der *Siedepunkt* einer Lösung *erhöht*. Gefrier- und Siedepunktsveränderung sind, wie teilweise ebenfalls schon Bladgen entdeckte, der Konzentration proportional; sie sind beispielsweise bei einer zweiprozentigen Zuckerlösung doppelt so groß wie bei einer einprozentigen.

Daß der Vorgang der Auflösung mit dem der Verdampfung wesensverwandt ist, beweist die Tatsache, daß ein in einer Flüssigkeit gelöster Stoff ein ähnliches Expansionsbestreben zeigt wie ein in einem Gefäße eingeschlossenes Gas. Der von der Lösung ausgeübte Druck wird als *osmotischer Druck* bezeichnet. Seine Feststellung und später auch seine Messung sind dadurch möglich geworden, daß sich manche Substanzen gegenüber Lösungen als *halbdurchlässig* erweisen, indem sie zwar dem Lösungsmittel, nicht aber dem gelösten Stoffe den Durchgang gestatten. Eine feine, mit Ferrozyankupfer überzogene Membrane verhält sich beispielsweise so gegenüber einer wässerigen Zuckerlösung; sie läßt das Wasser, nicht aber den gelösten Zucker durch. Eine sehr große Rolle spielen halbdurchlässige Wände in dem Aufbau der Organismen, während eine vollkommene künstliche Herstellung solcher Wände bisher nur in verhältnismäßig wenigen Fällen gelungen ist.

Ebenso wie der Gasdruck Verschiedenheiten der Dichte, so sucht der osmotische Druck Verschiedenheiten der Konzentration auszugleichen, und hiedurch wurde nach mannigfachen Methoden eine Messung des osmotischen Druckes möglich. Die Messungen führten in Übereinstimmung mit der Theorie zu dem fundamentalen, im Jahre 1885 von v a n ' t H o f f aufgestellten Gesetz, wonach (in Analogie zu dem Gasdruck[1]) der osmotische Druck verdünnter Lösungen[2] sowohl der Konzentration als auch der absoluten Temperatur proportional ist[3].

48. Der Nernstsche Wärmesatz.

Die beiden Hauptsätze der Thermodynamik fanden eine wichtige Ergänzung durch ein Theorem, das im Jahre 1906 durch Nernst aufgestellt wurde und aus dem sich bedeutungsvolle Schlüsse für das Verhalten der Stoffe bei *tiefsten Temperaturen* ergaben. Das Nernstsche Theorem wird häufig als *„dritter Hauptsatz"* der Wärmelehre bezeichnet. Ebenso wie die beiden anderen Hauptsätze wurde es aus der Erfahrung, und zwar in diesem Falle zunächst aus chemischen Erfahrungstatsachen erschlossen. Im wesentlichen besagt der Nernstsche Hauptsatz, daß es ebenso unmöglich ist, einen Körper völlig bis zu dem absoluten Nullpunkt abzukühlen, wie es gemäß den beiden anderen Hauptsätzen unmöglich ist, ein Perpetuum mobile erster oder zweiter Art zu konstruieren.

Auf den recht schwierigen Inhalt des Nernstschen Satzes kann hier wohl nicht näher eingegangen werden. Hauptsächlich liegen seine Anwendungen auf chemischem Gebiet. Unter den physikalischen Folgerungen ist besonders bemerkenswert, daß die *spezifische Wärme* aller festen oder flüssigen Körper *gegen Null* abfallen muß, wenn sich die Temperatur dem absoluten Nullpunkt nähert.

Die spezifische Wärme erweist sich unter gewöhnlichen Verhältnissen im allgemeinen als ziemlich unabhängig von der Temperatur. Unter den wenigen Ausnahmen fiel schon früh der *Diamant* auf. Als nun die Herstellung tiefer Temperaturen gelang, fand man, daß bei diesen die spezifische Wärme des Diamanten rapid sinkt. Sie hat z. B. bei -50^0

---

[1] Vgl. Abschnitt 72.

[2] Die Analogie mit den Gasen ist nur bei großer Verdünnung vollkommen, nämlich nur dann, wenn die Kräfte zwischen den kleinsten Teilchen des gelösten Stoffes vernachlässigbar sind.

[3] Eine wesentliche Rolle spielt sowohl in der Formel für den osmotischen Druck als auch in den Formeln für die Änderungen der Gefrier- und der Siedetemperatur das Molekulargewicht des gelösten Stoffes. Hierauf beruht eine viel benutzte Methode, die das Molekulargewicht eines Stoffes aus der durch ihn hervorgebrachten Gefrierpunktserniedrigung eines Lösungsmittels bestimmt.

nur mehr ungefähr ein Drittel, bei -190^0 aber gar nur ein Sechzigstel desjenigen Wertes, den sie bei Zimmertemperatur aufweist. Eine Wärmemenge, die unter gewöhnlichen Verhältnissen die Temperatur eines Diamanten nicht merklich zu steigern vermag, kann somit bei extremer Kälte eine Erhöhung um viele Grade hervorrufen. Bei -250^0 war trotz außerordentlicher Meßgenauigkeit bei dem Diamanten ein Wert der spezifischen Wärme überhaupt nicht mehr feststellbar. Wie bei dem Diamanten so zeigte sich durch spätere Untersuchungen auch bei allen anderen festen Körpern der durch den Nernstschen Wärmesatz geforderte Abfall der spezifischen Wärme. So heftig wie bei dem Diamanten ist er bei den anderen Stoffen allerdings nicht; immerhin sinkt aber z. B. auch bei Kupfer die spezifische Wärme bei -186^0 auf die Hälfte und bei -250^0 auf rund ein Dreißigstel des normalen Wertes.

49. Die Wärmeleitung.

Gemäß dem zweiten Hauptsatz suchen Körper von verschiedenen Temperaturen diese auszugleichen, was entweder durch Wärmeleitung oder durch Wärmestrahlung geschieht. Auch in der Wärmelehre unterscheidet man so wie in der Elektrizitätslehre gute Leiter und Isolatoren. Daß es sich hiebei nicht bloß um eine formale Analogie mit den elektrischen Phänomenen, sondern um eine wirkliche Wesensverwandtschaft handelt, beweist die Tatsache, daß alle guten Leiter der Elektrizität auch gute Wärmeleiter und alle elektrischen Isolatoren auch thermische Isolatoren sind. Noch deutlicher geht dies aus dem in einem späteren Abschnitt[1] zu erörternden Gesetz von Wiedemann und Franz hervor, wonach bei gegebener Temperatur Proportionalität zwischen elektrischer und thermischer Leitfähigkeit besteht.

Gute *Wärmeleiter* sind vor allem die Metalle, und zwar steht ebenso wie hinsichtlich des elektrischen Leitvermögens *Silber* an der Spitze. Durch einen Silberstab geht in der Sekunde und pro Quadratzentimeter des Querschnitts ungefähr eine Kalorie (genauer 1,01 cal) durch, wenn das Tem-

---

[1] Vgl. Abschnitt 73.

peraturgefälle 1 Grad pro Zentimeter beträgt. Ist es 2 Grad, so geht natürlich auch die doppelte Wärmemenge durch den Querschnitt des Stabes. Setzt man die Leitfähigkeit des Silbers üblicherweise gleich 100, so beträgt die Leitfähigkeit für Kupfer 93, für Gold 70, für Platin aber nur 17. Silber leitet die Wärme ungefähr 50mal besser als die am schlechtesten leitenden Metalle (wie Wismut), ungefähr 400mal besser als Porzellan, rund 10 000mal besser als Watte und ungefähr 20 000mal besser als Luft[1].

Auf dem hohen Leitvermögen der Metalle beruht die wohl jedermann aus seiner Erfahrung bekannte Tatsache, daß, je nachdem ob die Temperatur der Luft höher oder niedriger als die unseres Körpers ist, sich ein Metall heißer oder kälter als Holz anfühlt, obwohl beide die gleiche Temperatur haben. Auf der guten Wärmeleitfähigkeit der Metalle beruht auch die merkwürdige Erscheinung, daß ein in eine Flamme gehaltenes Drahtnetz die Flamme förmlich abschneidet. Man kann auch ausströmendes Leuchtgas oberhalb eines Drahtnetzes anzünden, ohne daß die Flamme nach der unteren Seite des Netzes durchschlägt.

Mannigfache Anwendungen finden zum Zwecke des *Wärmeschutzes* die *Isolatoren*. Bekannt ist der Gebrauch von Stroh zum Schutze der Bäume gegen Frost, die Füllung der Doppelwandungen von feuersicheren Schränken mit Asche, die Einfügung von Korkwänden zum Schutze der Häuser gegen Winterkälte. Einen besonders guten Wärmeschutz stellt eine ruhende Luftschichte dar, z. B. die in Doppelfenstern eingeschlossene Luft oder die Luft, die in den kleinen Zwischenräumen von Kleiderstoffen, von Wolle und vor allem von Pelzen festgehalten ist. Den vollkommensten Wärmeschutz bietet natürlich das Vakuum. Darum haben die bekannten Thermosflaschen, in denen man Getränke aufbewahrt, die lange heiß oder kalt bleiben sollen, eine doppelte Glaswand, deren Zwischenraum luftleer gemacht ist. Überdies sind noch

---

[1] Wärme fließt stets auch durch die Oberfläche warmer Körper nach außen ab. Diese sogenannte äußere Wärmeleitung befolgt, bei nicht zu großem Temperaturunterschied gegenüber der Umgebung, das sogenannte Newtonsche Gesetz, wonach die in der Zeiteinheit abgegebene Wärme dem Temperaturunterschied proportional ist.

zur Vermeidung von Wärmeverlusten durch Strahlung die Innenwände des Glases versilbert.

Obwohl die Flüssigkeiten und Gase an sich sehr schlechte Wärmeleiter sind, tragen sie doch zur Wärmeausbreitung wesentlich durch ihre *Strömungen* (durch sogenannte Konvektion) bei. Wird nämlich eine Flüssigkeit oder ein Gas, wie Luft, von unten erwärmt, so steigen die durch die Ausdehnung spezifisch leichter gewordenen Partien der Flüssigkeit oder des Gases aufwärts, während niedersinkende kältere Partien an ihre Stelle rücken. Daß es sich bei einer derartigen Verbreitung der Wärme aber keineswegs um echte Leitung handelt, zeigt deutlich die Tatsache, daß man in einem schräg gehaltenen Röhrchen durch Erwärmung von oben Wasser zum Sieden bringen kann, während ein am Boden festgehaltenes Stück Eis nicht schmilzt.

Die Wärmeströmung des Wassers findet eine wichtige technische Anwendung in der Zentralwasserheizung. Hier steigt das Wasser durch eine Röhrenleitung aus dem Kessel in die Höhe und verteilt sich auf die einzelnen Heizkörper, an denen durch Hähne die Zuflußgeschwindigkeit des Wassers reguliert werden kann[1]. Auch die Wirkung der Schornsteine beruht auf Wärmeströmung; die erhitzte Luft geht mit dem Rauche aufwärts, und an ihre Stelle rückt frische Luft in den Feuerraum nach.

Sehr interessante Probleme bietet der Theorie der Wärmeleitung die *Erdwärme* dar. Bei dem Eindringen in das Innere der Erde erhöht sich die Temperatur für einen Tiefenunterschied von etwa 3o bis 4o Meter um einen Grad. Infolgedessen muß ein Wärmefluß aus dem Inneren der Erde gegen ihre Oberfläche gerichtet sein, wodurch sich, wie man berechnen kann, die Erde in einigen Millionen Jahren um einen Grad abkühlt. Die jährlichen Temperaturschwankungen der Erdoberfläche dringen in das Erdinnere nur bis zu einer Tiefe von etwa 20 m, die täglichen gar nur bis zu einer Tiefe von 1 bis 2 Metern vor.

---

[1] Bei der Dampfheizung wird im Kessel Wasserdampf erzeugt, der durch eine Röhrenleitung den Heizapparaten zugeführt wird; in diesen erfolgt Kondensation und dadurch Wärmeabgabe nach außen.

50. Die Wärmestrahlung.

Ein durch Wärmestrahlung bewirkter Temperaturausgleich zwischen zwei Körpern kann sich offenbar nur so vollziehen, daß der heiße Körper einen Teil seines Wärmeinhalts in elektromagnetische Wellenenergie verwandelt und in dieser Form aussendet, und ein anderer Körper die auf ihn treffende Energie absorbiert und auf diesem Wege seinen Wärmeinhalt vermehrt. Daß bei der Wärmestrahlung — im Gegensatz zu der Wärmeleitung — keine Erwärmung eines Zwischenmediums zu erfolgen braucht, war schon seit dem 17. Jahrhundert klar. Ein berühmter Versuch bestand darin, daß man im Winter mittels Sonnenstrahlen durch eine Linse aus Eis, die dabei nicht schmolz, Schießpulver zur Explosion brachte[1].

Die alltägliche Erfahrung zeigt nun, daß keineswegs alle Körper auftreffende Strahlung in gleichem Maße absorbieren. Manche, wie vor allem Ruß, tun dies nahezu vollständig, andere, wie Metalle, werfen den größten Teil der Strahlung wieder zurück. Man bezeichnet als Absorptionskoeffizienten die Zahl, die es angibt, welcher Bruchteil der auftreffenden Energie von einem Körper absorbiert wird. Er ist demnach für einen vollkommen schwarzen Körper wie Ruß gleich 1 zu setzen, beträgt aber z. B. für poliertes Silber nur 0,03; d. h. Silber reflektiert 97 v. H. der auftreffenden Strahlungsenergie und verschluckt nur 3 v. H.

Für die Lehre von der Wärmestrahlung hat nun im Jahre 1859 Kirchhoff das fundamentale Gesetz geschaffen. Es besagt, daß das Emissionsvermögen eines Körpers, das ist nämlich die in der Sekunde pro Quadratzentimeter der Oberfläche ausgestrahlte Energie, dem Absorptionskoeffizienten proportional ist, sonst aber nur von der Temperatur abhängt. Bei gegebener Temperatur ist also das Emissionsvermögen eines beliebigen Körpers gegen das eines vollkommen schwarzen Körpers im Verhältnis seines Absorptionskoeffizienten zu Eins herabgesetzt; Silber emittiert bei jeder Tem-

---

[1] Um die Erforschung der Erscheinungen der Wärmestrahlung hat sich in der zweiten Hälfte des 18. Jahrhunderts besonders Scheele verdient gemacht.

peratur nur rund ein Dreißigstel derjenigen Energie, die bei der gleichen Temperatur Ruß aussendet. Durch dieses Kirchhoffsche Gesetz wird es erklärlich, daß ein Tintenfleck auf einem Platinblech heller als dieses glüht, hingegen ein Kalkfleck auf einem schwarzen Eisen dunkler. Bringt man einen Teller mit schwarzweißer Zeichnung in Glut, so erscheint aus dem gleichen Grunde das Negativ der Zeichnung.

In welcher Weise nun das Emissionsvermögen eines schwarzen Körpers von der Temperatur abhängt, hat zuerst im Jahre 1879 S t e f a n entdeckt, und für die von ihm aufgefundene Gesetzmäßigkeit hat dann B o l t z m a n n zuerst eine exakte theoretische Begründung gegeben. Nach dem Stefan-Boltzmannschen Gesetz ist das Emissionsvermögen der *vierten Potenz der absoluten Temperatur* proportional, nimmt also außerordentlich rasch mit der Temperatur zu. Wie schon bei Besprechung der elektrischen Glühlampe erwähnt wurde, genügt eine Temperaturerhöhung von 1700^0 auf 1900^0 C, um die Strahlung zu vervierfachen[1].

Unter allen Strahlungsvorgängen ist für uns die *Sonnenstrahlung* weitaus am wichtigsten. Die Wärmemenge, die durch direkte Sonnenstrahlung ein Quadratzentimeter an der Grenze der Erdatmosphäre in einer Minute empfängt, beträgt 3 Kalorien. An der Erdoberfläche selbst ist dieser Betrag wegen der Strahlungsabsorption in der Atmosphäre um ungefähr ein Drittel kleiner und beträgt nur 2 Kalorien. Unter Zugrundelegung des bekannten Abstandes zwischen Erde und Sonne[2] kann man leicht ausrechnen, daß die Sonne in jeder Sekunde eine Wärmemenge von 10^{26} Kalorien emittiert, was einer Leistung von etwa $5 \cdot 10^{23}$ Pferdestärken entspricht. Die von der Erde in einer bestimmten Zeit empfangene Energie ist allerdings zwei Milliarden mal kleiner als die in derselben Zeit seitens der Sonne ausgestrahlte Energie; aber sie entspricht immerhin noch einer Leistung von etwa 250 Bil-

---

[1] Wie schon im Beginne des 19. Jahrhunderts Prévost erkannt hatte, muß man annehmen, daß jeder Körper Wärme ausstrahlt, und daher eine Erwärmung durch Strahlung nur bedeutet, daß ein Körper mehr Strahlung durch Absorption in einer bestimmten Zeit aufnimmt, als er selbst in dieser Zeit emittiert.

[2] Diese Entfernung beträgt etwa $1{,}5 \cdot 10^{13}$ cm.

lionen Pferdestärken. Die auf je ein Gramm der Sonnenmasse[1] bezogene Energieabgabe beträgt ungefähr 2 Erg pro
Sekunde oder etwa $1\frac{1}{2}$ Kalorien im Jahr. Soviel Wärme,
als bei der Verbrennung von 1 g bester Kohle frei wird,
strahlt ein Gramm der Sonnenmasse in etwa 5000 Jahren
aus. Auf Grund des Stefanschen Gesetzes kann aus der
ausgestrahlten Wärme auch die Temperatur der Sonnen-
oberfläche[2] berechnet werden; sie ergibt sich zu ungefähr
6000^0.

Das Stefan-Boltzmannsche Gesetz bezieht sich nur auf die
Gesamtstrahlung ohne Rücksicht auf ihre Verteilung auf die
verschiedenen Wellenlängenbereiche. Von großer Wichtigkeit ist aber nun auch die Frage, wie die Verteilung der
Energie auf die verschiedenen „Farben" von der Temperatur
abhängt (wenn das Wort Farbe im weitesten Sinne unter
Einschluß des unsichtbaren Lichtes gebraucht wird). Zunächst stellte sich die Physik die Aufgabe, diejenige Wellenlänge zu ermitteln, für die bei einer bestimmten Temperatur
die Strahlung am stärksten ist.

Diese Frage wurde im Jahre 1893 durch Wien gelöst.
Wie er fand und in seinem *Verschiebungsgesetz* zum Ausdruck brachte, stellt das Produkt aus dieser Wellenlänge
und der absoluten Temperatur des strahlenden Körpers eine
Konstante dar. Je höher die Temperatur ist, desto kleiner
ist daher die ausgezeichnete Wellenlänge. Die ihr im Spektrum entsprechende Stelle verschiebt sich mit zunehmender
Temperatur in der Richtung von größeren zu kleineren
Wellenlängen, also innerhalb des sichtbaren Spektrums in
der Richtung von Rot zu Violett.

Nur ein recht kleiner Bruchteil der von einem heißen
Körper ausgestrahlten Energie fällt in den für das menschliche Auge sichtbaren Wellenlängenbereich; der weitaus
größte Teil gehört dem ultraroten Gebiete an. Mit zunehmender Temperatur bessert sich zwar das Verhältnis; aber selbst
die vollkommensten modernen elektrischen Wolframdraht-

---

[1] Die Masse der Sonne beträgt $2 \cdot 10^{33}$ Gramm.

[2] Von der Oberflächentemperatur ist wohl die Temperatur im Innern
der Sonne zu unterscheiden, die jedesfalls viele Millionen Grad betragen muß.

lampen vergeuden zwecklos über 90 v. H. der ausgesandten
Energie, und kaum 10 v. H. stellen sichtbares Licht dar.

Die Auffindung des Verschiebungsgesetzes bedeutete natürlich nur eine Teillösung des Hauptproblems der Strahlungstheorie, nämlich der Frage der Energieverteilung in ihrer
Abhängigkeit von der Temperatur. Die vollständige Lösung
ist erst im Jahre 1900 Planck gelungen, als er die schon
erwähnte[1] geniale Hypothese des *elementaren Wirkungsquantums* ersann und auf die Strahlungserscheinungen anwandte. Planck machte die Annahme, daß bei der Aussendung
von Strahlung Energieelemente eine Rolle spielen, deren
Größe durch das Produkt aus dem Wirkungsquantum und
der Wellenfrequenz bestimmt ist. Mittels dieser Hypothese,
die, wie schon erwähnt, später zur Vorstellung der Lichtquanten ausgestaltet wurde, vermochte Planck ein *Strahlungsgesetz* abzuleiten, das für alle Temperaturen die Verteilung
der Strahlungsenergie in Übereinstimmung mit der experimentellen Beobachtung richtig wiedergibt. Aber die geschichtliche Bedeutung des Planckschen Strahlungsgesetzes
reicht weit über das Gebiet der Wärmelehre hinaus; denn
auf der Vorstellung des Wirkungsquantums sollte sich später
die ganze moderne Atomtheorie aufbauen. Der Tag, an dem,
kurz vor dem Schlusse des 19. Jahrhunderts[2], Planck in der
Deutschen Physikalischen Gesellschaft die Ableitung seines
Gesetzes der Wärmestrahlung vortrug, wurde so in der Tat
der Geburtstag der Physik des zwanzigsten Jahrhunderts.

51. Die Dampfmaschine.

Von der gesamten industriellen Energieproduktion der
Welt werden derzeit (vgl. Abb. 58) noch immer rund 95 v. H.
durch Ausnutzung von *Brennstoffen* gewonnen, und nur
5 v. H. durch Verwertung von Wasserkraft. Aus diesen Zahlen geht deutlich hervor, von welch großer volkswirtschaftlicher Bedeutung jeder wesentliche Fortschritt in der *Wärmetechnik* ist, und wieviel die Menschheit den Erfindungen ver

---

[1] Vgl. Abschnitt 7.

[2] Es war der 14. Dezember 1900.

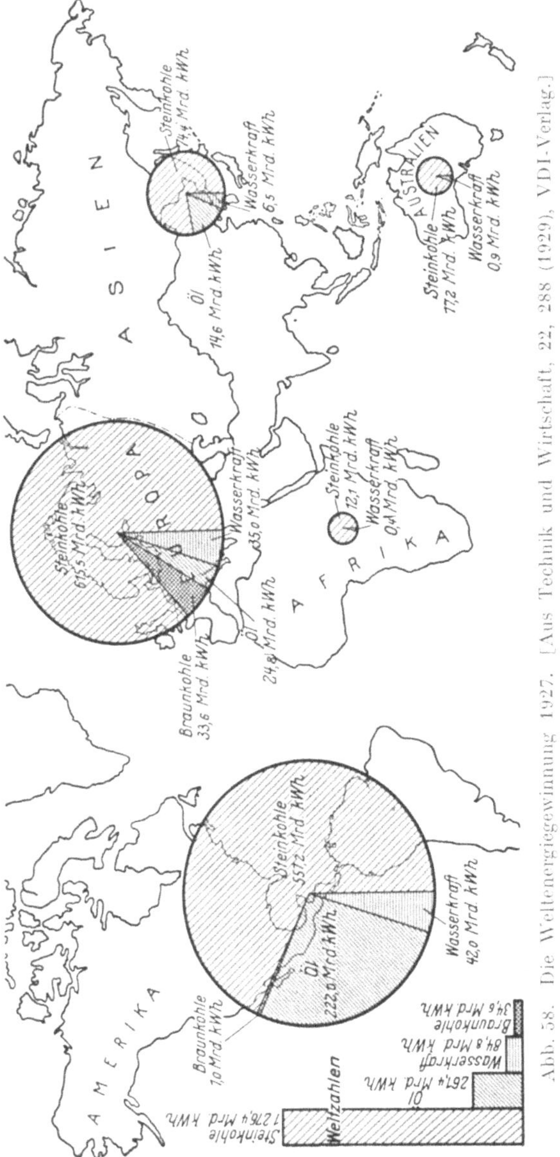

Abb. 58. Die Weltenergiegewinnung 1927. [Aus Technik und Wirtschaft, 22, 288 (1929), VDI-Verlag.]

dankt, die in wachsender Vervollkommnung die Umsetzung von Verbrennungswärme in mechanische Arbeit ermöglichen.

Die Entwicklung der Wärmetechnik beginnt, wenn man von vereinzelten Vorläufern[1] absieht, mit der Erfindung der *Dampfmaschine* durch Watt im Jahre 1769. Der Grundgedanke der Dampfmaschine ist wohl jedermann bekannt: Der in einem Kessel erzeugte Wasserdampf wird unter seinem hohen Druck in einen Zylinder geleitet, wo er durch seine Ausdehnung Arbeit leistet, indem er einen Kolben vor sich herschiebt. Bei der Zurückbewegung des Kolbens entweicht der Dampf entweder in den Kondensator, wo er verflüssigt wird, oder aber gelangt er, was unter Umständen wegen der Raumersparnis vorteilhafter ist, unmittelbar in die freie Luft. Durch eine automatische Steuerung wird abwechselnd auf jede der beiden Seiten des Kolbens Dampf zugeführt. Der Kolben gerät dadurch in eine hin- und hergehende Bewegung. Durch geeignete Vorrichtungen (sog. Schubkurbelgetriebe) wird diese Bewegung in eine rotierende verwandelt und auf die eigentlichen Arbeitsmaschinen (z. B. durch Treibriemen oder Zahnräder) übertragen.

In der derart gewonnenen mechanischen Arbeit kommt die Energie, die in den verbrauchten Brennstoffen verborgen war, zum Vorschein, aber doch nur zu einem geringen Teile. Die Verbrennungswärme eines Kilogramms Steinkohle beträgt etwa 8000 Kilogramm-Kalorien[2]. Von dieser Wärmemenge geht aber tatsächlich ein beträchtlicher Bruchteil (20 bis 30 v. H.) durch die Wärmestrahlung des Kessels, durch Verbrennungsrückstände, durch Erwärmung solcher Luft, die nicht unmittelbar der Verbrennung dient, und durch die hohe Temperatur der im Schornstein abziehenden Verbrennungsgase verloren; weitere Wärmeverluste werden durch den Wärmeübergang zwischen dem heißen Dampf und dem Zylinder hervorgerufen.

Nehmen wir aber selbst an, daß bei einer idealen Maschine alle angeführten Wärmeverluste vermieden wären, so müßte

---

[1] Zu diesen gehörte bereits der antike Physiker und Techniker Hero von Alexandria, ferner Papin (um 1680) und Newcomen (um 1700).

[2] Eine Kilogramm-Kalorie ist das Tausendfache einer Kalorie.

gleichwohl die gewonnene mechanische Arbeit unter dem mechanischen Äquivalent der Verbrennungswärme bleiben. Dies ergibt sich notwendigerweise aus der Natur eines thermischen Kreisprozesses. Für einen solchen ist es wesentlich, daß eine arbeitende Substanz, ein sogenannter Wärmeträger (im Falle der Dampfmaschine Wasserdampf), einem *heißen Wärmereservoir* (dem Kessel) eine bestimmte Wärmemenge entnimmt und dann unter adiabatischer Ausdehnung Arbeit leistet, bis die Temperatur nahezu auf die eines zweiten *kälteren Reservoirs* (des Kondensators) gesunken ist. An dieses kältere Reservoir wird nun der Rest des Wärmeüberschusses abgegeben. Der im Zylinder verbliebene Dampf wird nach Schließen des Auspuffkanals unter Kompression und Aufwand an Arbeit nahezu wieder in den ursprünglichen Zustand zurückgeführt. Nach Einströmung einer neuen Dampffüllung, die den ausgetriebenen Dampf ersetzt, beginnt der Prozeß von neuem.

Nach dem Satze von der Erhaltung der Energie stellt die Differenz zwischen der Wärmemenge, die seitens des heißeren Reservoirs abgegeben wird, und derjenigen, die seitens der kälteren Reservoirs aufgenommen wird, die im günstigsten Idealfall gewinnbare mechanische Arbeit dar. Ihr Wert ergibt sich aber dadurch, daß, wie thermodynamische Betrachtungen zeigen, bei einem idealen Kreisprozeß zwischen den beiden erwähnten Wärmemengen ein ganz bestimmtes Verhältnis besteht, das nur von den Temperaturen der beiden Reservoire abhängt, hingegen von der Natur der arbeitenden Substanz völlig unabhängig ist.

Das Verhältnis zwischen der im günstigsten Falle durch den Kreisprozeß gewinnbaren Arbeit und dem Äquivalent der seitens des heißeren Reservoirs an die arbeitende Substanz abgegebenen Wärme wird als der ideale *Wirkungsgrad* des Kreisprozesses bezeichnet; es ergibt sich auf Grund der thermodynamischen Betrachtungen gleich der Temperaturdifferenz der beiden Reservoire, gebrochen durch die absolute Temperatur des heißeren Reservoirs. Diese wichtige Erkenntnis wurde im wesentlichen, wenn auch in unklarer Form, bereits im Jahre 1824 durch Sadi Carnot gewonnen; eine exaktere Begründung und schärfere Formulierung der Carnotschen Ideen war allerdings erst später nach der Aufstellung der beiden Hauptsätze der Wärmelehre möglich.

Bei der Dampfmaschine sind also für den idealen Wirkungsgrad einerseits die Temperatur des Dampfkessels, andererseits die des Kondensators maßgebend. Die Kesseltemperatur hängt von dem Druck ab, unter dem das Wasser in den geschlossenen Kesseln verdampft[1]; sie beträgt z. B. bei 5 Atmosphären 152^0 C. Im Kondensator wird der Dampf durch Einspritzung von kaltem Wasser auf ungefähr 40 bis 50^0 abgekühlt. Dadurch wird die Dampfspannung auf etwa $^1/_{10}$ bis $^1/_5$ atm. herabgesetzt und somit besser ausgenutzt, als wenn sie nur auf den gewöhnlichen Luftdruck sinken würde. Bei Temperaturen des Kessels von 200^0 und des Kondensators von 40^0 ergibt sich nun die Temperaturdifferenz zu 160^0, die absolute Temperatur des heißeren Reservoirs zu 473^0 und somit der theoretische ideale Wirkungsgrad zu $^{160}/_{473}$ oder 34 v. H.; bei einer Kesseltemperatur von 150^0 C beträgt er gar nur 26 v. H. Berücksichtigt man die gewaltigen, schon erwähnten Wärmeverluste, die durch die Unvollkommenheiten der Heizanlage und der Maschine bedingt sind, so wird es begreiflich, warum ein besserer Nutzeffekt als höchstens etwa 10 v. H. bei den Dampfmaschinen die längste Zeit hindurch nicht erzielt werden konnte.

Zum Zwecke der Erhöhung des praktischen Nutzeffektes waren die Techniker vor allem zunächst bemüht, diejenigen Wärmeverluste zu verringern, die in der Abweichung vom idealen Kreisprozeß ihre Ursache haben. Die Kesselanlagen wurden vervollkommnet, der Wärmeaustausch zwischen dem Dampf und den Zylinderwänden durch äußere Heizung der Wände eingeschränkt; das Druckgefälle zwischen Kessel und Kondensator wurde zu einem mehr „allmählichen" dadurch gestaltet[2], daß man es auf mehrere Zylinder verteilte,

---

[1] In offenen Kesseln wäre natürlich der Druck gleich dem äußeren Luftdruck, und die Siedetemperatur gleich $100°$.

[2] Ein thermodynamischer Kreisprozeß erscheint nur umkehrbar und „ideal", wenn merkliche Druckverschiedenheiten zwischen den Wärme austauschenden Körpern fehlen.

deren Kolben man gemeinsam an einer Kurbelwelle arbeiten ließ[1].

Als wichtigste Verbesserung mußte natürlich eine Vergrößerung des Temperaturunterschiedes von Kessel und Kondensator erscheinen; aber derartigen Bestrebungen stellten sich bis etwa 1920 in der Praxis kaum überwindbare Schwierigkeiten entgegen. An eine wesentliche Herabsetzung der Kondensatortemperatur konnte kaum gedacht werden, weil dies in der Praxis viel zu kostspielig und somit unwirtschaftlich wäre[2]. Eine Hinaufsetzung der Kesseltemperatur bedeutete natürlich, weil bei gesättigtem Dampfe durch die Temperatur auch der Druck gegeben ist, eine Drucksteigerung, und eine solche erschien in weitem Ausmaß erst möglich, seitdem die Konstruktion besonderer Kesselanlagen gelang, für die ein sehr hoher Druck nicht mehr gefährlich war, und bei denen das Dichtungsmaterial der hohen Temperatur standhielt.

Seit etwa 1925 hat sich die Verwendung des *Hochdruckdampfes* rasch verbreitet. Moderne Kraftwerke benutzen hochgespannten Dampf von 25 bis ungefähr 200 Atmosphären. Zur Erzeugung höchstgespannten Dampfes benutzt man neuestens auch das sogenannte *Benson-Verfahren*, bei dem Wasser unter den kritischen Druck von etwa 224 atm. gesetzt und auf die kritische Temperatur von 374^0 erhitzt wird, wodurch es ohne Kochen in Dampf übergeführt wird[3]. Die modernen Höchstdruckdampfmaschinen weisen einen praktischen Nutzeffekt von ungefähr 20 v. H. auf.

52. Die Dampfturbine.

Da in der Dampfmaschine ein recht komplizierter Mechanismus erforderlich ist, um die hin- und hergehende Bewegung des Kolbens in die Umlaufsbewegung der Welle zu verwandeln, lag der Gedanke nahe, diese Drehbewegung un-

---

[1] Eine derartige Verbund- oder Mehrfachexpansionsmaschine besteht gewöhnlich aus einem Hoch-, einem Mittel- und einem Niederdruckzylinder.

[2] Es wird jedoch verschiedentlich versucht, die „Abwärme" des kondensierten Dampfes noch nutzbar zu machen, z. B. zur Vorwärmung des Speisewassers.

[3] Vgl. Abschnitt 46.

mittelbar durch den Dampf zu erzeugen, und dadurch Störungen zu beseitigen, die bei dem komplizierteren Bau der Dampfmaschine eintreten können. Diese Tendenz wurde sehr durch das Aufblühen der elektrischen Starkstromtechnik gefördert. Es gelang, die Leistung wie auch die Drehzahl der Stromerzeuger von Jahr zu Jahr zu steigern.

Im Jahre 1884 erfanden der Engländer P a r s o n s und der Schwede d e L a v a l gleichzeitig und voneinander unabhängig

Abb. 59. Dampfturbine mit einer Leistung von 60000 Kilowatt.
(Aus Siemens-Zeitschrift 1932.)

die *Dampfturbine*, in der Dampf durch seine *Strömungsenergie* die Schaufeln umlaufender Räder in ähnlicher Weise wie bei einer Wasserturbine antreibt. Bei Spannungen von bloß 10 atm. ist bereits die Geschwindigkeit des ausströmenden Dampfes ungemein groß, ungefähr von derselben Größenordnung wie die Geschwindigkeit einer Kanonenkugel; sie beträgt über 1000 m in der Sekunde, so daß eine ungeheure Wucht auf das Schaufelrad übertragen wird.

Bei den älteren Dampfturbinen war die Umlaufsgeschwindigkeit noch enorm hoch; sie arbeiteten mit einigen hundert Umdrehungen in der Minute. Später ist es gelungen, die Umlaufszahl dadurch herabzusetzen, daß der Dampf durch mehrere Räder hintereinander gesandt wird, in deren jedem nur ein Teil der Dampfenergie ausgenutzt wird.

Ein besonderer Vorzug der Dampfturbine besteht darin, daß sie weniger Raum als eine Kolbendampfmaschine einnimmt und die bei der Kolbenmaschine so lästigen, durch die

Abb. 60. Ruths-Speicher-Anlage. (Aus Siemens-Jahrbuch 1930.)

hin- und herbewegten Teile verursachten Vibrationen in Wegfall kommen. Aus diesem Grunde haben sich Dampfturbinen besonders zum Betrieb der Schiffe eingeführt.

In Koppelung mit einem elektrischen Stromerzeuger finden gewaltige Dampfturbinen als sogenannte *Turbogeneratoren* Verwendung. Eine der größten Dampfturbinen der Gegenwart mit einer Leistung von 60000 Kilowatt bei 3000 Umdrehungen in der Minute ist in Abb. 59 abgebildet.

Eine wichtige Ergänzung finden die Dampfkessel großer Elektrizitätswerke in den *Wärmespeichern*, die in Stunden schwächeren Betriebs überschüssigen Dampf aufnehmen, um ihn in Stunden erhöhten Bedarfes — zur sogenannten „Spitzendeckung" — oder bei etwaigen Betriebsstörungen als „Momentanreserve" wieder abgeben zu können. Dadurch wird der Kesselhausbetrieb von den Schwankungen der Betriebsbelastung unabhängig, so daß durch eine gleichmäßige Feuerführung wesentliche Brennstoffersparnisse ermöglicht werden.

Die wichtigste Form der Wärmespeicher sind heute die nach ihrem Erfinder so benannten *Ruths-Speicher*. Sie bestehen aus kesselartigen, allseitig geschlossenen druckfesten Behältern, die zu etwa 90% mit Wasser gefüllt sind, in das der überschüssige Dampf durch Düsen eingeblasen wird; er wird dabei unter Wärmeabgabe kondensiert, wodurch bei dem „Laden" Temperatur und Druck zugleich mit dem Wasserspiegel steigen. Umgekehrt erfolgt die „Entladung" bei sinkendem Druck und Wasserspiegel, weil sich infolge der Verminderung des Drucks wieder (allerdings satter) Dampf bildet, der in die Leitungen des Verbrauchsnetzes strömt. Die Umschaltung auf Laden und Entladen erfolgt durch automatisch wirkende Steuerorgane, die bereits auf kleine Druckschwankungen reagieren. Abb. 60 zeigt als ein Beispiel die Ruths-Speicheranlage des Charlottenburger Elektrizitätswerkes.

53. Die Verbrennungsmotoren.

Ein viel höheres Temperaturgefälle als in den Dampfmaschinen läßt sich erzielen, wenn die Verbrennungswärme unmittelbar im Zylinder der arbeitenden Maschine produziert wird. Aus diesem Gedanken hat sich die *Verbrennungskraftmaschine* entwickelt, die für die moderne Technik eine außerordentliche und noch ständig wachsende Bedeutung erlangt hat. Für den Betrieb kommen natürlich nur solche Brennstoffe in Betracht, die, wie Leuchtgas, Öl oder Benzin, fast vollständig ohne Rückstände verbrennen. Der Brennstoff wird in gasförmigem oder feinst zerstäubtem Zustand direkt in den Zylinder eingeführt und bei den zuerst zu besprechenden *Explosionsmotoren* unter Zufuhr der dazu erforderlichen Luft verbrannt. Der dadurch entstehende starke Druck wirkt auf den beweglichen Kolben und verrichtet damit mechanische Arbeit.

Die Grundlage für die Entwicklung der Verbrennungsmotoren bildete die Erfindung des sogenannten *Viertaktmotors* durch den deutschen Ingenieur Otto im Jahre 1876. Der Arbeitsvorgang eines solchen Motors setzt sich aus vier Stufen zusammen, deren jede einer halben Umdrehung der Kurbel des Motors entspricht. In der ersten Stufe saugt der Kolben durch ein automatisch sich öffnendes Ventil das explosible Gemisch an, das von dem Brennstoff unter Beimengung von Luft geliefert wird. In der zweiten Stufe bewegt sich der Kolben entgegengesetzt und komprimiert bei automatisch geschlossenem Ventil das Gemisch. In dem Augenblick, in dem sich der Kolben dem Punkte stärkster Kompression nähert, wird durch eine geeignete Vorrichtung — gegenwärtig allgemein mittels eines elektromagnetisch erzeugten Funkens — das Gemisch entzündet. Durch die explosionsartige Verbrennung wird ein starker Druck hervorgerufen, der in der dritten Stufe zur Ausdehnung des sehr heißen Gases führt; infolge der hierbei verrichteten Arbeit sinkt die Temperatur. In der vierten Stufe werden die verbrannten Gase durch ein automatisch sich öffnendes Auspuffventil ins Freie gelassen. Nach Beendigung der vierten Stufe erscheint der ursprüngliche Zustand wiederhergestellt.

Während bei dem beschriebenen Viertaktverfahren nur jede zweite Umdrehung mit Explosion und Nutzarbeit verbunden ist, kann man auch Motoren konstruieren, die im Zweitakt arbeiten, also bei jeder einzelnen Umdrehung eine Explosion bewirken und mechanische Arbeit verrichten. Man kann ferner die Verbrennungsmotoren auch doppeltwirkend bauen, so daß das brennbare Gas an beiden Enden des Zylinders einströmt und somit auf beide Seiten des Kolbens wirkt. Die Explosionstemperatur liegt bei den Verbrennungsmaschinen außerordentlich hoch, weshalb der Zylinder durch kaltes Wasser gekühlt werden muß[1].

---

[1] Soll ein Explosionsmotor in Gang kommen, so muß er „angekurbelt"

Die älteste, aber gleichwohl auch heute noch sehr wichtige Type des Verbrennungsmotors ist die *Gasmaschine*. Sie wird entweder mit dem Leuchtgas von Gaswerken betrieben oder, was bei größeren Maschinen wirtschaftlicher ist, mittels sogenannten Generatorgases, das in einer mit dem Motor verbundenen Anlage aus Kohle erzeugt wird; denn für den Motorbetrieb braucht das Gas nicht so hohe Qualität wie für Beleuchtungszwecke aufzuweisen.

Der *Benzinmotor* wird, wie allgemein bekannt, vor allem zum Betriebe der *Automobile* verwendet. Sein besonderer Vorzug liegt in seinem geringen Gewicht. Bei den *Flugmotoren* konnte man sogar das Einheitsgewicht, nämlich das Gewicht pro Pferdestärke, auf fast ein halbes Kilogramm hinabsetzen [1].

Im Gegensatz zu den Gas- und Benzinmotoren haben die *Diesel-Motoren* keine Zündvorrichtung. Die Verbrennung des Betriebsstoffes erfolgt daher auch nicht in Form einer Explosion, sondern durch direkte Verbrennung. Während bei den Explosionsmotoren das gasförmige Gemisch zündfertig in den Zylinder eingebracht wird, gelangt bei den Diesel-Motoren der flüssige oder staubförmige Brennstoff durch Spritzdüsen in die kurz vor dem Arbeitshub bis über die Entzündungstemperatur der Brennstoffe durch Kompression erhitzte Luft.

Diesel-Motoren werden mit *Schweröl* (Bestandteilen des Erdöls oder Nebenprodukten der Steinkohlendestillation) betrieben. Sie weisen einen praktischen Nutzeffekt bis zu ungefähr 38 v. H. auf, während er bei modernen Gasmotoren etwa 28 v. H. und bei neuzeitlichen Höchstdruckkolbenmaschinen und Dampfturbinen etwa 22 bzw. 20 v. H. beträgt. Bei der ursprünglichen Wattschen Maschine war er nicht größer als 2½ v. H. gewesen.

---

werden; es müssen z. B. bei dem Viertaktmotor die Vorgänge des ersten und zweiten Taktes künstlich hervorgerufen werden.

[1] Bei den leichtesten Motoren wirkt dem Vorzug geringen Gewichtes allerdings ein erhöhter Bedarf an Brennmaterial entgegen.

54. Die Kältemaschine.

Alle Wärmekraftmaschinen beruhen, wie wir sahen, im wesentlichen darauf, daß ein zwischen zwei Wärmereservoiren arbeitender Wärmeträger dem heißen Reservoir Wärme entnimmt und sie teilweise an das kältere Reservoir abgibt, und daß die von dem höheren zu dem tieferen Temperaturniveau wandernde Wärme teilweise in nutzbare Arbeit verwandelt wird. Dies wird, wie wir sahen, durch eine Art Kreisprozeß möglich, bei dem die arbeitende Substanz, die unter hohem Druck von dem heißeren Reservoir kommt, sich ausdehnt und dadurch Arbeit leistet, während gleiche Substanz unter Aufnahme von Wärme, die aus dem Verbrennungsvorgang gewonnen wird, wieder unter Druck gesetzt und dem heißen Reservoir zugeführt wird[1].

Bei den Kältemaschinen vollzieht sich eine Umkehrung eines solchen Kreislaufs; bei dieser Umkehrung ist daher auch keine Energie zu gewinnen, sondern es wird ein Energieverbrauch notwendig, um den Wärmeträger zu veranlassen, aus einem kalten Reservoir Wärme zu entnehmen und sie an ein „heißes" abzuliefern. Bei den Kältemaschinen wird als Arbeitsstoff gewöhnlich *Ammoniak*, das unter normalem Druck bei -33^0 siedet, daneben auch Kohlensäure oder schweflige Säure benutzt. Bei den sogenannten *Kompressionsmaschinen* wird das Gas durch den Kompressor angesaugt und verdichtet, wobei es sich natürlich unter dem gewaltigen Druck erhitzt. Hierauf wird es in einen von kaltem Wasser umspülten Behälter, den Kondensator, gedrückt, der dem unter Druck stehenden Gase die Kompressionswärme entzieht, so daß es sich sogar verflüssigt; denn dem hohen Druck entspricht auch eine hohe, über der normalen liegende Kondensationstemperatur.

---

[1] Für das Wesen des Kreisprozesses bleibt es natürlich gleichgültig, ob es immer die gleichen Teilchen des Wärmeträgers sind, die den Kreislauf ausführen, oder ob sie durch neue ersetzt werden, also der Wärmeträger vor dem Zuführen in das heiße Reservoir immer frisch aufgenommen wird und somit bestimmte Teilchen des Wärmeträgers den Kreislauf tatsächlich nur einmal ausführen. Auch kann das heiße Reservoir natürlich ganz fehlen, woferne, wie bei den Verbrennungsmotoren, eine gewisse Menge des arbeitenden Wärmeträgers periodisch auf ein hohes Temperaturniveau gebracht wird.

Nachdem derart der Wärmeträger an das Reservoir mit der höheren Temperatur, in diesem Falle also an den Kondensator, Wärme abgegeben hat, gelangt das verflüssigte Gas aus dem Kondensator in den Verdampfer. In diesem verdampft es unter geringem Druck, wobei es die hierfür erforderliche Wärme einer schwer gefrierenden Lösung, der sogenannten Sole entzieht, die den Verdampfer umgibt. Die Temperatur der Sole sinkt dabei tief unter den Nullpunkt, bleibt aber noch immer höher als der Siedepunkt des Wärmeträgers unter normalem Druck. Aus dem Verdampfer wird das Gas wieder von dem Kompressor angesaugt, womit ein neuer Kreislauf beginnt.

Die Sole, die derart durch die Ausgleichsvorgänge im Verdampfer kalt erhalten wird, nimmt bei der Leitung durch die zu kühlenden Räume natürlich wieder Wärme auf, die ihr aber durch den Verdampfer dann wieder entzogen wird. Auf diese Weise gelingt es, die in einen auch gut isolierten Kühlraum eindringende Wärme fortlaufend abzuführen und konstante Kühltemperaturen einzuhalten oder aber die Sole zur Eisgewinnung heranzuziehen.

Neben den Kompressionsmaschinen gewinnen eine ständig wachsende Bedeutung solche Kältemaschinen, zu deren Betrieb keine oder nur unbedeutende mechanisch-motorische Energie benötigt wird. Bei ihnen ist der Vorgang der Kompression durch das Erhitzen eines Behälters, des „Kochers“, ersetzt, in dem Wasser Ammoniakgas absorbiert enthält. Durch Erhitzung wird das absorbierte Gas ausgetrieben; bei dem Durchgang durch einen Kühler wird es dann kondensiert und sammelt sich in einem zweiten, tiefer gelegenen Behälter innerhalb des zu kühlenden Raums. Nachdem das absorbierte Gas ausgetrieben ist, erkaltet der Kocher, und im Zusammenhang damit verdampft bei dem abnehmenden Druck das verflüssigte Ammoniak im Kühlraum und wird dann wiederum von dem Wasser im Kocher absorbiert. Die zum Verdampfen erforderliche Verdampfungswärme wird aber hierbei dem Kühlraum entzogen.

Diese *Absorptionsmaschinen* haben den großen Vorteil, daß sie keine mechanisch bewegten Teile besitzen. Sie können,

wenn sie mit Zeit- oder Temperaturschaltern ausgestattet
sind, ohne Wartung betrieben werden, und zwar durch
Wärmeentwicklung mittels elektrischen Stroms oder durch
Gas oder Öl oder auch durch die Abfallwärme der Industrie.
Den Absorptionsmaschinen gehört wohl auch die Zukunft im
kleineren Haushalt und im Kleingewerbe.

Zu den wichtigsten industriellen Anwendungen der Kälte-
technik gehören die Erzeugung von Kunsteis und neuestens
auch von „Trockeneis" (nämlich von fester Kohlensäure, die
ohne Zurücklassung von Wasser verdampft); die Frisch-
erhaltung von Lebensmitteln (Fleisch, Fisch, Milch, Gemüse,
Obst) und vor allem die sogenannte Klimatisierung von industriellen Produktionsstätten sowie von Wohn- und Aufent-
haltsräumen.

Vierter Teil.

Die Materie.

55. Der Atomismus der Materie.

Viel älter noch als alle wissenschaftliche Physik ist der Gedanke, daß die Materie aus winzigen Bestandteilen zusammengesetzt sei, die selbst nicht weiter teilbar sind, sich aber durch ihre Kleinheit jeder direkten Wahrnehmung entziehen. Schon um das Jahr 400 v. Chr. hat der griechische Philosoph Demokrit diese Vorstellung entwickelt und die kleinsten Bestandteile der Materie als *Atome* bezeichnet. Die aus dem Schoße der griechischen Philosophie hervorgegangene atomistische Idee hat sich durch viele Jahrhunderte lebendig erhalten und ist durch immer neue, wenn auch meist nur vereinzelte Anhänger weiter gepflegt worden. Gleichwohl ist sie bis zum Beginne des 19. Jahrhunderts nur eine spekulative Hypothese geblieben. In die exakte Wissenschaft fand sie erst Eingang, als sie im Jahre 1808 durch Dalton in Beziehung zu den von ihm entdeckten fundamentalen Gesetzmäßigkeiten der *Chemie* gebracht wurde.

Dalton wurde der Begründer der wissenschaftlichen Atomistik durch folgende drei Annahmen: 1. Es gibt soviel *Arten von Atomen,* als es chemische *Grundstoffarten*[1] gibt; 2. die Atome jeder Art sind durch ein ganz bestimmtes unveränderliches *Gewicht* charakterisiert; 3. die chemischen *Verbindungen* beruhen auf einer *Vereinigung von Atomen* verschiedener Art zu sogenannten Molekeln.

In der Tat erklären sich durch diese Daltonschen Annahmen ohne weiteres die Grundtatsachen der Chemie. Es wird zunächst verständlich, warum bsetimmte chemische Stoffe (die sogenannten Grundstoffe oder Elemente) im Gegensatze

---

[1] Wir gebrauchen hier den Ausdruck „Grundstoffarten" statt „Grundstoffe" im Hinblick auf die im 20. Jahrhundert entdeckte Tatsache der Isotopie. Vgl. Abschnitt 63.

zu allen übrigen Stoffen durch keinerlei chemische Operationen zerlegt werden können. Die Daltonsche Theorie liefert aber auch die Begründung für die von Dalton entdeckten Gesetze der konstanten Gewichtsverhältnisse und der multiplen Proportionen.

Nach dem ersten dieser beiden Gesetze erfolgen alle chemischen *Verbindungen* in ganz bestimmten *Gewichtsverhältnissen*. Von Zinnober, dem bekannten roten Farbstoff, weiß man z. B., daß er eine Verbindung von Quecksilber und Schwefel darstellt; er kann in diese beiden Elemente zerlegt oder umgekehrt aus ihnen durch Synthese gewonnen werden. Die Analyse ergibt, daß auf 100 Gewichtsteile Quecksilber stets 16 Gewichtsteile Schwefel kommen. Umgekehrt bleibt bei einer Synthese von Zinnober dann Schwefel übrig, wenn auf 100 Gewichtsteile ursprünglichen Quecksilbers mehr als 16 Gewichtsteile Schwefel kamen. Waren es weniger als 16, so bleibt Quecksilber übrig. Woferne eine Zinnobermolekel aus je einem Quecksilber- und Schwefelatom zusammengesetzt ist, erklären sich die angegebenen Erfahrungstatsachen ohne weiteres durch die Annahme, daß sich die Gewichte eines Quecksilber- und eines Schwefelatoms zueinander wie 100 : 16 verhalten.

Bei der Bildung der sogenannten Wasserstoff-Halogen-Verbindungen verbindet sich, um ein anderes Beispiel zu geben, stets 1 Gramm Wasserstoff mit 35½ Gramm Chlor oder mit 80 Gramm Brom oder mit 127 Gramm Jod oder mit 19 Gramm Fluor. Wenn die Annahme richtig ist, daß in den Molekeln dieser Verbindungen je ein Wasserstoffatom mit einem Atom Chlor oder Brom oder Jod oder Fluor verbunden ist[1], so müssen demnach die Atome von Chlor, Brom, Jod und Fluor 35½- bzw. 80- oder 127- oder 19mal so schwer sein wie die Atome von Wasserstoff.

Wählt man also als Einheit des Gewichtes eines Atoms das Gewicht des Wasserstoffatoms, so können die *Atomgewichte* von Chlor, Brom, Jod und Fluor einfach gleich 35½ oder 80 oder 127 oder 19 gesetzt werden. In der Tat kommt es

---

[1] Über die Gründe, aus denen die Richtigkeit dieser Annahme erhellt, vgl. Abschnitt 71.

in der Chemie nur auf die relativen Atomgewichte an, während die absoluten Gewichte in der praktischen Chemie keine Rolle spielen.

Aus der Daltonschen Hypothese erklärt sich nicht nur ohne weiteres das Gesetz der konstanten Gewichtsverhältnisse, sondern auch das der *multiplen Proportionen*. Dieses Gesetz bezieht sich auf den Fall, daß ein bestimmtes Element, z. B. Stickstoff, mit einem zweiten Element, z. B. Sauerstoff, nicht bloß eine, sondern verschiedene Verbindungen eingeht. Man kennt fünf Verbindungen des Stickstoffs mit Sauerstoff und findet, daß sich die Gewichte Sauerstoff, mit denen in diesen fünf Fällen etwa je 100 Gramm Stickstoff verbunden sind, untereinander wie $1:2:3:4:5$ verhalten. Man kennt, um ein anderes Beispiel anzuführen, zwei verschiedene Verbindungen des Wasserstoffs mit Sauerstoff, nämlich Wasser und Wasserstoffsuperoxyd. Auf ein Gewichtsteil Wasserstoff entfallen bei Wasser 8, bei Wasserstoffsuperoxyd hingegen 16, demnach gerade doppelt soviel Gewichtsteile Sauerstoff.

Das Gesetz der multiplen Proportionen lehrt also, daß in Fällen, in denen sich eine Menge eines Grundstoffs mit verschiedenen Mengen eines zweiten Grundstoffs verbindet, diese verschiedenen Mengen gleichwohl untereinander in einfachsten Zahlenverhältnissen stehen. Die Begründung hierfür ergibt sich ohne weiteres aus der Vorstellung, daß zwischen Atomen zweier Elemente verschiedenzahlige Kombinationen möglich sein können.

In der modernen Chemie werden die Atomgewichte statt auf Wasserstoff auf den sechzehnten Teil des Gewichtes eines Sauerstoffatoms als Einheit bezogen; d. h. es wird in konventioneller Weise das Atomgewicht des Sauerstoffs genau gleich 16 gesetzt. Das Atomgewicht des Wasserstoffs ist dann nicht mehr genau gleich Eins, sondern etwas größer, nämlich 1,0078. Es ist das allerkleinste Atomgewicht oder, anders ausgedrückt, ist das Wasserstoffatom das leichteste Atom. Das schwerste bekannte Atom ist das des Urans; für dieses Element ergibt sich das Atomgewicht zu 238,2.

56. Der Atomismus der Elektrizität.

Die Daltonsche Entdeckung der fundamentalen Gesetzmäßigkeiten der Chemie fand im Jahre 1833 eine physikalisch höchst bedeutungsvolle Ergänzung in der Auffindung der *elektrochemischen Grundgesetze* durch F a r a d a y. Die Daltonsche Entdeckung hatte eine befriedigende Deutung durch die Hypothese des Atomismus der Materie gefunden; die Faradaysche Entdeckung fand eine einfache Erklärung, als die Physik dem Atomismus der Materie einen Atomismus der Elektrizität zur Seite stellte.

Die Beobachtungen über die Elektrizitätsleitung in Flüssigkeiten zeigten schon früh, daß jede einen Strom leitende Flüssigkeit dabei eine Zersetzung, eine sogenannte Elektrolyse erfährt. Wenn man beispielsweise den elektrischen Strom durch Salzsäure, also eine wässerige Lösung von Chlorwasserstoff, hindurchsendet, so wird an der Eintrittsstelle des Stromes, der sogenannten Anode, Chlor abgeschieden und an der Austrittsstelle des Stromes, der sogenannten Kathode, Wasserstoff.

Schon im Beginne des 19. Jahrhunderts wurde die Elektrolyse dahin gedeutet, daß in einer Lösung die Molekeln des gelösten Stoffes in zwei entgegengesetzt elektrisch geladene Komponenten, in sogenannte *Ionen,* gespalten sind und die positiven Ionen zu der Kathode, hingegen die negativen zu der Anode fortwandern. Die Elektrizitätsleitung der Flüssigkeiten beruht also nach dieser Vorstellung auf einem Transport elektrisch geladener Atome, so daß in der Tat keine Leitung ohne gleichzeitige Ausscheidung von Zersetzungsprodukten möglich erscheint.

Faraday fand nun zunächst, daß die in einer bestimmten Zeit elektrolytisch ausgeschiedene Menge eines bestimmten Stoffes einzig und allein von der Elektrizitätsmenge abhängt, die in dieser Zeit durch den flüssigen Leiter hindurchgegangen ist, und dieser Elektrizitätsmenge proportional ist. Wenn wir z. B. an die Ausscheidung von Wasserstoff denken, kann dies nur so gedeutet werden, daß jedem ionisierten Wasserstoffatom dieselbe Elektrizitätsmenge anhaftet, die eben von ihm mittransportiert wird.

Ist nun, so mußte man sich wohl fragen, diese Elektrizitätsmenge eine für den Wasserstoff als solchen charakteristische Größe oder ist sie von allgemeinerer Bedeutung? Wenn wir statt Wasser etwa Silber ausscheiden, haftet dann den ionisierten Silberatomen dieselbe Elektrizitätsmenge wie den Wasserstoffatomen an oder eine andere? Wie Faraday fand, verhalten sich bei gleicher Stromstärke die in derselben Zeit ausgeschiedenen Gewichtsmengen von Wasserstoff und Silber zueinander wie ihre Atomgewichte; d. h. also, anders ausgedrückt, daß bei gleicher Stromstärke in bestimmter Zeit genau ebensoviel Atome von Silber wie von Wasserstoff ausgeschieden werden [1].

Wir müssen somit annehmen, daß tatsächlich eine bestimmte Elektrizitätsmenge eine universelle Konstante darstellt, die von der speziellen Natur des Wasserstoffs oder Silbers unabhängig ist. Diese Größe wird als das *elektrische Elementarquantum* [2] bezeichnet, und in ihr müssen wir sozusagen das Atom der Elektrizität erblicken.

Begreiflicherweise beschäftigte die Physiker, seitdem sie erst den Atomismus der Elektrizität erkannt hatten, auf das lebhafteste die Frage der tatsächlichen Größe des elektrischen Elementarquantums, und besonderes Interesse erweckten natürlich die Möglichkeiten, dieses Elementarquantum direkt zu bestimmen, ohne dabei irgendwelche Erkenntnisse über den Atomismus der Materie benutzen zu müssen. Schon in den allerletzten Jahren des 19. Jahrhunderts gelang es, auf einem solchen Wege das Elementarquantum angenähert zu ermitteln[3]. Die vollkommenste Methode seiner Bestim-

---

[1] Bei Silber liegen die Verhältnisse allerdings insoferne einfach, als es sich hier um einen einwertigen Grundstoff handelt. Man nennt ein Element dann einwertig, wenn sich je ein Atom davon mit je einem Atom Wasserstoff verbindet. Hingegen ist z. B. Sauerstoff zweiwertig und Stickstoff dreiwertig, weil sich ein Sauerstoffatom mit je zwei und ein Stickstoffatom mit je drei Wasserstoffatomen verbindet (Wasser bzw. Ammoniak). Von einem zweiwertigen Grundstoff werden bei der Elektrolyse durch die gleiche Elektrizitätsmenge nur halb soviel Atome ausgeschieden wie bei Silber, von einem dreiwertigen nur ein Drittel. Wir müssen daraus schließen, daß bei der Elektrolyse einem zweiwertigen Atom zwei, einem dreiwertigen drei Elementarladungen anhaften usw.

[2] Natürlich nicht zu verwechseln mit dem elementaren Wirkungsquantum!

[3] Diese Bestimmungen benutzten langsam fallende, im Laboratorium er-

mung schuf dann um das Jahr 1910 der amerikanische Physiker Millikan.

Die Millikansche Methode (die übrigens kurz vorher auch von Ehrenhaft ersonnen worden war) beruht auf einem verhältnismäßig einfachen Prinzip. Denken wir uns schwach geladene Materieteilchen in einem aufwärts gerichteten elektrischen Felde, so unterliegen sie dem gleichzeitigen Einfluß zweier einander widerstrebender Kräfte: der die Teilchen aufwärts ziehenden elektrischen Kraft und der sie abwärts treibenden eigenen Schwere. Wird nun die elektrische Kraft so reguliert, daß sie nur ganz wenig über die Schwere überwiegt, so kann man mittels eines Mikroskops ein *einzelnes* solches Teilchen stundenlang in seiner Auf- und Abwärtsbewegung verfolgen, indem man das elektrische Feld im geeigneten Augenblick ein- und wieder ausschaltet; denn durch den starken Widerstand der Luft werden die Bewegungen außerordentlich verlangsamt[1]. Millikan arbeitete mit winzigen *Öltröpfchen* von etwa ein tausendstel Millimeter Durchmesser. Er gewann sie durch Zerstäubung von Öl, wobei infolge der damit verbundenen Reibung die Tröpfchen stets ganz schwache positiv elektrische Ladungen erlangen.

Die Physiker kannten nun schon seit der Mitte des 19. Jahrhunderts eine Beziehung, die es gestattet, aus der beobachteten Fallgeschwindigkeit kleiner kugelförmiger Teilchen in Luft den Durchmesser und damit das Gewicht eines solchen Teilchens zu berechnen. Die elektrische Feldstärke[2] war natürlich bei Millikans Versuchen ohne weiteres meßbar; und da das Gewicht eines schwebenden Tröpfchens der durch das Produkt aus Ladung und Feldstärke dargestellten elektrischen Kraft gleich sein muß, konnte somit die Ladung einzelner Öltröpfchen ermittelt werden.

---

zeugte kleine Nebelwolken. Bei ihnen konnte man einerseits die Größe eines einzelnen Tropfens und somit bei gemessenem Gesamtgewicht einer Wolke die Zahl der Tropfen ermitteln; andererseits konnte die gesamte elektrische Ladung der Wolke bestimmt werden. Indem sie durch die Tropfenzahl dividiert wurde, ergab sich ungefähr das Elementarquantum.

[1] Der große Widerstand, verursacht durch die Reibung der Luft, ist natürlich wiederum eine Folge der Kleinheit der Teilchen; er bewirkt es, daß die Fallbewegung praktisch beschleunigungsfrei mit konstanter Geschwindigkeit erfolgt.

[2] Wegen des Begriffs der Feldstärke sei an Abschnitt 22 erinnert.

Millikans Messungen, die an vielen Tausenden von Tröpfchen einzeln durchgeführt wurden, zeigten nun in der Tat, daß, wie man es auf Grund der Vorstellung eines Atomismus der Elektrizität erwarten mußte, die kleinsten Ladungen untereinander in einfachen *ganzzahligen* Verhältnissen stehen. Die zweitkleinste erwies sich als gerade doppelt so groß wie die allerkleinste beobachtete, die drittkleinste als dreimal so groß wie die kleinste, und so fort.

Als die kleinste Ladung, die somit mit dem elektrischen Elementarquantum identifiziert werden durfte, ergab sich eine Elektrizitätsmenge von

$$4{,}774 \cdot 10^{-10} \text{ elektrostatischen Einheiten,}$$

und zwar mit einer derartigen Genauigkeit, daß der mögliche Fehler kaum größer als ein Promille des angegebenen Wertes sein dürfte. Das elektrische Elementarquantum stellt also eine sehr kleine Ladung dar; die Ladungen, die Hollundermarkkügelchen durch Reibung erlangen, machen bereits Milliarden Elementarquanten aus.

57. Die absoluten Gewichte der Atome.

F a r a d a y hat bereits festgestellt, daß bei der Elektrolyse ein Strom von 1 Ampere in einer Sekunde 0,01044 Milligramm Wasserstoff ausscheidet. Es befördert, wie wir früher sahen [1], ein Strom von 1 Ampere in einer Sekunde 3000 Millionen elektrostatische Einheiten. Auf Grund der Millikanschen Messungen ergibt dies $6{,}285 \cdot 10^{18}$ elektrische Elementarquanten, die also auf 0,01044 Milligramm Wasserstoff entfallen. Nun stellt aber ein elektrisches Elementarquantum die Ladung eines einzelnen Wasserstoffatoms dar, und somit müssen in 0,01044 Milligramm Wasserstoff $6{,}285 \cdot 10^{18}$ Atome enthalten sein. Wenn man die erste Zahl durch die zweite dividiert, erhält man somit in Milligramm das genaue *Gewicht eines einzelnen Wasserstoffatoms*. Es beträgt (wir rechnen von Milligramm auf Gramm um)

$$1{,}662 \cdot 10^{-24} \text{ Gramm.}$$

Indem wir das sog. Atomgewicht des Wasserstoffs, also 1,0078, durch das Gewicht eines einzelnen Wasserstoffatoms

---

[1] Vgl. Abschnitt 18.

dividieren, erhalten wir eine wichtige universelle Konstante; nämlich diejenige Zahl, durch die man die in den chemischen Tabellen verzeichneten „Atomgewichte" dividieren muß, um die absoluten Gewichte der Atome der verschiedenen Elemente zu finden. Für diese Zahl erhalten wir nach dem vorhin Gesagten

$$6,06 \cdot 10^{23}.$$

Diese Zahl wird entweder als Avogadrosche oder als Loschmidtsche *Zahl* bezeichnet; ersteres zu Ehren eines italienischen Chemikers, der um 1820 die Daltonsche Atomtheorie weiter ausgestaltete[1]; letzteres zum Andenken an einen österreichischen Physiker, der im Jahre 1865 als erster die absolute Größe der Atome angenähert bestimmte[2] und dadurch zuerst den Spekulationen über die Kleinheit der Atome eine Schranke setzte.

Die Werte, die die moderne Physik für die Masse des Wasserstoffatoms und somit für die Loschmidtsche Zahl anzugeben vermag, sind äußerst genau; auch hier beträgt der mögliche Fehler kaum mehr als ein Promille[3]. Man kann wohl sagen, daß heute der Naturforschung der Wert der Atommasse viel genauer und mit viel größerer Sicherheit bekannt ist als etwa der Wert der Masse der Erde; doch nicht bloß nach einer, sondern nach den mannigfachsten, untereinander unabhängigen Methoden konnte die moderne Physik das Gewicht der Atome ermitteln, und alle diese Methoden liefern innerhalb geringer Fehlergrenzen dieselben Werte.

Wie uns die Loschmidtsche Zahl zeigt, enthalten selbst die kleinsten wahrnehmbaren Gegenstände des täglichen Lebens kaum vorstellbar große Zahlen von Atomen. Das kleinste mit freiem Auge noch sichtbare Staubkörnchen enthält mehr Atome, als die Zahl aller lebenden Menschen beträgt. Denken wir uns die Atome der in einem Wasserglas enthaltenen Luft ausgeschüttet und dabei auf die Größe von Erbsen vergrößert, so würden sie die Fläche ganz Europas rund hundert Meter hoch bedecken.

---

[1] Vgl. Abschnitt 71.

[2] Vgl. Abschnitt 72.

[3] Es erklärt sich dies daraus, daß die am Beginne dieses Abschnittes angegebene sogenannte Faradaysche Konstante mit einer noch viel schärferen Genauigkeit bestimmt werden konnte.

58. Die Kathodenstrahlen.

Bis fast zum Ende des 19. Jahrhunderts war das leichteste aller Atome, das *Wasserstoffatom*, auch als das kleinste überhaupt mögliche Materieteilchen angesehen worden. Es bedeutete daher eine wissenschaftliche Sensation ersten Ranges, als im Jahre 1896 Lorentz die Existenz von Materieteilchen verkündete, die mit je einem Elementarquantum negativ geladen, aber rund *zweitausendmal leichter* als das Wasserstoffatom sind. Lorentz fand seine Vermutung zunächst durch den in einem späteren Abschnitt zu besprechenden Zeeman-Effekt (magnetische Zerlegung von Spektrallinien) bestätigt; völlig klar wurde indessen die Existenz dieser kleinsten, negativ elektrischen Teilchen durch die nähere Erforschung der *Kathodenstrahlen*.

Diese Strahlen treten bei elektrischen Entladungen in sehr stark *verdünnten Gasen* auf. Wird Elektrizität durch eine Glasröhre geleitet, in der die Luft verdünnt ist[1], so beobachtet man, wie schon Faraday fand, daß die Eintrittsstelle von rotem sogenannten Anodenlicht, die Austrittsstelle hingegen von blauem „Kathodenlicht" umhüllt ist. Geht die Verdünnung so weit, daß die Röhre nur ungefähr den millionsten Teil der normalen Luftmenge enthält, so breitet sich das Kathodenlicht immer mehr in der Form sogenannter Kathodenstrahlen aus, die die Glaswand zu grünem Selbstleuchten (sogenannter Fluoreszenz) bringen. Hindernisse, die sich der Ausbreitung der Kathodenstrahlen in den Weg stellen, werfen auf der hellgrün leuchtenden Glaswand einen scharfen Schatten. Auch eine beträchtliche Wärmewirkung kommt den Strahlen zu; konzentriert man sie auf ein in der Röhre angebrachtes Platinblech, so kann man dieses in helle Glut versetzen.

Die Kathodenstrahlen wurden um das Jahr 1860 von Plücker entdeckt und später vor allem von Hittorf und von Crookes erforscht. Hittorf entdeckte auch bereits die *magnetische Ablenkung* der Strahlen. Wenn man einem

---

[1] Nach ihrem Vervollkommner werden solche Röhren gewöhnlich Geisslersche Röhren genannt.

Kathodenstrahlbündel einen Magneten so nähert, daß die magnetischen Kraftlinien zu der Richtung der Strahlen senkrecht sind, so wird das Bündel zu einem Kreise gekrümmt. Auch in einem elektrischen Felde erfahren die Kathodenstrahlen eine Ablenkung; sie werden zu Parabeln verbogen; d. h. sie beschreiben eine Bahn von ähnlicher Form wie etwa ein geworfener Stein unter dem Einfluß der Schwereanziehung der Erde.

Die Eigentümlichkeiten der Kathodenstrahlen finden nun, wie die Physiker am Ende des 19. Jahrhunderts erkannten, eine einfache Erklärung durch die Annahme, daß die Strahlen aus rasch bewegten *elektrisch* geladenen Teilchen bestehen, die zugleich *Masse* besitzen. Infolge ihrer Masse müssen sich nämlich die Strahlteilchen wie jeder Körper geradlinig fortbewegen, wenn sie keinem merklichen äußeren Einfluß unterliegen; wenn die Bewegung sehr rasch ist, ist aber die Schwere ebenso ohne merklichen Einfluß auf die geradlinige Bewegung wie etwa bei einer auf ein nahes Ziel abgeschossenen Gewehrkugel. Wenn die Teilchen elektrisch geladen sind, müssen sie natürlich in einem elektrischen Felde eine Ablenkung erfahren, andererseits aber auch infolge ihrer Bewegung einen elektrischen Strom darstellen[1] und als solcher in einem Magnetfeld abgelenkt werden[2]. Auf Grund dieser Annahmen konnte aus dem Sinne der beobachteten Ablenkung auch leicht erkannt werden, daß die den Kathodenstrahlteilchen anhaftende Ladung *negativ* ist.

Indem man die Ablenkungen in dem elektrischen und magnetischen Felde ausmißt, gewinnt man zwei Beziehungen, mittels deren zwei für die Kathodenstrahlen charakteristische Größen bestimmt werden können. Die eine ist die *Geschwindigkeit*, mit der sich die Teilchen bewegen, die andere das *Verhältnis* zwischen ihrer *Ladung* und ihrer *Masse*. Diese Bestimmungen sind zuerst 1897 J. J. Thomson und Kaufmann geglückt. Die Geschwindigkeit erwies sich als ungeheuer groß und von der Röhrenspannung, also der Voltzahl, abhängig (deren Quadratwurzel sie proportional ist).

---

[1] Vgl. das in Abschnitt 18 über die Konvektionsströme Gesagte!
[2] Vgl. Abschnitt 23.

Bei einer Spannung von 10000 Volt beträgt die Geschwindigkeit etwa 60000 Kilometer pro Sekunde oder rund den fünften Teil der Lichtgeschwindigkeit.

Für das Verhältnis der Ladung zur Masse ergaben die Experimente einen Wert, der rund zweitausendmal größer ist als das Verhältnis zwischen dem elektrischen Elementarquantum und der Masse des Wasserstoffatoms. Wenn man in naheliegender Weise annimmt, daß die Ladung eines Kathodenstrahlteilchens gerade ein elektrisches Elementarquantum beträgt, so ergibt sich somit die Masse des Strahlteilchens rund zweitausendmal kleiner als die Masse des Wasserstoffatoms. Spätere genauere Messungen ergaben für das Verhältnis der beiden Massen den Wert 1848. Die negativen Urteilchen der Materie, deren Masse soviel mal kleiner ist als die Masse des leichtesten Atoms, werden seit dem Ende des 19. Jahrhunderts allgemein als *Elektronen* bezeichnet. Ihre Masse beträgt nach dem eben Gesagten

$$8{,}99 \cdot 10^{-28} \text{ Gramm.}$$

Die elektrischen Spannungen der Kathodenstrahlröhren, wie sie um die Jahrhundertwende benutzt wurden, betrugen zwischen einigen hundert und einigen zehntausend Volt. Später ist man unter allmählicher Überwindung großer technischer Schwierigkeiten um 1925 bis zu einigen hunderttausend Volt und schließlich seit 1930 bis zu mehreren Millionen Volt vorgedrungen. Strahlen dieser Spannung dringen durch ein dünnes, in der Röhre angebrachtes Aluminiumfenster viele Meter in gewöhnlicher Luft fort und üben stärkste biologische Wirkungen aus; sie spielen eine besondere Rolle in der künstlichen Atomzertrümmerung, in welchem Zusammenhange von ihnen noch eingehender die Rede sein wird[1].

Außer den künstlich erzeugten kennt die Physik auch „natürliche" Elektronenstrahlen von sehr hoher Geschwindigkeit. Sie sind in der Strahlung enthalten, die von den sogenannten *radioaktiven* Substanzen ausgeht. Im Jahre 1896 entdeckte nämlich Becquerel, daß Uranerze ohne jede äußere Einwirkung ständig Strahlen aussenden, die eine

---

[1] Siehe Abschnitt 65.

photographische Platte auch durch eine undurchsichtige Hülle hindurch schwärzen und die Luft (durch Ionisierung) leitend machen [1]. Zwei Jahre später, 1898, fanden Pierre und Marya Curie, daß die Quelle der von den Uranerzen ausgesandten Strahlen vor allem Verbindungen eines damals noch unbekannten Metalls sind; und es gelang ihnen tatsächlich, diese Verbindungen zu isolieren und damit das *Radium* zu entdecken [2].

Die nähere Untersuchung zeigte, daß radioaktive Präpärate ständig als sogenannte *Beta* (β)-*Strahlen* Schwärme von Elektronen aussenden, die Geschwindigkeiten von etwa 30 bis zu 99,8 % der *Lichtgeschwindigkeit* aufweisen, welch letztere sich somit als obere Schranke für die Elektronengeschwindigkeiten ergibt [3]. Den raschesten β-Strahlen entsprechen Spannungen von 4 Millionen Volt.

Zu den Kathodenstrahlen gehören auch die schon früher im Zusammenhang mit der Verstärkerröhre besprochenen Schwärme von Elektronen, die, wie Richardson im Jahre 1903 entdeckte, von *glühenden Körpern* ausgehen; die Zahl der ausgesandten Elektronen hängt für einen gegebenen Körper dabei nur von der Temperatur ab.

59. Die Alpha-Strahlen.

Wer im Dunkeln eine Ziffer einer der gebräuchlichen Leuchtuhren mit einer guten Lupe oder, noch besser, mittels eines Mikroskops betrachtet, kann leicht eine unmittelbare experimentelle Bestätigung der atomistischen Auffassung der Materie gewinnen. Denn er beobachtet ein wundervoll anzusehendes Miniatur-Feuerwerk von zahlreichen winzigen, scheinbar durcheinanderlaufenden Funken [4]; und ein jeder dieser kleinen Blitze gibt Kunde von einem Prozeß, an dessen Auslösung nur ein einziges Atom beteiligt ist. Das wahr-

---

[1] Dies äußert sich dadurch, daß ein in der Nähe aufgestelltes Elektroskop seine Ladung verliert.

[2] Die Herstellung metallischen Radiums ist allerdings erst viel später (1910) Frau Curie gelungen.

[3] Hierüber und auch über die Massenzunahme s. Abschnitt 75.

[4] Das Auge muß natürlich gut ausgeruht und seine Empfindlichkeit im Dunkeln bereits genügend gestiegen sein.

genommene Phänomen wird nämlich durch radioaktive Substanz hervorgerufen, die in ganz kleinen Mengen dem auf den Zeigern und Ziffern der Leuchtuhr aufgetragenen Zinksulfid beigemischt ist.

Es wurde bereits erwähnt, daß radioaktive Präparate ständig Elektronen in der Form sogenannter β-Strahlen aussenden. Wie die Beobachtung zeigt, gehen aber von radioaktiven Präparaten überdies auch solche Strahlen aus, die in einem Magnetfeld in entgegengesetztem Sinne wie die β-Strahlen abgelenkt werden und daher als *positiv* elektrisch angesehen werden müssen. Die Ablenkung ist bei diesen sogenannten *Alpha* (α)-*Strahlen* wesentlich schwächer, woraus wir schließen müssen, daß sie eine viel größere Masse als Elektronen haben [1].

Wenn man in die unmittelbare Nähe eines radioaktiven Präparates eine mit Zinksulfid bedeckte Platte bringt, so nimmt man, wie schon beschrieben, winzige Lichtblitze, sogenannte Szintillationen [2], wahr, und es liegt jedesfalls die Annahme nahe, daß jeder Lichtblitz durch das Auftreffen eines einzelnen Alpha-Strahl-Teilchens verursacht wird. Die Szintillationen ermöglichen derart eine direkte Zählung der von einem radioaktiven Präparate ausgehenden α-Teilchen. Man bringt dazu unmittelbar vor das Präparat eine für α-Strahlen undurchlässige Blende (z. B. aus Blei) mit kleiner Öffnung, und indem man die etwa in einer Minute wahrgenommenen Lichtblitze zählt, kann man direkt berechnen, wieviel α-Teilchen das Präparat in einer Minute oder Sekunde aussendet.

So hat man gefunden, daß ein Präparat, das ein Milligramm Radium enthält (z. B. in der Form von 1,314 Milligramm Radiumchlorid), in der Sekunde 37,2 Millionen α-Teilchen aussendet. War einmal diese Zahl bekannt, so konnte man aber nun auch leicht die Ladung eines einzelnen α-Teilchens ermitteln. Man brauchte dazu nur in die Nähe des

---

[1] Die Ablenkung wird natürlich um so größer, je leichter das beeinflußte Teilchen ist.

[2] Scintilla heißt auf Lateinisch der Funke. Bei der Beobachtung an einer Leuchtuhr prallen die von einzelnen Atomen der radioaktiven Substanz ausgesandten α-Teilchen gegen die Kristalle der Leuchtmasse.

entsprechend abgeblendeten Präparates eine Metallplatte zu bringen, die durch die aufprallenden α-Teilchen positiv aufgeladen wurde, und die erzielte Ladung zu messen. So erhielt man das bedeutungsvolle Resultat, daß die positive Ladung eines einzelnen α-Teilchens genau *zwei Elementarquanten* beträgt.

Ebenso wie bei Kathoden- oder β-Strahlen kann natürlich auch bei den positiv elektrischen α-Strahlen durch Messung der magnetischen und elektrischen Ablenkung die Geschwindigkeit und das Verhältnis zwischen Ladung und Masse ermittelt werden. Man fand, daß die Geschwindigkeit etwa 5 bis 7% der Lichtgeschwindigkeit (also weniger als bei β-Strahlen) beträgt und das Verhältnis zwischen Ladung und Masse halb so groß ist wie bei einem ionisierten Wasserstoffatom im Falle der Elektrolyse. Da die Ladung zu zwei Elementarquanten bestimmt wurde (also doppelt so groß wie bei dem Wasserstoffatom), ergibt sich somit die Masse eines α-Teilchens viermal so groß wie die eines Wasserstoffatoms.

Nun gibt es tatsächlich einen chemischen Grundstoff, dessen Atomgewicht vier beträgt, nämlich das bekanntlich zum Füllen von Luftschiffen verwendete Gas Helium[1]. Es lag somit die Vermutung nahe, daß die α-Teilchen mit *Heliumatomen* identisch seien; allerdings, wie man aus der positiven Ladung von zwei Elementarquanten schließen mußte, mit solchen Heliumatomen, die um zwei Elektronen weniger als im normalen, elektrisch neutralen Zustand[2] enthalten.

In der Tat vermochten 1903 R a m s a y und S o d d y zu zeigen, daß radioaktive Stoffe wie Radium oder Thorium imstande sind, Helium zu bilden[3]. Damit war zum ersten Male die Entstehung eines bereits von früher her bekannt gewesenen chemischen Elementes aus einem anderen Element festgestellt — ein Vorgang, der noch zehn Jahre vorher von den meisten Chemikern für völlig undenkbar gehalten worden

---

[1] Das Gas Helium wurde zuerst auf spektralanalytischem Wege in der Atmosphäre der Sonne (daher der Name; Helios = Sonne) entdeckt, und erst später in der irdischen Atmosphäre und dann in Mineralien und Quellen.

[2] Denn ein neutraler Körper, der negative Ladung in bestimmtem Betrag abgibt, erlangt dadurch eine positive Ladung von gleichem Betrag.

[3] Der Nachweis erfolgte auf spektroskopischem Wege.

wäre. Rutherford vermochte dann sogar direkt nachzuweisen, daß sich das Helium aus den α-Teilchen bildet. Er brachte ein radioaktives Präparat in eine ganz dünnwandige Glasröhre, die hernach zugeschmolzen wurde, und durch deren Wände die α-Strahlen leicht hindurchgehen konnten. Diese dünne Glasröhre wurde in einem zweiten Glasgefäß eingeschlossen, dessen Wände aber zu dick waren, um α-Strahlen hindurchzulassen. Nach einiger Zeit konnte das Auftreten von Helium spektralanalytisch nachgewiesen werden.

Die Menge des Heliums, die von 1 Milligramm Radium in einem Jahre produziert wird, konnte durch direkte Messungen bestimmt werden; es sind 0,042 Kubikmillimeter [1]. Unter Benutzung der Loschmidt'schen Zahl und der bekannten Dichte sowie des Atomgewichtes des Heliums kann man leicht ausrechnen, daß in diesen 0,042 cmm 1150 Billionen Heliumatome enthalten sind. Ein Milligramm Radium produziert also diese Zahl von Heliumatomen in einem Jahre oder rund 36 Millionen in einer Sekunde. Diese Zahl deckt sich aber nahezu vollkommen mit der früher angegebenen, durch direkte Zählung ermittelten Anzahl der von 1 Milligramm Radium in einer Sekunde ausgesandten α-Teilchen. Die gute Übereinstimmung der beiden Zahlen muß natürlich als eine glänzende Bestätigung der atomistischen Idee angesehen werden.

60. Die Kernstruktur der Atome.

Seit jeher ist es das lebhafte Bestreben der Atomistiker gewesen, atomare Vorgänge sichtbar zu machen. In überraschend schöner Weise ist dies 1912 C. T. R. Wilson durch seine Photographien der Bahnen einzelner α-Teilchen gelungen. Wilson benutzte die Tatsache, daß sich in übersättigtem Wasserdampf [2] um elektrisch geladene Teilchen Tröpfchen kondensieren. Er brachte nun ein winziges Radiumpräparat in ein durchsichtiges Kästchen, in dem er über-

---

[1] Tatsächlich wird viermal soviel Helium produziert; aber hiervon entfällt nur ein Viertel auf Radium selbst, die anderen drei Viertel hingegen auf drei Umwandlungsprodukte des Radiums (Radium A, Radium B und Radium C).

[2] Wegen des Begriffs des übersättigten Wasserdampfes vgl. Abschnitt 45.

sättigten Wasserdampf erzeugte. Die von dem Präparat ausgehenden α-Teilchen rufen infolge ihrer elektrischen Ladung durch Tröpfchenbildung feine *Nebelstreifen* hervor; von ihnen vermochte Wilson Photographien herzustellen, die somit die Bahnen einzelner α-Teilchen abbildeten (Abb. 61)[1].

Wie die Wilsonschen Photographien zeigen, sind die Bah-

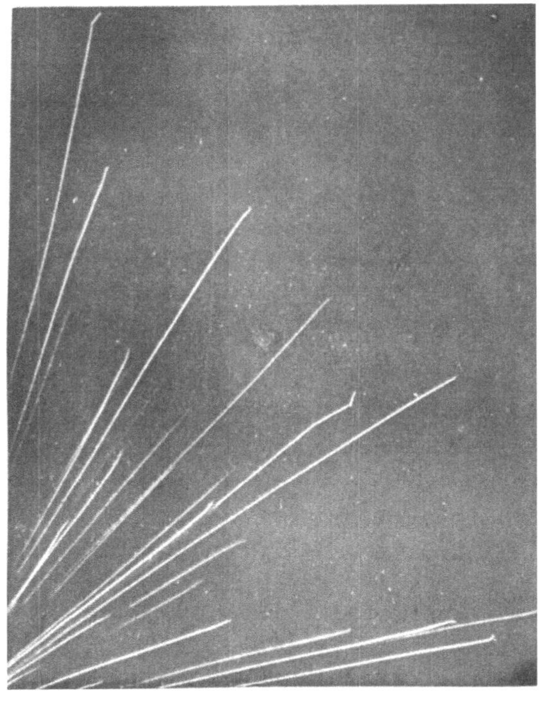

Abb. 61. Bahnen von α-Strahlen nach der Wilsonschen Methode. (Aus Westphal, W. H.: Physik. 3. Aufl. Berlin: Julius Springer 1933.)

nen der α-Teilchen geradlinig und hören plötzlich auf, zeigen aber in vielen Fällen knapp vor dem Ende einen scharfen Knick um einen beträchtlichen Winkel. Nun durchdringen die α-Teilchen gewöhnliche Luft einige Zentimeter weit, und

---

[1] Mittels einer von dem japanischen Physiker Shimizu ersonnenen Apparatur kann man die Bahnen der einzelnen α-Teilchen dem Auge eines Beobachters auch direkt wahrnehmbar machen.

daraus mußte geschlossen werden, daß ein α-Teilchen durch viele Tausende von Atomen hindurchgeht. Auf Grund der Wilsonschen Photographien ergab sich also die Annahme, daß im allgemeinen die α-Teilchen trotz ihrer positiven Ladung die Atome ohne jede Richtungsänderung durchqueren und daß nur in Ausnahmefällen eine sehr stark ablenkende Kraft das α-Teilchen aus seiner Richtung wirft.

Da elektrische Kräfte mit abnehmender Distanz sehr rasch zunehmen (nämlich, wie wir bei Besprechung des Coulombschen Gesetzes [1] sahen, im umgekehrt quadratischen Verhältnis), müssen die Wilsonschen Aufnahmen wohl dahin interpretiert werden, daß jedes Atom einen *positiv elektrischen Kern* enthält, der nur einen sehr geringen Teil des gesamten Volumens des Atoms erfüllt.

Wenn wir aber nun den nach außen hin normalerweise unelektrischen Atomen positive Kerne zuschreiben, müssen wir wohl weiterhin annehmen, daß die positive Kernladung durch *Elektronen* kompensiert ist, die den Kern umgeben. Die negativ elektrischen Elektronen unterliegen natürlich einer von dem positiven Kerne ausgehenden elektrischen Anziehung, und diese muß offenbar irgendwie ausgeglichen sein, wenn ein Atom dauernden Bestand haben soll. Am ehesten kann dieser Ausgleich durch eine rasche *Umlaufsbewegung* der den Kern umgebenden Elektronen bewerkstelligt werden, weil dann der Anziehung eine Fliehkraft der Elektronen entgegenwirkt.

Das Modell des Atoms, zu dem wir so gelangt sind, wurde 1911 von R u t h e r f o r d aufgestellt [2]; es vergleicht die Atome mit winzigen *Planetensystemen*, in denen der Kern den Platz der Sonne einnimmt.

Vielerlei Beobachtungen führen zu dem Schlusse, daß die Atomkerne einen Durchmesser von ungefähr 10^{-13} cm und die Atome selbst einen solchen von etwa 10^{-8} cm haben. Von der Kleinheit der Atome können wir vielleicht durch folgenden Vergleich eine Anschauung gewinnen. Denken wir uns

---

[1] Vgl. Abschnitt 17.

[2] Das Rutherfordsche Atommodell ist etwas älter als die Wilsonschen Ergebnisse, die das Modell bestätigten.

einen Globus, wie er im Unterrichte verwendet wird und der
einen Durchmesser von ungefähr einem halben Meter habe.
Nehmen wir nun an, wir könnten den Globus so wunderbar
fein und genau gestalten, daß er sogar alle Obstbäume auf
der Erde modellmäßig wiedergebe. Dann hätten die Modelle
kleiner Früchte, wie etwa von Kirschen, die tatsächliche
Größe von Atomen; aber erst die Modelle der allerwinzigsten,
mit freiem Auge noch erkennbaren Staubkörnchen würden
bei dieser ungeheuren Verkleinerung der tatsächlichen Größe
von Atomkernen gleichkommen.

61. Die Röntgenstrahlen.

Im Jahre 1895 glückte Röntgen die nicht nur für die
Physik selbst, sondern auch für manche Nachbarwissenschaft
bahnbrechende Entdeckung, daß ein von Kathodenstrahlen
getroffener Gegenstand selbst Strahlen aussendet, die viele
undurchsichtige Gegenstände zu durchdringen vermögen. Bei
Röntgens erster, mehr zufälliger Beobachtung gingen die neu
entdeckten Strahlen von der Glaswand einer Gasentladungs-
röhre aus. Die ersten praktisch brauchbaren *Röntgenröhren*
ergaben sich durch Einführung einer der Kathode gegenüber-
gestellten „Antikathode“ aus hitzebeständigem Metall, auf die
die Kathodenstrahlen konzentriert werden.

Durch viele Jahre bediente sich die vor allem wegen der
medizinischen Anwendungen rasch aufblühende Röntgentechnik ausschließlich *gasgefüllter* Röhren, die einen Druck von
ungefähr $1/_{200}$ bis $1/_{20}$ mm Quecksilber aufwiesen [1]. Bei ihnen
wurden die Kathodenstrahlen durch die auf die Kathode auftreffenden ionisierten Gasatome ausgelöst. Der Nachteil dieser Röhren bestand vor allem darin, daß bei ihnen das Durchdringungsvermögen, die sogenannte Härte, von dem Gasdruck
abhing, und daß infolgedessen bei längerem Gebrauch (wahrscheinlich infolge von sogenannten Adsorptionserscheinun-
gen) die Röhren zu hart und damit unbrauchbar wurden [2]

---

[1] Bekanntlich entsprechen dem normalen Luftdruck 760 mm Quecksilber.

[2] Zu harte Strahlung liefert unscharfe Röntgenbilder, weil sie auch durch
die Knochen hindurchgeht; ebenso muß aber auch zu weiche Strahlung
vermieden werden, weil solche in den Muskelpartien absorbiert wird.

und dann einer besonderen „Regenerierung" bedurften. Vor allem aber war es in gasgefüllten Röhren nicht möglich, obwohl es so wünschenswert war, *Härte* und *Intensität* der Röntgenstrahlen *unabhängig* voneinander zu variieren.

Es bedeutete daher einen umwälzenden Fortschritt in der Röntgentechnik, als im Jahre 1913 dem amerikanischen Physiker Coolidge die Konstruktion einer hochevakuierten und daher praktisch *gasfreien* Röntgenröhre gelang, bei der die Röntgenstrahlen nur durch die von einem *glühenden* Drahte ausgesandten Elektronen erzeugt werden; denn durch Verstärkung oder Schwächung des Heizstroms, der den Draht zum Glühen bringt, kann man die Zahl der ausgesandten Elektronen und damit die Intensität der erzeugten Röntgenstrahlen regulieren, während unabhängig davon die Härte durch Änderung der Röhrenspannung variiert werden kann. Ein weiterer Vorzug der gasfreien Röhre ist, daß sich in ihr recht hohe Spannungen (sogar bis zu rund einer halben Million Volt) erreichen und somit sehr harte Röntgenstrahlen erzeugen lassen, wie sie für bestimmte therapeutische Zwecke und für Materialuntersuchungen erforderlich sind.

Bei den gasfreien Röntgenröhren besteht gewöhnlich die Kathode aus einer heizbaren Wolframspirale, der eine ebenfalls aus Wolfram verfertigte Antikathode gegenübersteht. Bei den Röhren, die medizinisch-diagnostischen Zwecken dienen sollen, geht das Streben vor allem nach der Erzielung sehr scharfer Bilder. Der Brennfleck auf der Antikathode wird darum möglichst klein eingerichtet, damit er wie eine punktförmige Strahlenquelle wirke. Zur Verkürzung der Expositionsdauer bei der Bildaufnahme erhöht man tunlichst die Intensität der Strahlen. Die Antikathode wird ständig durch Wasser gekühlt, um zu verhindern, daß sie durch den Elektronenaufprall ins Glühen gerät und dadurch selbst Elektronen aussendet. Moderne Röntgenröhren sind gewöhnlich völlig von dickem, undurchdringlichem Metall umschlossen und gestatten nur an einer einzigen Stelle den Strahlen den Austritt[1].

---

[1] Auch in den besten Röhren wird kaum ein Prozent der Energie der Kathodenstrahlen in Röntgenstrahlung umgesetzt!

Obwohl sich die Röntgentechnik sehr rasch zu beträchtlicher Höhe entwickelte, blieb die physikalische Frage der
Natur der Röntgenstrahlen noch recht lange ungeklärt. Die
Physiker vermuteten allerdings, daß die Röntgenstrahlen besonders *kurzwellige elektromagnetische Wellen* darstellen;
aber verschiedene Überlegungen führten sie auch zu der Erkenntnis, daß, woferne jene Annahme richtig ist, die Wellenlänge etwa zehntausendmal kleiner als bei sichtbarem Lichte

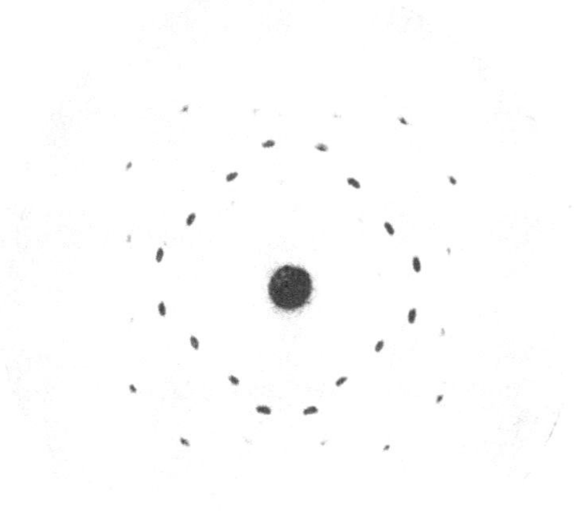

Abb. 62. Interferenzen von Röntgenstrahlen in Zinkblende.
(Aus Westphal, W. H.: Physik. 3. Aufl. Berlin: Julius Springer 1933.)

ist. Alle Versuche, an den Röntgenstrahlen Interferenz- oder
Beugungserscheinungen mittels der in der Optik gebräuchlichen Mittel, vor allem also mittels Gittern nachzuweisen,
mußten darum zunächst aussichtslos erscheinen. Da verfiel
im Jahre 1912 L a u e auf den genialen Gedanken, statt künstlicher Gitter zur *Beugung* der Röntgenstrahlen einfach *Kristalle* zu verwenden. Schon seit der Mitte des 19. Jahrhunderts erblickten nämlich die Mineralogen die Ursache der
regelmäßigen Formen der Kristalle in regelmäßigen Anordnungen der Atome innerhalb der Kristalle. Laue schloß hier-

aus, daß ein Kristall auf kurzwellige elektromagnetische Wellen wie ein Beugungsgitter wirken müßte; allerdings ist die Wirkungsweise deshalb viel komplizierter als bei optischen Gittern, weil die den Spalten entsprechenden Stellen im Kristallgitter *räumlich* angeordnet sind.

Als Laue und seine Mitarbeiter unter geeigneten Versuchsbedingungen ein Bündel von Röntgenstrahlen auf einen Kristall lenkten und hinter diesem eine photographische Platte aufstellten, erhielten sie in der Tat ein Photogramm, das in regelmäßiger symmetrischer Anordnung Gruppen schwarzer Flecken zeigte (vgl. Abb. 62). Damit war nicht nur ein unmittelbarer experimenteller Beweis für die *lichtartige* Natur der Röntgenstrahlen erbracht; aus den mannigfachen „Laue-Photogrammen" konnte auch die Struktur der Kristalle erschlossen und die Wellenlänge der abgebeugten Röntgenstrahlen errechnet werden. Hieraus ging tatsächlich hervor, daß die Wellenlängen der Röntgenstrahlen in der Größenordnung des hundertmillionsten Teiles eines Millimeters (10^{-9} cm) liegen; je härter die Strahlen sind, desto kleiner ist die Wellenlänge. Der in der Praxis benutzte Wellenlängenbereich erstreckt sich von ungefähr 0,05 bis 10 Å (1 Ångström-Einheit ist 10^{-8} cm, vgl. Abschnitt 2); doch ist die Experimentalphysik der Röntgenstrahlen noch bis zu viel größeren Wellenlängen, bis zu 1000 Å, also bis in das ultraviolette Gebiet vorgedrungen.

Die Wesensgleichheit zwischen Röntgen- und Lichtstrahlen wurde auch durch direkte Beobachtungen über die *Brechung* von Röntgenstrahlen bestätigt. Die Brechung ist allerdings nur ganz minimal, und der Brechungsindex erwies sich nur um ungefähr ein Millionstel kleiner als Eins. Von den Grundstoffen werden Röntgenstrahlen um so stärker *absorbiert*, je höher das Atomgewicht ist. Blei und Wismut sind z. B. besonders schwer durchdringbar und zeigen auch auf Röntgenphotographien besonders tiefe Schatten.

Unter den praktischen Anwendungen der Röntgenstrahlen spielt die medizinische *Röntgendiagnostik* die wichtigste Rolle. Sie beruht auf der Tatsache, daß die verschiedenen Teile des Körpers die Röntgenstrahlen verschieden stark absorbieren

und daß infolgedessen bei der Röntgendurchstrahlung Schattenbilder von Knochen und Organen des menschlichen Körpers
sowie von Fremdkörpern entstehen. Um innere Organe deutlich sichtbar zu machen, füllt man sie mit stark absorbieren-
den „Kontrastmitteln", den Magen z. B. mit Bariumsulfat.
Die Röntgenstrahlen ermöglichen übrigens auch eine direkte
Durchleuchtung des Körpers ohne photographische Aufnahme. Man benutzt dazu Fluoreszenzschirme, die im Dunkeln aufleuchten, wenn sie von Röntgenstrahlen getroffen
werden, und auf denen somit Schattenbilder der durchstrahl-
ten Objekte entstehen. Für röntgendiagnostische Zwecke werden gewöhnlich Spannungen zwischen 30000 und 100000
Volt benutzt.

Auch für *therapeutische* Zwecke finden die Röntgenstrahlen in der Medizin Verwendung. In der Tiefentherapie werden
Spannungen von einigen hunderttausend Volt benutzt; für die
Oberflächentherapie bedient man sich hingegen sehr weicher
Strahlen, sogenannter *Grenzstrahlen,* deren Wellenlänge bereits zwischen 1 und 2 Å liegt und für die Spannungen von
rund 5000 Volt ausreichen.

Ein sehr wichtiges Anwendungsgebiet hat sich der Röntgentechnik seit etwa 1925 in den *Materialuntersuchungen* erschlossen. In Metallstücken vorhandene *innere Fehler,* wie
Hohlräume oder Risse, offenbaren sich bei Durchleuchtung
mit Röntgenstrahlen durch die geringere Absorption. Auch
hochwertige Fertigfabrikate, bei denen kleine Mängel ver-
hängnisvoll werden könnten, wie z. B. Flugzeugbestandteile,
elektrische Isolatoren, werden einer Röntgendurchleuchtung
unterzogen. Mit Spannungen von etwa 200000 bis 300000
Volt kann man in einstündiger Exposition Eisen und Stahl
bis zu einer Tiefe von ungefähr 10 cm, Messing bis zu 8 und
Aluminium bis zu 50 cm untersuchen. Erwähnt sei auch noch
die Prüfung von Ölgemälden auf Echtheit und Entstehungs-
geschichte, von Banknoten und von Edelsteinen.

Im Gegensatze zu solchen Prüfungen der „Grobstruktur"
untersucht man die *Feinstruktur* von Materialien mittels
Laue-Photogrammen; mancherlei Mängel der Werkstoffe, die
auch bei einwandfreier chemischer und metallographischer

Beschaffenheit vorhanden sein können (wie innere Spannungen), offenbaren sich durch Verzerrungen und Verkrümmungen der Linien des Photogramms.

62. Die Röntgenspektren.

Zehn Jahre nach der Entdeckung der Röntgenstrahlen gelang im Jahre 1905 Barkla die überraschende Feststellung der sogenannten *Eigenstrahlung* der Grundstoffe. Ein von schnellen Elektronen oder Röntgenstrahlen getroffener Körper sendet selbst wieder Röntgenstrahlen aus, und unter diesen sind nun, wie Barkla fand, vorwiegend solche enthalten, deren Härte oder, wie wir heute sagen, deren Wellenlänge sich als eine charakteristische Eigenschaft der Atome des betreffenden Körpers erweist, ähnlich wie dies bei den optischen Spektrallinien der Fall ist. Barkla fand auch bereits, daß die Härte der Eigenstrahlung mit zunehmendem Atomgewicht wächst, und er unterschied auch schon bei den Grundstoffen eine härtere „K-Strahlung" und eine weichere „L-Strahlung".

Unter Benutzung eines langsam gedrehten Kristalls und auf Grund der Laueschen Entdeckung gelang es dann im Jahre 1913 Moseley, die Eigenstrahlung in ähnlicher Weise in ein *Röntgenspektrum* aufzulösen, wie dies bei sichtbarem Licht mittels der in der Optik üblichen Gitter möglich ist. Ebenso wie die optischen Linienspektren konnten derart auch die ebenfalls aus einzelnen charakteristischen *Linien* zusammengesetzten Röntgenspektren der Grundstoffe photographiert werden. Die Zahl der Röntgenlinien eines Elementes liegt zwischen etwa 10 und 40; die härtesten Linien (also diejenigen von kleinster Wellenlänge) bilden die K-Serie (die Barklasche K-Strahlung), eine weichere Gruppe die L-Serie, und noch weicher sind die M- und N-Serie, welch letztere allerdings erst nach Moseley entdeckt wurden.

Als nun Moseley die Röntgenspektren der verschiedenen Grundstoffe miteinander verglich, machte er die ungemein bedeutungsvolle Entdeckung, daß sich die *Elemente* nach ihren Röntgenspektren in eine „*natürliche Reihe*" ordnen lassen, innerhalb deren sich die Röntgenlinien mit größter Präzision von Grundstoff zu Grundstoff *verschieben;* jede Lücke offenbart sich dabei sogleich durch einen zu großen Sprung. Moseley fand auch, daß in seiner Reihe das *Atomgewicht* im allgemeinen von Stelle zu Stelle steigt, jedoch keineswegs mit derselben strengen Gesetzmäßigkeit, mit der sich die Linien verschieben. Auch fiel es bereits Moseley auf, daß in seiner Reihe trotz des höheren Atomgewichtes (von 58,94) das Kobalt dem Nickel (mit dem Atomgewicht 58,69) vorangeht. Dies zeigt auch deutlich die von Moseley selbst stammende Abb. 63, die die K-Serie der aufeinanderfolgenden Elemente von Calcium bis Zink mit einer dem Scandium an zweiter Stelle entsprechenden Lücke wiedergibt. Statt Zink wurde aus Zweckmäßigkeitsgründen die Kupfer-Zink-Legierung Messing verwendet[1], die in der Tat sowohl die Kupfer- als auch die Zinklinien zeigt.

Sehr schön ist die fortschreitende regelmäßige Verschiebung der Linien in der Richtung abnehmender Wellenlängen

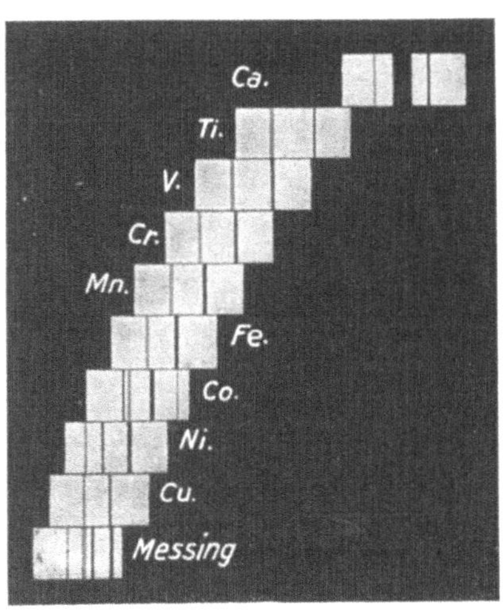

Abb. 63. K-Serie einer Folge von Elementen nach Moseley. (Aus Handb. d. Physik 21. Herausgeg. von H. Geiger und Karl Scheel. Berlin: Julius Springer 1929.)

auch aus Abb. 64 ersichtlich, die die L-Serie der aufeinanderfolgenden Elemente Gold bis Wismut mit einer dem Quecksilber entsprechenden Lücke darstellt.

Die von Moseley aufgefundene natürliche Reihe der Grundstoffe ist in Tabelle 1 zusammengestellt[2]. Sie umfaßt 92

---

[1] Messing ist als Antikathode hitzebeständiger als Zink.

[2] Direkte, mittels der Kristalle ausgeführte röntgenspektroskopische Messungen ermöglichten bereits Moseley die Feststellung der natürlichen Reihe vom Natrium (Nr. 11) bis zum Ende (Nr. 92). Den Anfang der Reihe sowie die den Lücken entsprechenden Stellen bestimmte Moseley auf

Grundstoffe, und zwar nach dem gegenwärtigen Stande der Forschung mit höchstens zwei Lücken an 85. und 87. Stelle[1]. Zur Zeit der Moseleyschen Untersuchungen hatte die Zahl der Lücken noch sechs betragen; doch wurden seither das Hafnium (Nr. 72), das Masurium (Nr. 43), das Rhenium (Nr. 75) und das Illinium (Nr. 61) entdeckt. Fälle, in denen ein Element mit höherem Atomgewicht einem mit niedrigerem vorangeht, sind, wie schon erwähnt, Kobalt und Nickel; ferner Argon und Kalium (Nr. 18 und 19), Tellur und Jod (Nr. 52 und 53) und vermutlich auch Thorium und Protactinium (Nr. 90 und 91).

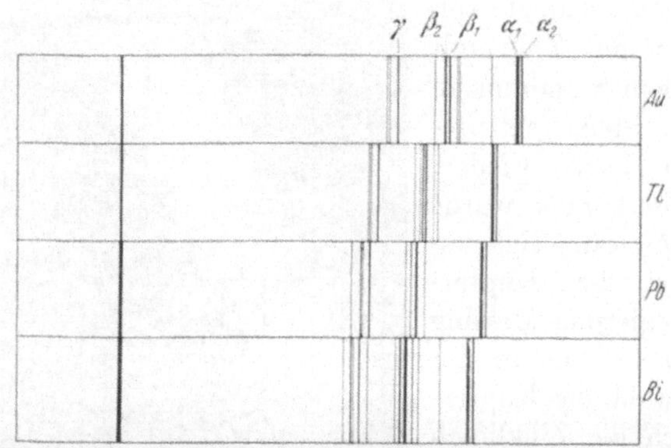

Abb. 64. L-Serie einer Folge von Elementen nach Friman und Siegbahn. (Aus Handb. d. Physik 21. Herausgeg. von H. Geiger und Karl Scheel. Berlin: Julius Springer 1929.)

Das Atomgewicht ist bei Helium, Kohlenstoff, Sauerstoff, Neon, Magnesium, Silicium, Schwefel mit den Nummern 2, 6, 8, 10, 12, 14 und 16 gerade doppelt so hoch wie die Nummer in der Reihe, wie die sogenannte *Ordnungszahl*. Sonst übersteigt das Atomgewicht die doppelte Ordnungszahl, und zwar um so mehr, je weiter wir in der Reihe fortschreiten.

Grund der Atomgewichte und des periodischen Systems der Elemente. Spätere Messungen in dem Grenzgebiet zwischen den ultravioletten Strahlen und den Röntgenstrahlen gestatteten es, den Gang der Spektren von Natrium abwärts bis zu Helium zu verfolgen.

[1] Die 1932 veröffentlichte Entdeckung der Elemente Nr. 85 und 87 (denen die Namen Alabanium und Virginium gegeben wurden) ist noch nicht sicher.

Bei Uran mit der Nummer 92 ist es z. B. 238. Ein Blick auf die natürliche Reihe läßt übrigens erkennen, daß Grundstoffe von gerader Ordnungszahl häufiger als solche von ungerader Ordnungszahl sind.

Tabelle 1. Die natürliche Reihe der Grundstoffe.

1 Wasserstoff	32 Germanium	63 Europium
2 Helium	33 Arsen	64 Gadolinium
3 Lithium	34 Selen	65 Terbium
4 Beryllium	35 Brom	66 Dysprosium
5 Bor	36 Krypton	67 Holmium
6 Kohlenstoff	37 Rubidium	68 Erbium
7 Stickstoff	38 Strontium	69 Thulium
8 Sauerstoff	39 Yttrium	70 Ytterbium
9 Fluor	40 Zirkonium	71 Cassiopeium
10 Neon	41 Niobium	72 Hafnium
11 Natrium	42 Molybdän	73 Tantal
12 Magnesium	43 Masurium	74 Wolfram
13 Aluminium	44 Ruthenium	75 Rhenium
14 Silicium	45 Rhodium	76 Osmium
15 Phosphor	46 Palladium	77 Iridium
16 Schwefel	47 Silber	78 Platin
17 Chlor	48 Cadmium	79 Gold
18 Argon	49 Indium	80 Quecksilber
19 Kalium	50 Zinn	81 Thallium
20 Calcium	51 Antimon	82 Blei
21 Scandium	52 Tellur	83 Wismut
22 Titan	53 Jod	84 Polonium
23 Vanadium	54 Xenon	85 —
24 Chrom	55 Cäsium	86 Emanation
25 Mangan	56 Barium	87 —
26 Eisen	57 Lanthan	88 Radium
27 Kobalt	58 Cer	89 Actinium
28 Nickel	59 Praseodym	90 Thorium
29 Kupfer	60 Neodym	91 Protactinium
30 Zink	61 Illinium	92 Uran
31 Gallium	62 Samarium	

63. Das Grundstoffsystem.

Schon im Jahre 1869 entdeckten gleichzeitig der deutsche Chemiker Lothar Meyer und der russische Forscher Mendelejeff die wichtige Tatsache der *chemischen Periodizität*. Sie stellten fest, daß in einer nach steigendem Atomgewicht gebildeten Reihe der Grundstoffe charakteristische chemische und physikalische Eigenschaften periodisch wiederkehren und daß infolgedessen, wenn man die einzelnen Perioden untereinander schreibt, eine Anordnung möglich ist, bei der in den einzelnen Vertikalreihen einander ähnliche Elemente verzeichnet sind.

Meyer und Mendelejeff schufen so das *periodische System der Elemente*. Eine exakte Darstellung, wie sie Tabelle 2 gibt, wurde allerdings erst möglich, seit durch die Kenntnis der Ordnungszahlen auch die Zahl der Stellen in den Perioden genau bekannt wurde. Im periodischen System werden nach der Ähnlichkeit *acht Gruppen* und innerhalb dieser wieder je zwei Untergruppen unterschieden. Eine derartige Untergruppe bilden beispielsweise die Alkalimetalle (Lithium, Natrium, Kalium, Rubidium und Cäsium) oder die alkalischen Erdmetalle (Beryllium, Magnesium, Calcium, Strontium, Barium und Radium), eine andere die Halogene (Fluor, Chlor, Brom, Jod). Eine besonders interessante Untergruppe stellen die durch fast völlige chemische Passivität ausgezeichneten Edelgase (Helium, Neon, Argon, Krypton, Xenon und Emanation) dar[1].

Die einzelnen Perioden beginnen mit einem Alkalimetall und enden mit einem Edelgas. Die erste Periode besteht allerdings nur aus zwei Elementen, nämlich Wasserstoff und Helium. Die zweite und dritte Periode enthalten je acht Grundstoffe. Die vierte und fünfte Periode umfassen je achtzehn Elemente; es sind in ihnen alle 16 Untergruppen besetzt, und die VIII a-Untergruppe nicht bloß einfach, sondern dreifach. Die sechste Periode enthält gar zweiunddreißig Grundstoffe; auch in ihr tritt in der VIII a-Untergruppe eine „Triade" (die der Platinmetalle) auf; überdies ist aber die III a-Stelle 15fach durch die sogenannten seltenen Erden besetzt. Die siebente Periode endlich bricht, soweit unsere Kenntnis der Grundstoffe reicht, an sechster Stelle mit dem Uran ab.

Die Zahlen 2, 8, 18 und 32, die die Längen der einzelnen Perioden bestimmen, stehen untereinander in einem eigen-

---

[1] Bis zum Jahre 1927 hielt man die Edelgase für völlig „passiv"; erst seitdem lernte man verschiedene Verbindungen zwischen ihnen und anderen Elementen (z. B. Quecksilber) kennen. Die Edelgase sind erst seit dem Ende des 19. Jahrhunderts bekannt; sie wurden vor allem von Ramsay entdeckt.

Tabelle 2. Das periodische System der Grundstoffe.

	I a	I b	II a	II b	III a	III b	IV a	IV b	V a	V b	VI a	VI b	VII a	VII b	VIII a
1	1 H														2 He
2	3 Li		4 Be			5 B		6 C		7 N		8 O		9 F	10 Ne
3	11 Na		12 Mg			13 Al		14 Si		15 P		16 S		17 Cl	18 Ar
4	19 K		20 Ca		21 Sc		22 Ti		23 V		24 Cr		25 Mn		26 Fe 27 Co 28 Ni
4		29 Cu		30 Zn		31 Ga		32 Ge		33 As		34 Se		35 Br	36 Kr
5	37 Rb		38 Sr		39 Y		40 Zr		41 Nb		42 Mo		43 Ms		44 Ru 45 Rh 46 Pd
5		47 Ag		48 Cd		49 In		50 Sn		51 Sb		52 Te		53 J	54 X
6	55 Cs		56 Ba		57—71 seltene Erden		72 Hf		73 Ta		74 W		75 Re		76 Os 77 Ir 78 Pt
6		79 Au		80 Hg		81 Tl		82 Pb		83 Bi		84 Po		85	86 Em
7	87		88 Ra		89 Ac		90 Th		91 Pa		92 U				

artigen Zusammenhang; man kann sie nämlich auch in der Form schreiben: 2×1^2; 2×2^2; 2×3^2; 2×4^2, so daß wir schon hieraus vermuten können, daß das Grundstoffsystem auf verhältnismäßig einfache arithmetische Beziehungen zurückführbar ist.

Für eine physikalische Theorie der chemischen Periodizität entsteht natürlich vor allem die Frage der atomtheoretischen Bedeutung der *Ordnungszahl*. Bereits wenige Monate nach Moseleys Entdeckung hat 1913 Van den Broek die Ansicht ausgesprochen, daß die Ordnungszahl nichts anderes als die *Kernladungszahl* sei. Wenn z. B. dem Silber in der Moseleyschen Reihe die Nummer 47 zukommt, so soll dies nichts anderes bedeuten, als daß die positive Ladung des Kernes eines Silberatoms 47mal so groß wie ein elektrisches Elementarquantum sei. Die Ordnungszahl gibt somit auch an, aus wieviel Elektronen das „Planetensystem‟ eines Atoms im elektrisch neutralen (also nicht ionisierten) Zustand zusammengesetzt ist. Es sind beispielsweise 7 Planeten bei Stickstoff, 8 bei Sauerstoff, 26 bei Eisen und 80 bei Quecksilber. Die auch als *Protonen* bezeichneten *Wasserstoffkerne* haben somit bei einer Masse, die praktisch derjenigen des Wasserstoffatoms gleich ist, eine Ladung von einem positiven elektrischen Elementarquantum.

Daß tatsächlich die Kernladung eines Atoms dem Produkte aus Ordnungszahl und elektrischem Elementarquantum gleich ist, wurde unmittelbar durch Versuche Chadwicks über den Durchgang von α-Strahlen durch Metallfolien bestätigt. Bei diesem Vorgang erfahren nämlich die einzelnen α-Teilchen infolge ihrer positiven Ladung durch die ebenfalls positiv elektrischen Atomkerne des Metalls Abstoßungen, so daß aus der Größe der Streuung die Ladungen der Kerne berechnet werden können. Durch sorgfältige Versuche stellte derart im Jahre 1920 Chadwick die vollkommene Übereinstimmung von Moseleyscher Ordnungsnummer und Kernladungszahl fest.

Wenn nun der chemische Charakter eines Atoms nur von seiner Kernladung abhängt, weil diese die Stellung im Grundstoffsystem bestimmt, dann würde an der chemischen Natur nichts geändert werden, wenn dem Kerne gleichzeitig ein

Kern eines Wasserstoffatoms und ein Elektron eingefügt würden; denn die entgegengesetzten Ladungen eines solchen Paares heben einander auf. Wohl aber würde dadurch eine Erhöhung des Atomgewichts um eins eintreten, bzw. um zwei oder drei und so fort, wenn zwei oder drei Paare hinzukommen würden.

Es ergibt sich somit schon aus der Theorie die Möglichkeit, daß ein Grundstoff aus mehreren Grundstoffarten zusammengesetzt sein kann, die bei gleicher Kernladung, also bei *gleicher chemischer Natur*, gleichwohl *im Atomgewicht verschieden* sind. Wenn die Grundstoffarten stets in nahezu gleichem Verhältnis vermengt sind, ergibt sich ein nahezu konstantes Mischungsgewicht, das das „praktische" Atomgewicht darstellt, wie es in den Atomgewichtstabellen der Chemiker verzeichnet ist. Auf diese Weise erklärt es sich auch, warum die praktischen Atomgewichte zwar in vielen Fällen nahezu ganzzahlig sind, wie bei Kohlenstoff und Stickstoff, warum sie aber wieder auch in vielen Fällen von der Ganzzahligkeit beträchtlich abweichen.

Die Zusammensetzung eines Grundstoffs aus Arten verschiedenen Atomgewichts, aus sogenannten *Isotopen*[1], wurde zuerst an dem Beispiele des Edelgases *Neon* von J. J. Thomson im Jahre 1913 entdeckt. Thomson bediente sich dabei der sogenannten *positiven Strahlen*, die in Entladungsröhren bei starker Verdünnung neben den Kathodenstrahlen auftreten und die aus positiv geladenen Atomen des in der Röhre enthaltenen Gases bestehen. In einem elektrischen Felde werden die Teilchen der positiven Strahlen ebenso wie Elektronen oder α-Teilchen abgelenkt. Der Grad der Ablenkung hängt aber von der Masse ab, worauf die Möglichkeit beruht, Strahlen von verschiedener Teilchenmasse zu separieren und so getrennte photographische Spuren der Isotopen zu erhalten. Auf diese Weise konnte Thomson feststellen, daß das Neon, dessen praktisches Atomgewicht 20,2 beträgt, eine Mischung aus zwei Isotopen von den Massen 20 und 22 darstellt.

Aston hat im Jahre 1919 die Thomsonsche Methode zu

---

[1] Isos topos heißt auf griechisch der gleiche Platz (nämlich im periodischen System).

einer *Massenspektroskopie* ausgestaltet, die er und seine Mitarbeiter immer mehr vervollkommneten, so daß heute die Massenspektroskopie vergleichende Massenbestimmungen mit einer Genauigkeit von etwa 1 zu 10 000 ermöglicht. Einer der ersten und schönsten Erfolge, die Aston erzielte, war der Nachweis, daß das *Chlor,* bei dem die Abweichung des Atomgewichtes (35,46) von der Ganzzahligkeit stets besonders störend empfunden worden war, ein Gemisch zweier Isotope ist, deren Atomgewichte sich ganzzahlig zu 35,0 und 37,0 ergaben. Aus dem Mischungsgewicht geht hervor, daß die leichtere Chlorsorte in etwa dreimal so großer Menge wie die schwerere Sorte vertreten ist.

Mittels der Astonschen Massenspektroskopie wurden die meisten Grundstoffe auf Isotopie untersucht, und nur wenige haben sich als „Reinelemente" erwiesen, wobei es natürlich

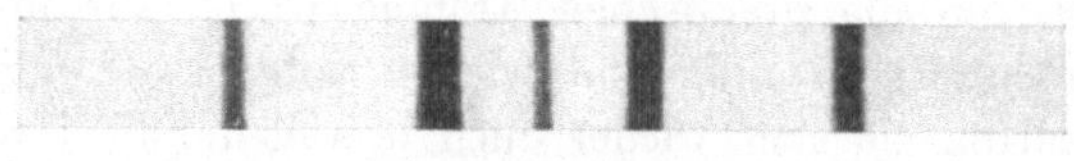

76   74 73 72   70

Abb. 65. Massenspektrum des Germaniums, fünf Isotope zeigend.
Nach K. T. Bainbridge.

dahingestellt bleiben muß, ob nicht auch sie Isotope enthalten, die sich bloß durch zu große Seltenheit dem Nachweis entzogen. Bei den Grundstoffen mit ungerader Ordnungszahl hat man allerdings, woferne sie nicht als Reinelemente erschienen, nur Paare von Isotopen festgestellt, deren Atomgewichte um zwei verschieden sind[1]. Bei den Elementen mit gerader Ordnungszahl wurden hingegen oft Isotope in größerer Zahl ermittelt, bei Zinn z. B. nicht weniger als elf. Das leichteste Zinn-Isotop hat das Atomgewicht 112, das schwerste das Atomgewicht 124, während das praktische Atomgewicht des Zinns 118,70 beträgt[2]. Als ein Beispiel eines Massenspektrogramms zeigt Abb. 65 nach Bainbridge dasjenige des Germaniums, aus dem auch auf das schönste die Ganzzahligkeit der Gewichte hervorgeht.

[1] Zweifelhaft ist die Existenz eines dritten Chlor-Isotops vom Gewicht 39.

[2] Die Konstanz des Mischungsgewichtes von Grundstoffen erklärt sich einerseits aus der Gleichheit des chemischen Verhaltens der Isotope, andererseits wohl aus dem ursprünglich gasförmigen Zustande der Erde.

Die Massenspektroskopie muß natürlich in solchen Fällen
versagen, in denen ein Isotop nur sehr schwach neben dem
Hauptelement vertreten ist. Es bedeutete daher einen bahn-
brechenden Fortschritt in der Isotopenforschung, als die
amerikanischen Physiker G i a u q u e und J o h n s t o n im
Jahre 1929 auf *optischem* Wege, nämlich durch genaue Erforschung der von Molekeln gelieferten Spektren, zwei seltene
Isotope des Sauerstoffs von den Atomgewichten 17 und 18
entdeckten. Ein Sauerstoff-18-Atom kommt auf ungefähr
600 normale Atome vom Gewicht 16 und ein Sauerstoff-17-
Atom auf ungefähr 2000 bis 3000 normale Sauerstoffatome.

Abb. 66. Experimenteller Nachweis des Wasserstoff-Isotops vom Atom
gewicht 2. [Nach Lukanow und Schütze. Z. Physik 82 (1933).]

Andere amerikanische Physiker entdeckten dann u. a. auch
bei Stickstoff vom Atomgewicht 14,008 ein seltenes Isotop
vom Atomgewicht 15, das ungefähr im Verhältnis von 1 zu
300 beigemischt ist; ebenso wurde bei dem Kohlenstoff (Atomgewicht 12,00) ein seltenes Isotop von der Masse 13 ermittelt.
Die sensationellste Entdeckung in der Isotopenforschung
war aber wohl die des *Wasserstoffs vom Atomgewicht Zwei,*
die 1932 B i r g e glückte. Im gewöhnlichen Wasserstoff
kommt ein Atom von der Masse 2 einmal unter ungefähr
30 000 Atomen vor; doch ist es durch bestimmte elektroly-
tische Methoden gelungen, das seltene Wasserstoff-Isotop so
„anzureichern", daß ein Präparat von Wasserstoff ungefähr

zur Hälfte die doppelt schweren Atome enthielt[1]. Abb. 66 zeigt den experimentellen massenspektroskopischen Nachweis des seltenen Isotops (H^2) nach erfolgter Anreicherung.

64. Die Radioaktivität.

Gemäß der modernen Auffassung des Grundstoffsystems müssen wir wohl erwarten, daß *Radioaktivität* stets mit einer *Grundstoffumwandlung* verbunden ist. In der Tat haben schon im Jahre 1902 Rutherford und Soddy die Annahme begründet, daß die Atome radioaktiver Substanzen einem fortschreitenden spontanen *Zerfall* unterliegen und die Absplitterung der fortgeschleuderten α- und β-Teilchen den chemischen Charakter des zurückbleibenden Atoms verändert. Auf Grund der später entstandenen Theorie des Kernatoms[2] müssen die Zerfallsvorgänge offenbar in die *Atomkerne* selbst verlegt werden; und da die fortgeschleuderten Teilchen elektrisch geladen sind und die Kernladung den chemischen Charakter bestimmt, so wird die Tatsache der radioaktiven Grundstoffumwandlungen ohne weiteres verständlich.

Je nachdem, ob das zerfallende Atom ein α- oder ein β-Teilchen ausstößt, ergeben sich zwei Arten von Umwandlungen, die man als α- und β-Umwandlung unterscheidet. Da, wie wir sahen, ein α-Teilchen eine positive Ladung von zwei Elementarquanten und eine viermal so große Masse wie ein Wasserstoffatom hat, so erniedrigt eine Alpha-Umwandlung die chemische Ordnungszahl um zwei und zugleich das Atomgewicht um vier. Hingegen erhöht eine Beta-Umwandlung, weil die β-Teilchen Elektronen sind, die Ordnungszahl um Eins, und zwar ohne merkliche Änderung des Atomgewichts. Im periodischen System verschiebt also eine α-Umwandlung den radioaktiven Stoff um zwei Stellen nach links, hingegen eine β-Umwandlung um eine Stelle nach rechts. In der Tat weist die Emanation, die unmittelbar aus dem α-strahlenden Radium hervorgeht, ein um vier niedrigeres

---

[1] Unter je vier Molekeln setzten sich eine aus zwei Wasserstoffatomen vom Gewicht 1, eine aus zwei Atomen vom Gewicht 2 und zwei aus ungleichen Paaren zusammen.

[2] Vgl. Abschnitt 60.

Atomgewicht als Radium auf, nämlich 222 gegen 226, und während das Radium der zweiten Gruppe des periodischen Systems angehört, gehört die Emanation als Edelgas der nullten oder, was dasselbe ist, der achten Gruppe an.

Wie die nähere Erforschung der radioaktiven Stoffe zeigte, lassen sie sich, von wenigen Ausnahmen abgesehen, derart in drei *Umwandlungsreihen* einordnen, daß jedes Element einer Reihe aus dem ihm in der Reihe vorangehenden entweder durch eine α- oder eine β-Umwandlung entsteht. Die wichtigste dieser Reihen ist die *Uran-Radium-Reihe*. Sie beginnt mit dem Uran I, dem schwereren der beiden Isotope des Elementes mit der Ordnungszahl 92. Uran I hat das Atomgewicht 238 und hat eine sogenannte *Halbwertszeit* von $4\frac{1}{2}$ Milliarden Jahren; d. h. nach Ablauf dieser Zeit ist eine gegebene Menge des Stoffs durch den fortschreitenden Atomzerfall auf die Hälfte verringert. Uran I gehört also zu den langlebigen Radio-Elementen. Durch eine α- und zwei daran anschließende β-Umwandlungen geht aus dem Uran I das viel kürzerlebige und daher seltenere Isotop Uran II hervor; von ihm führen zwei aufeinanderfolgende α-Umwandlungen zu dem Radium selbst. Radium hat, wie man auch durch direkte Zählung der von ihm ausgesandten α-Teilchen feststellen konnte, eine Halbwertszeit von 1580 Jahren. Seine aus ihm durch α-Umwandlung hervorgehende Tochtersubstanz ist die Radium-Emanation, deren Halbwertszeit nur 3,8 Tage beträgt. Aus ihr gehen dann der Reihe nach verschiedene kurzlebige Stoffe hervor, die man als Radium A, B, C, D, E, F bezeichnet. Radium F, das mit einer Halbwertszeit von 136,5 Tagen etwas beständiger ist, ist auch als Polonium bekannt; aus ihm bildet sich durch α-Umwandlung ein nicht mehr radioaktiver, also stabiler Grundstoff, das Radium G, das eine Blei-Art darstellt und darum auch Uranblei genannt wird. Es geht aus dem Uran I, dem Ahnherrn der Uranreihe, durch insgesamt 8 α- und 6 β-Umwandlungen hervor; dementsprechend ist auch das Atomgewicht um 32 niedriger als bei Uran I (206 statt 238) und die Ordnungszahl um 10 kleiner (82 statt 92)[1].

---

[1] Bei Radium C tritt eine Verzweigung der Umwandlungsreihe ein. Von

Eine vielfache Analogie mit der Uranreihe weisen auch die beiden anderen Reihen auf: die von dem Thorium mit der Ordnungszahl 90 ausgehende *Thorium-Reihe* und die *Actinium-Reihe*, die sich von dem Protactinium, dem Element mit der Ordnungszahl 91, herleitet und die wahrscheinlich eine Abzweigung der Uran-Radium-Reihe darstellt[1]. Außerhalb der drei Reihen sind als radioaktive Stoffe noch Kalium, Rubidium und Beryllium sowie Samarium und einige andere seltene Erden bekannt[2]. Die Halbwertszeiten der Radio-Elemente reichen von etwa ein billionstel Sekunde bei Thorium C bis hinauf zu rund einer Billion Jahren bei Kalium und Beryllium.

Die von radioaktiven Präparaten ausgehende Strahlung enthält nicht nur (je nach der Art der Umwandlung) α-Teilchen und die als β-Teilchen bezeichneten, aus zerfallenden Kernen fortgeschleuderten Elektronen, sondern überdies auch besonders kurzwellige Röntgenstrahlen, die *Gamma-Strahlen* genannt werden.

Die α-Strahlen sind, wie schon früher erwähnt wurde[3], positiv elektrisch und verlassen die radioaktive Substanz mit etwa 5 bis 7 Prozent der Lichtgeschwindigkeit. Ihre Anfangsgeschwindigkeiten stellen für die strahlenden Stoffe charakteristische Konstanten dar. Bei dem Durchgang durch Luft oder andere Stoffe hört die Wirksamkeit der α-Strahlen nach Zurücklegung einer bestimmten, als Reichweite bezeichneten Strecke plötzlich auf; für Luft beträgt sie bei den verschiedenen Radio-Elementen zwischen $2\frac{1}{2}$ und $11\frac{1}{2}$ cm. Mittels der Wilsonschen Nebelstreifenmethode[4] kann die Reichweite auch unmittelbar auf photographischem Wege bestimmt werden. Abb. 67 zeigt eine derartige Aufnahme der von Thorium C herrührenden Strahlen. Aus der Photographie ist

---

je 10000 Radium-C-Atomen erfahren 4 eine α-, die übrigen hingegen eine β-Umwandlung. Schließlich werden aber sämtliche Atome zu Radium-D-Atomen.

[1] Das Protactinium dürfte wieder zur Muttersubstanz das sogenannte Uran Y haben, das sich als Thorium-Isotop im Uran findet.

[2] Besonders interessant ist, daß Samarium und Beryllium, wie man 1933 fand, α-Strahler sind.

[3] Vgl. Abschnitt 59.

[4] Vgl. Abschnitt 60.

224

deutlich ersichtlich, daß das Präparat zweierlei α-Strahlen von verschiedener Reichweite aussendet, und überdies ist auch eine vereinzelte α-Strahlbahn von besonders großer Reichweite erkennbar. Im allgemeinen ist die Reichweite um so größer, je rascher der α-Strahler zerfällt. Die β-Strahlen haben, wie schon erwähnt, Geschwindigkeiten, die fast an die Lichtgeschwindigkeit heranreichen.

Die γ-Strahlen haben als besonders harte Röntgenstrahlen Wellenlängen bis hinab zu 0,006 Å (also $6 \cdot 10^{-11}$ cm), was einer Spannung von ungefähr zwei Millionen Volt entspricht. Die Zahl der in einer bestimmten Zeit emittierten γ-Lichtquanten erwies sich durch genaue Messungen als übereinstimmend mit der Zahl der in derselben Zeit im Präparat zerfallenden Atome. Im Gegensatze zu den elektrisch geladenen α- und β-Strahlen werden natürlich die γ-Strahlen im Magnetfelde nicht abgelenkt.

Abb. 67. Alpha-Strahlen-Gruppe des Thorium C. (Nach L. Meitner aus Handb. d. Physik 24. Berlin: Julius Springer 1927.)

Die Erscheinungen der Radioaktivität bieten eine interessante Möglichkeit, das *Alter der Erde* zu bestimmen. Wie vorhin erwähnt wurde, wandelt sich alles Uran allmählich in ein Blei-Isotop um, das sich indessen von „gewöhnlichem" Blei im Atomgewicht unterscheidet. In der Tat findet sich nun in allen *Uranmineralien Blei* eingeschlossen, und eine Atomgewichtsbestimmung läßt es ohne weiteres erkennen, wieviel von dem Blei aus dem Uran entstanden und wieviel gewöhnliches Blei ist, das von Anfang an dem Uranmineral beigeschlossen war. Für den auf Uran bezogenen Gehalt an Uranblei ergeben die Analysen Werte bis zu etwa 23 Prozent.

Aus der bekannten Halbwertszeit des Urans folgt nun, daß von einer gegebenen Menge Uran ein Prozent in ungefähr 80 Millionen Jahren zerfällt. Da Blei das selbst stabile Endprodukt der Uran-Reihe ist, so müßten somit z. B. in einem 800 Millionen Jahre alten Uranmineral 10 Prozent Uranblei enthalten sein, und so fort. Für das Alter der Uranmineralien ergeben sich demnach Werte bis zu etwa 1850 Millionen Jahren, und vielleicht 2 Milliarden Jahre dürften daher vergangen sein, seitdem sich auf der Erde eine feste Rinde gebildet hat.

Das Alter radioaktiver Mineralien läßt sich auch, allerdings minder genau, aus dem *Heliumgehalt* ermitteln. Dieser ist die Folge der Emission von α-Teilchen, die großenteils innerhalb des Minerals abgebremst werden und somit nach erfolgter Neutralisierung im Mineral als Heliumgas eingeschlossen bleiben; durch Erhitzen kann man das Gas aus dem Mineral befreien, auffangen und messen. Nach dieser Methode vermochte P a n e t h ungemein interessante *Altersbestimmungen an Meteoren* vorzunehmen. Sie führten zu dem Ergebnis, daß auch solche Meteore, die (wie man aus ihrer hyperbolischen Bahn erkannte) bestimmt nicht unserem Sonnensystem entstammten, nicht älter als eine halbe bis drei Milliarden Jahre sind. Es ergab sich also die höchst überraschende Erkenntnis, daß das Alter des Sternen-Weltalls auch nur von derselben Größenordnung wie das Alter der Erde sein dürfte[1].

65. Die Atomzertrümmerung.

Die radioaktiven Grundstoffumwandlungen stellen spontan verlaufende und in keiner Weise beeinflußbare Vorgänge dar; überdies betreffen sie, zumindest soweit es sich um die Umwandlungsreihen handelt, durchwegs Elemente von höchstem Atomgewicht. Es erregte daher mit Recht das allergrößte Aufsehen, als im Jahre 1919 R u t h e r f o r d zum ersten Male auf *künstlichem* Wege die *Zertrümmerung der Atome* eines Grundstoffs, und noch dazu eines von niedriger Ordnungszahl, vollbrachte. Indem Rutherford *Stickstoff* mit α-*Strahlen*

[1] Vgl. Abschnitt 76

226

bombardierte, vermochte er aus den Stickstoffkernen *Wasserstoffkerne*, also Protonen, zu befreien und letztere durch ihre große Reichweite sowie durch ihre elektrische und magnetische Ablenkung zu identifizieren.

B l a c k e t t ist es später gelungen, durch Anwendung der Wilsonschen Methode die Zertrümmerung von Stickstoffkernen unmittelbar zu photographieren. Wegen der Seltenheit dieses Vorganges waren Aufnahmen der Bahnen von einigen hunderttausend α-Teilchen erforderlich, um einige Fälle einer tatsächlichen Zertrümmerung in den Bildern zu erhalten. Abb. 68 zeigt ein Beispiel einer derartigen Aufnahme. Man sieht aus dem Bilde, wie sich die Spur des α-Teilchens in zwei Zweige teilt. Der lange dünne Zweig stellt die weitreichende Bahn des aus dem zertrümmerten Stickstoffkerne fortgeschleuderten Protons dar; der kürzere Zweig die Bahn des zurückgestoßenen, des Protons beraubten Stickstoffkerns. Das Fehlen eines weiteren Zweiges läßt erkennen, daß das α-Teilchen, durch das das Proton aus dem Stickstoffkerne freigemacht wurde, selbst in dem Stickstoffkerne steckengeblieben sein dürfte. Da bei diesem Vorgang der ursprüngliche Stickstoffkern (Ladung 7, Masse 14) ein α-Teilchen (Ladung 2, Masse 4) gegen ein Proton (Ladung 1, Masse 1) eintauscht, so müßte nach erfolgter Neutralisation das Ergebnis ein Atom des Sauerstoff-Isotops vom Atomgewicht 17 (Ladung 8) sein.

Bei späteren Versuchen ist es R u t h e r f o r d und C h a d w i c k sowie K i r s c h und P e t t e r s s o n gelungen, noch zahl-

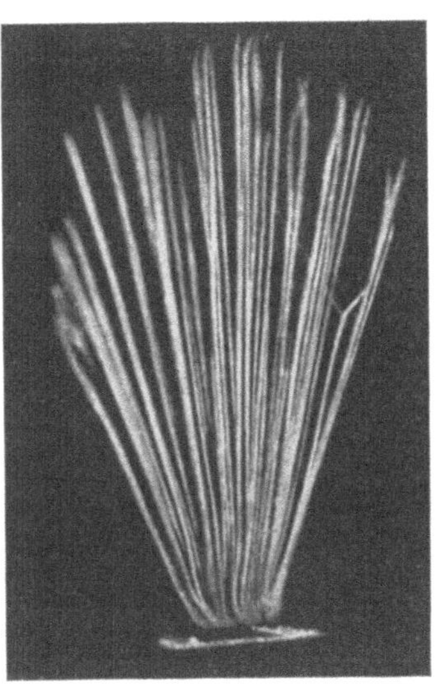

Abb. 68. Zertrümmerung eines Stickstoffkerns. (Nach Blackett aus v. Heresy, G. und F. Paneth, Lehrb. der Radioaktivität. 2. Aufl. Leipzig: J. A. Barth 1931.)

reiche andere Elemente, vor allem solche mit niedrigerem Atomgewicht zu zertrümmern und aus ihnen Protonen frei zu machen. Als Mittel zur Zertrümmerung dienten zunächst α-Strahlen (und zwar die besonders raschen, die das Radium C' aussendet)[1]; mit ihnen konnten indessen stets nur vereinzelte Atome zerlegt und nie größere Ausbeuten erzielt werden.

Im Jahre 1932 machten aber nun Cockcroft und Walton die überraschende Entdeckung, daß verhältnismäßig langsame, künstlich aus Wasserstoffgas erzeugte *Protonenstrahlen* ein sehr wirksames Mittel zur Herbeiführung von Grundstoffumwandlungen darstellen. Wenn ein Strom der langsamen Protonen, der einer Stromstärke von ein millionstel Ampère entspricht, auf *Lithium* fällt, so wird aus dem Lithium eine große Zahl von α-Teilchen fortgeschleudert, und zwar mit einer Geschwindigkeit, die den raschesten von Radiumpräparaten ausgesandten α-Teilchen entspricht. Es scheint unter ungefähr hundert Millionen Protonen eines in einen Lithiumkern einzudringen; dadurch erhöht sich die Masse des betreffenden Lithium-Kerns von 7 auf 8, worauf er in zwei α-Teilchen zersplittert. Cockcroft und Walton konnten bereits bei 30000 Volt die Emission von α-Teilchen aus dem Lithium beobachten. Mit zunehmender Spannung wächst die Zahl der ausgelösten α-Teilchen rapid. Auch Bor-Atome von der Masse 11 werden durch die Protonenstrahlen in hohem Maße zertrümmert, wobei nach der Aufnahme eines Protons in den Bor-Kern dieser in drei α-Teilchen zerfällt.

Noch viel größere Ausbeuten als Cockcroft und Walton erzielten Brasch und Lange, die mit Spannungen von 2,4 Millionen Volt arbeiteten. Bei jedem Entladungsstoß zerfielen bei ihren Experimenten unter der Einwirkung der Protonenstrahlen zehn bis hundert Millionen Lithium-Atome. Fast alle von Brasch und Lange untersuchten Elemente erwiesen sich als zerlegbar, darunter überraschenderweise auch das schwere Element *Blei*, bei dem α-Teilchen von besonders großer Reichweite fortgeschleudert werden[2].

---

[1] Radium C' entsteht durch β-Umwandlung aus dem Radium C und geht selbst unter α-Umwandlung in Radium D über.

[2] Je höher die chemische Ordnungszahl (und somit das Atomgewicht) ist, desto stärker ist die abstoßende Kraft, die der positiv elektrische Atom-

Mit den extrem hohen Spannungen konnten übrigens Brasch und Lange auch außerordentlich durchdringende und intensive Kathoden- und Röntgenstrahlen herstellen, die bei 2,4 Millionen Volt die Härte der Radiumstrahlen fast erreichten. An Intensität kamen die damals verfügbaren Strahlen bereits derjenigen Strahlung gleich, die von einigen tausend Kilogramm Radium emittiert würde, während tatsächlich der gesamte Weltbesitz an Radium nur ungefähr ein halbes Gramm beträgt. In Luft können Kathodenstrahlen so hoher Spannung bis zu etwa 10 Metern verfolgt werden. Ein Kalkspatkristall wird durch solche Kathodenstrahlen zu hellstem Leuchten mit einer Intensität von einigen hundert Kerzen angeregt, und stundenlang kann man nachher noch bei dem Phosphoreszenzlicht des Kristalls lesen. Zur Zeit (1933) sind Brasch und Lange damit beschäftigt, die Spannung, die sie bei ihren Experimenten benutzen, auf 10 Millionen Volt zu erhöhen. Ähnliche Bestrebungen sind zur Zeit auch an einigen anderen Forschungsstätten im Gange.

66. Das Neutron und das positive Elektron.

Bis zum Jahre 1932 wurden allgemein das negativ elektrische Elektron und das 1847mal schwerere positive Proton als die beiden Urbausteine der Materie angesehen. Diese tief eingewurzelte Vorstellung wurde indessen durch zwei sensationelle Entdeckungen überholt, die das Jahr 1932 beschied und die das Neutron und das positive Elektron betrafen. Zunächst fand Chadwick, daß aus Beryllium, das mit α-Teilchen bombardiert wird, magnetisch nicht ablenkbare und daher offenbar *ungeladene* Teilchen von der *Masse eines Protons* fortgeschleudert werden. Sie weisen ein *hohes Durchdringungsvermögen* auf, so daß es sich bei ihnen unmöglich einfach um neutrale Wasserstoffatome handeln konnte, die ja doch ein verhältnismäßig großes Volumen erfüllen[1] und daher nicht sehr durchdringungsfähig sein können. Unab-

kern auf ein ankommendes Proton oder α-Teilchen ausübt. Möglicherweise handelt es sich daher bei der Bleizertrümmerung um einen sekundären Effekt, der durch primär ausgelöste Neutronen (s. Abschnitt 66) hervorgerufen wird.

[1] Der Durchmesser eines Wasserstoffatoms ist rund 10 000 mal größer als der eines Protons oder α-Teilchens.

hängig von Chadwick machten ähnliche Feststellungen auch
Irène Curie (die Tochter des durch die Entdeckung des
Radiums berühmten Ehepaares) und Joliot.

Die ungeladenen Teilchen, die jetzt allgemein als *Neutronen* bezeichnet werden, erwiesen sich als ein sehr wirksames
Mittel zur Herbeiführung von *Atomumwandlungen.* Es mag
dies wohl daran liegen, daß sie bei dem Auftreffen auf die
positiv elektrischen Atomkerne von diesen nicht wie positive
Protonen oder α-Teilchen abgestoßen werden. Aus Stickstoff-
und Sauerstoff-Atomen werden durch Neutronen sehr rasche
α-Teilchen ausgelöst, so daß das Ergebnis der Umwandlung
eine Verringerung der Masse um 3 Einheiten bei Herabsetzung der Ordnungszahl um 2 Einheiten ist [1]. In den Neutronen kann man auch die Atome eines Grundstoffs von der
Ordnungszahl Null erblicken; es sind Atome, die überhaupt
kein Elektron haben, denen also das „Planetensystem" völlig
fehlt.

Noch größeres Aufsehen als die Entdeckung des Neutrons
erregte wohl diejenige des *positiven Elektrons,* die Ende 1932
durch Anderson erfolgte und die vor allem durch Blackett
und Occhialini geklärt wurde. Den Anlaß zu der Auffindung des positiven Elektrons gaben Untersuchungen über
die sogenannte *kosmische Strahlung,* die vermutlich aus dem
Weltenraum zur Erde gelangt und bereits 1912 von Heß entdeckt worden war. Wie wir heute wissen, besteht sie im
wesentlichen aus elektrisch geladenen Teilchen von einer un-
geheueren Energie, die Spannungen von 200 Millionen bis
10 Milliarden Volt entspricht und durch die die Teilchen befähigt werden, Bleiplatten von 10 m Dicke zu durchdringen.
Auf ein Quadratzentimeter fallen in der Sekunde im Durchschnitt aus allen Richtungen ungefähr 1½ „kosmische" Teilchen.

Anderson gelang es nun, mittels der schon öfter erwähnten
Wilsonschen Methode die Bahnen solcher durch ein starkes
Magnetfeld abgelenkter Teilchen zu photographieren. Aus der
Reichweite der Teilchen, aus der durch das Magnetfeld her-

---

[1] Denn das Neutron hat die Masse 1 und die Ladung 0, hingegen das
α-Teilchen die Masse 4 und die Ladung 2.

vorgebrachten Krümmung ihrer Bahnen und aus dem Richtungssinn der Krümmung gewann bereits Anderson die überraschende Erkenntnis der Existenz von Teilchen, die die Ladung eines positiven Elementarquantums, jedoch eine Masse haben, die weit eher derjenigen eines Elektrons als eines Protons entspricht.

Blackett und Occhialini haben dann 1933 eine Methode erfunden, die eine fortlaufende automatische Photographie der Bahnen der durchdringenden Strahlung ermöglicht; durch diese Photographien, für die Abb. 69 ein Beispiel bietet, erschcint die Andersonsche Vermutung durchaus bestätigt und die Erkenntnis des positiven Elektrons völlig gesichert. Daß es sich so lange der physikalischen Beobachtung entzog, dürfte wohl daran liegen, daß es nur so lange lebensfähig ist, als es eine enorme Energie besitzt, wie sie ihm z. B. innerhalb der kosmischen Strahlung zukommt; in der Tat deuten die Blackettschen Photographien darauf hin, daß die positiven Elektronen rasch verschwinden, indem sie sich offenbar mit negativen Elektronen unter Freiwerden von Lichtquanten vereinigen. Hingegen erscheint es auf Grund physikalischer Theorien sehr wahrscheinlich, daß innerhalb der Atomkerne positive Elektronen lebensfähig sind.

Im Laufe des Jahres 1933 vermochten dann verschiedene Forscher, vor allem Anderson selbst sowie Lise M e i t n e r, auch in irdischen Experimenten das Auftreten positiver Elektronen unter der Einwirkung besonders harter γ-Strahlen zu beobachten. Es scheint, daß hierbei die Lichtquanten der γ-Strahlung einen Teil ihrer Energie zur Erzeugung eines Elektronenpaares (eines positiven und eines negativen Elektrons) aufwenden, und daß bei diesem Vorgang tatsächlich eine *Umwandlung von Licht in Materie* beobachtet wird. Als Urbausteine der Materie wären somit wohl nach der neuesten Auffassung Neutronen und Elektronen anzusehen, und zwar letztere in einer negativen und einer positiven Modifikation; das Proton würde hingegen nicht länger als Urbaustein, sondern vielmehr als eine Kombination eines Neutrons mit einem positiven Elektron erscheinen[1].

---

[1] Das positive Elektron wird auch als Positron bezeichnet.

67. Die Energiestufung der Atome.

Veränderungen in den Atomkernen sind, wie wir sahen, mit gewaltigen Energieumsätzen verbunden, sei es, daß Energie den Kernen zugeführt wird und dadurch künstliche Umwandlungen hervorgerufen werden, sei es, daß Energie bei spontan auftretenden Kernvorgängen frei wird. Wenn man, wie dies in der Atomphysik üblich ist, einen Energiebetrag

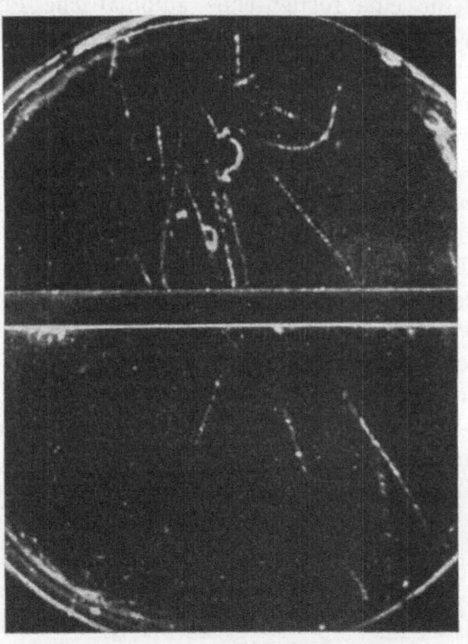

Abb. 69. Experimenteller Nachweis des positiven Elektrons nach Blackett und Occhialini. (Zu beachten sind die kleinen Halbkreise.) [Aus Proceedings of the Royal Society, London, Series A 139, 725 (1933).]

durch die Zahl von Volt mißt, die ein Elektron durchlaufen muß, um diese Energie zu erlangen[1], so handelt es sich bei den Kernprozessen fast durchwegs um wenigstens 10000 oder 100000, aber auch um Millionen Volt.

---

[1] Nach dem Satze von der Erhaltung der Energie ist die Bewegungsenergie eines Elektrons, das eine bestimmte Spannung durchläuft, gleich dem Produkte aus dieser und der Ladung des Elektrons.

232

Wesentlich kleiner sind die Energieumsätze bei solchen Vorgängen, die das Planetensystem des Atoms, die sogenannte *Atomhülle*, betreffen; ihnen entsprechen im allgemeinen nur Voltzahlen von etwa 1 bis 100. Es gibt nun ein für atomphysikalische Messungen besonders geeignetes einfaches Verfahren, um Veränderungen in der Atomhülle hervorzubringen; man sendet durch ein Gas oder einen Dampf, dessen Atome untersucht werden sollen, „langsame" freie Elektronen, wodurch Zusammenstöße zwischen den Elektronen und Atomen hervorgerufen werden. Die bei solchen Zusammenstößen auftretenden Energieverluste der Elektronen, denen gleich große Energiegewinne der Atome entsprechen, sind recht genau meßbar[1].

Die Untersuchung der „*Elektronenstöße*" durch F r a n c k und Gustav H e r t z offenbarte nun im Jahre 1913 die sehr bedeutungsvolle Tatsache, daß ein Atom nicht beliebige, sondern nur ganz bestimmte Energiebeträge aufnehmen kann. Insbesondere aber ging aus den Versuchen hervor, daß, woferne keine abnormalen Verhältnisse (wie hohe Temperatur) herrschen, woferne sich also, wie man sagt, das Atom im „Grundzustand" befindet, ein Atom keinerlei Energiebetrag aufzunehmen vermag, der unterhalb eines gewissen Minimums liegt. Dieses Minimum wird als die *Anregungsenergie* des betreffenden Grundstoffs bezeichnet. Man fand z. B., daß sie, ausgedrückt durch die entsprechende Voltzahl, für Natrium 2,1 und für Quecksilber 4,9 beträgt.

Sehr deutlich konnte durch Elektronenstöße für viele Grundstoffe auch diejenige Energie bestimmt werden, die einem im Grundzustand befindlichen Atom zugeführt werden muß, um ihm ein Elektron, und zwar offenbar das am lockersten gebundene, zu entreißen, um also, wie man sagt, das Atom zu ionisieren. Die *Ionisierungsenergie* entspricht z. B. bei Natrium 5,1 und bei Quecksilber 10,3 Volt. Aus der Tatsache, daß sich die Ionisierungsenergie stets größer als die Anregungsenergie erweist, geht deutlich hervor, daß im angeregten Zustand ein Atom zwar alle Elektronen enthält,

---

[1] Von entscheidender Bedeutung ist dabei die Tatsache, daß die Masse eines Elektrons ganz gering gegenüber der Masse eines Atoms ist.

aber wenigstens ein Elektron lockerer als im Grundzustand gebunden ist. Auch *zwischen* Anregungs- und Ionisierungsenergie ergeben die Beobachtungen der Elektronenstöße charakteristische Volt-Zahlen.

Für jedes Atom eines chemischen Elementes erscheint somit außer einem Grundzustand noch eine Reihe „höherer" Zustände möglich, deren jeder durch einen ganz bestimmten Wert charakterisiert ist, um den seine Energie diejenige des Grundzustandes überragt. Was ist aber nun die tiefere Ursache dieser merkwürdigen *Energiestufung* der Atome? Die Beantwortung dieser Frage nahm ihren Ausgang von der Betrachtung des einfachsten aller Atome, des Wasserstoffatoms.

Bereits im Jahre 1910 hat der Verfasser dieses Buches die Auffassung entwickelt, daß die *Struktur der Atome* durch das *elementare Wirkungsquantum* bedingt sein muß. Derart gelang ihm damals die Auffindung einer Beziehung, die die spektroskopische Fundamentalkonstante (die noch zu besprechende Rydbergsche Konstante) mit dem elektrischen Elementarquantum und dem elementaren Wirkungsquantum verknüpfte. Eine vollkommenere Gestalt gewannen solche Überlegungen aber erst, als sie durch Bohr im Jahre 1913 auf das mittlerweile entstandene Rutherfordsche Atommodell[1] angewendet wurden.

Bohr setzte für das Rutherfordsche Modell des *Wasserstoffatoms* das Produkt aus der Masse des umlaufenden Elektrons, aus seiner Geschwindigkeit und aus dem Bahnumfang dem elementaren Wirkungsquantum gleich. Indem ferner Bohr in naheliegender Weise die elektrische Anziehung zwischen Kern und umlaufendem Elektron der Zentrifugalkraft entgegengesetzt gleich annahm, gelangte er zu bestimmten Werten für den Halbmesser des normalen Wasserstoffatoms und für die Bahngeschwindigkeit des Elektrons. Für den Atomradius fand er in seinem Modell $5{,}3 \cdot 10^{-9}$ cm und für die Bahngeschwindigkeit 0,73 v. H. der Lichtgeschwindigkeit, also den ungeheuren Wert von 2188 km pro Sekunde.

Neben dem Grundzustand nahm nun Bohr noch abnormale

---

[1] Vgl. Abschnitt 60.

234

Zustände des Wasserstoffatoms an, in denen das Produkt aus Masse, Geschwindigkeit und Bahnumfang nicht dem elementaren Wirkungsquantum selbst, sondern einem ganzzahligen *Vielfachen* hiervon gleich sein soll. Die betreffende ganze Zahl wird die *Quantenzahl* genannt. Im Grundzustand ist also die Elektronenbahn des Wasserstoffatoms einquantig, in den abnormalen Zuständen hingegen zwei-, drei-, vier-, fünfquantig, und so fort. Die Berechnungen zeigen ferner, daß bei dem Wasserstoffatom der Energieunterschied zwischen zwei Zuständen von verschiedenen Quantenzahlen gleich ist der Ionisierungsenergie, multipliziert mit dem Unterschied der reziproken Quadrate der beiden Quantenzahlen. So ist z. B. der Energieunterschied zwischen dem drei- und zweiquantigen Zustand gleich $5/_{36}$ der Ionisierungsenergie; denn $5/_{36}$ ist gleich $1/_2{}^2 - 1/_3{}^2$.

68. Die Quantentheorie der Spektren.

Wenn ein Atom aus einem höheren, energiereicheren Zustand in den Grundzustand zurückkehrt, so können wir wohl erwarten, daß, wenn auch nicht immer, so doch häufig die überschüssige Energie in Form eines *Lichtquants ausgestrahlt* wird. Dasselbe können wir auch für den Fall annehmen, daß der Übergang zwischen zwei abnormalen Zuständen erfolgt. Aus der Verknüpfung der Vorstellungen der Lichtquanten und der atomaren Energiestufung ergibt sich derart ohne weiteres die Erklärung für die fundamentale Erfahrungstatsache, daß jeder Grundstoff ein ihm eigentümliches *Linienspektrum* aufweist[1]. Denn da nach dem Satze von der Erhaltung der Energie und der Hypothese der Lichtquanten die Frequenz eines ausgestrahlten Lichtquants gleich sein muß dem Energieunterschied zweier Stufen, gebrochen durch das universell konstante elementare Wirkungsquantum, so muß natürlich der Mannigfaltigkeit der paarweise kombinierbaren Energiestufen eine zweifache Mannigfaltigkeit von Linienfrequenzen entsprechen. Aus den Gesetzmäßigkeiten der Energiestufung müssen somit bestimmte Gesetzmäßig-

---

[1] Vgl. Abschnitt 8.

keiten der Spektren resultieren; solche hat bereits B a l m e r im Jahre 1885 entdeckt, und zwar im Spektrum des *Wasserstoffs*.

Balmer fand einfache zahlenmäßige Zusammenhänge zwischen den Wellenlängen der vier, dem sichtbaren Gebiet angehörenden Wasserstofflinien (der roten, der blauen und der beiden violetten[1]). In einer späteren, erweiterten Fassung besagt das wunderbar genau erfüllte Balmersche Gesetz, daß die Frequenz einer Wasserstofflinie stets gleich ist einer universellen Konstanten, der sogenannten *Rydbergschen Konstanten*, multipliziert mit der Differenz zweier reziproker Quadrate einfacher ganzer Zahlen. Man findet z. B. die Frequenz der roten Wasserstofflinie gleich $5/_{36}$mal der Rydbergschen Konstanten. Nach dem am Ende des vorher-

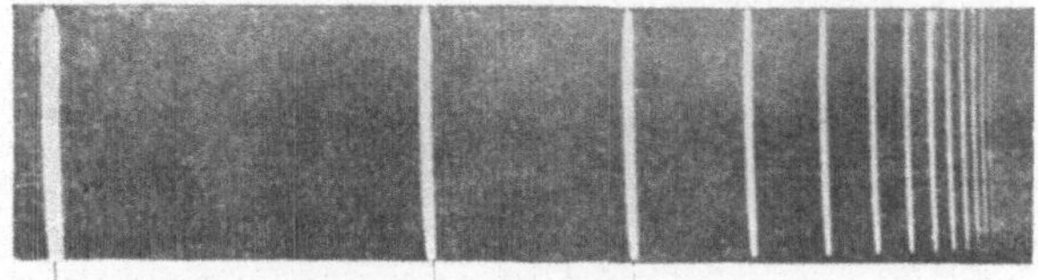

Abb. 70. Balmer-Serie des Wasserstoffs. (Aus Westphal, W. H.: Physik. 3. Aufl. Berlin: Julius Springer 1933.)

gehenden Abschnittes Gesagten erklärt sich also das Balmersche Gesetz vollkommen aus der später aufgestellten Bohrschen Theorie; wir erkennen auch, daß die rote Wasserstofflinie bei der Emission durch Übergang aus dem drei- in den zweiquantigen Zustand entsteht. Die blaue Linie ergibt sich, wenn ein Elektron von einer vier- auf eine zweiquantige Bahn wechselt, und so fort. Auf umgekehrte Weise werden die Absorptionslinien hervorgerufen; so entsteht z. B. diejenige, die der roten Linie entspricht, durch „Hebung" eines Elektrons von einer zwei- auf eine dreiquantige Bahn.

Die Gesamtheit derjenigen Wasserstofflinien, die bei der Emission durch Übergang in einen zweiquantigen Zustand erzeugt werden, stellt die sogenannte optische oder Balmer-Serie des Wasserstoffs dar. Aus dem Balmerschen Gesetz

---

[1] Vgl. die frühere Abb. 9.

folgt, daß diese Linien gegen eine Grenze konvergieren müssen, deren Frequenz gleich ist dem vierten Teile der Rydbergschen Konstanten und die mit einer Wellenlänge von 3647 Å bereits dem Ultraviolett angehört. Abb. 70 zeigt eine photographische Aufnahme der Balmer-Serie, aus der die Konvergenz deutlich ersichtlich ist. Durch Übergang in den einquantigen Grundzustand entsteht eine Wasserstoffserie, die im ferneren Ultraviolett liegt, während diejenigen Serien, die durch Übergang in einen drei-, vier- oder fünfquantigen Zustand hervorgerufen werden und die ebenfalls beobachtet werden konnten, dem Ultrarot angehören.

Nächst dem Wasserstoffspektrum zeichnen sich die Spektren der *Alkalimetalle*, wie Natrium oder Kalium, durch größere Übersichtlichkeit aus. Es ist dies offenbar darin begründet, daß in den Atomen dieser Elemente, worauf auch ihr chemisches Verhalten hinweist, ein einzelnes Elektron besonders locker gebunden ist. Auch die Serien der Alkalimetalle lassen sich durch bestimmte Formeln beschreiben, in denen dieselbe Konstante wie in dem Wasserstoffspektrum (die sogenannte Rydbergsche Konstante) eine fundamentale Rolle spielt. Abb. 71 zeigt als ein Beispiel einen Teil des Kalium-Spektrums.

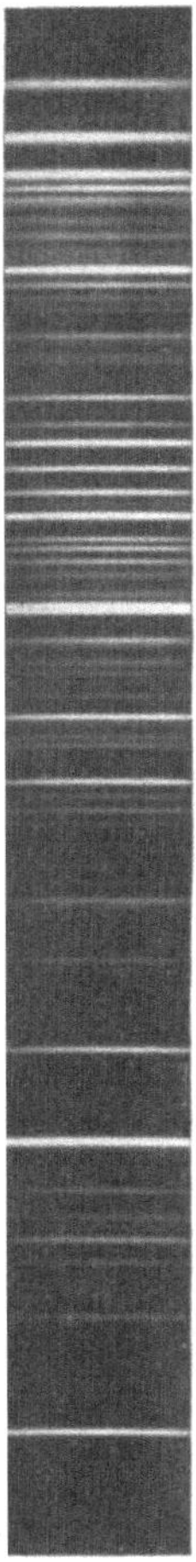

Die Mannigfaltigkeit der Linien ist bei den Alkalimetallen wesentlich größer als bei Wasserstoff, und die Deutung dieser Mannigfaltigkeit ließ erkennen, daß zur Charakterisierung einer Elektronenbahn die bloße Angabe einer Quantenzahl nicht genügt; man muß vielmehr unterscheiden, ob die Elektronenbahn, wie man in einer historisch begründeten Terminologie sagt, eine „s- oder eine p- oder eine d- oder eine f-Bahn" ist. (Diese Buchstaben sind die Anfänge der Worte „scharf", „prinzipal", „diffus" und „fundamental", mittels

Abb. 71. Kalium-Spektrum. (Aus Westphal, W. H.: Physik. 3. Aufl. Berlin: Julius Springer 1933.)

deren man bestimmte Serien bezeichnete[1].) Für die Quantentheorie der Spektren ist nun von entscheidender Bedeutung, daß, wie deduktive Überlegungen in Übereinstimmung mit der Beobachtung zeigen, ein einquantiger Zustand nur ein s-Zustand sein kann, ein zweiquantiger ein s- oder ein p-Zustand, ein dreiquantiger ein s- oder p- oder d-Zustand und ein vierquantiger ein s- oder p- oder d- oder f-Zustand[2].

Die Spektren der zweiten Gruppe des periodischen Systems, der alkalischen Erdmetalle (wie Calcium), sind schon wesentlich komplizierter als die Spektren der ersten Gruppe, und je weiter wir im periodischen System von links nach rechts fortschreiten[3], desto verwickelter werden die Verhältnisse. Eine der glänzendsten Leistungen der Spektraltheorie stellt die glücklich gelungene Entwirrung der äußerst komplizierten Linienspektren der Edelgase und deren Einordnung in Serien dar.

Einen großen Fortschritt bedeutete in der Theorie der Spektren die 1925 durch zwei holländische Physiker Uhlenbeck und Goudsmit gewonnene Erkenntnis, daß man den *Elektronen* eine Rotation um eine Achse zuschreiben muß und daß die Umdrehung den Elektronen die Eigentümlichkeiten kleiner *Magnete* verleiht. Für die Rotation ergeben sich bei gegebener Lage der Achse zwei entgegengesetzte Möglichkeiten, so wie sich auch die Erde bei gleicher Lage der Pole statt von West nach Ost, von Ost nach West drehen könnte.

Die quantentheoretischen Untersuchungen zeigen nun, daß in den beiden Fällen entgegengesetzter Rotation die Energie, mit der das Elektron an das Atom gebunden ist, ein wenig verschieden ist, und hierin liegt, wie Uhlenbeck und Goudsmit erkannten, die Ursache dafür, daß viele Linien, die in minder starken Spektralapparaten einfach erscheinen, sich in stärker auflösenden Apparaten als doppelt oder dreifach oder gar aus noch mehr benachbarten Linien zusammengesetzt erweisen. Die Erforschung dieser sogenannten *Fein-*

---

[1] Die Unterscheidung der verschiedenen optischen Serienarten ist jedoch älter als die Quantentheorie!

[2] Für einen fünfquantigen Zustand gibt es noch eine fünfte Möglichkeit, und so fort.

[3] Vgl. Tabelle 2 in Abschnitt 63.

struktur der Spektrallinien stellte eine ungemein schwierige, großen Scharfsinn und viel Geduld erfordernde Aufgabe dar, die indessen von den Atomphysikern in den Zwanziger-Jahren unseres Jahrhunderts glücklich und recht vollkommen gelöst wurde.

In engstem Zusammenhang mit dem Problem der Feinstruktur stand auch das Studium der Veränderungen, die Spektrallinien in *Magnetfeldern* erfahren. Die dabei eintretende „*Aufspaltung*" in mehrere Linien wurde bereits 1896 von Zeeman entdeckt, und unmittelbar darauf gab auch Lorentz für diese Erscheinung eine Theorie, die, wenn sie auch heute als überholt angesehen werden muß[1], zuerst eine ungefähre Ermittlung der Masse des Elektrons ermöglichte. Eine befriedigende und vollständige Theorie des ungemein komplizierten Zeeman-Effektes wurde erst auf quantentheoretischer Grundlage in der Zeit zwischen 1920 und 1925,

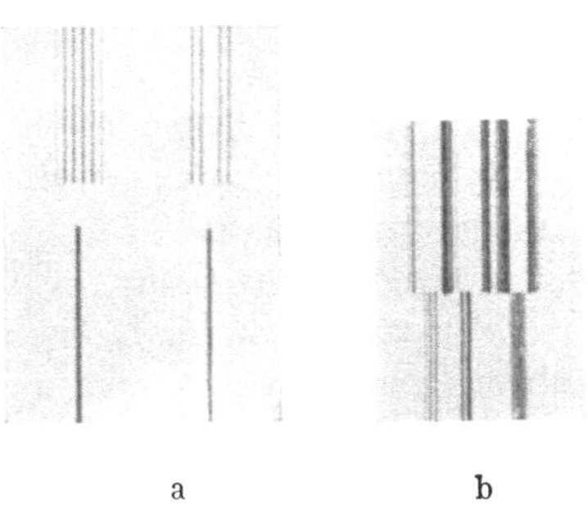

a   b

Abb. 72. Zeeman-Effekt. (Nach Back und Landé, Zeemaneffekt und Multiplettstruktur der Spektrallinien. Berlin: Julius Springer 1925.)

hauptsächlich durch Sommerfeld und Landé, geschaffen. Von der regelmäßigen Schönheit und Präzision des Effektes möge Abb. 72 an zwei Beispielen eine Anschauung gewähren.

Außer in einem Magnetfeld werden Spektrallinien, wie 1913 Stark an Wasserstoff experimentell nachzuweisen vermochte, auch in einem *elektrischen Felde* aufgespalten. Die Abstände zwischen den durch die Aufspaltung entstehenden „Komponenten" und der ursprünglichen Linie erweisen sich dabei als genau ganzzahlige Vielfache einer und derselben Größe; doch treten keineswegs sämtliche ganzen Zahlen auf,

---

[1] Lorentz kannte damals natürlich noch nicht das elementare Wirkungsquantum, das merkwürdigerweise aus den die einfachste Form des Zeeman-Effektes beschreibenden Formeln „herausfällt".

sondern nur ausgewählte „Ordnungszahlen“, die aus der Quantentheorie im voraus berechnet werden können[1]. Für die mehr dem Blau benachbarte unter den beiden violetten Wasserstofflinien[2] sind es z. B. die Zahlen 0, 3, 7, 10, 13, 17 und 20, wenn man den Effekt in der Richtung des elektrischen Feldes, wenn man also den sogenannten Longitudinaleffekt beobachtet. Das Wunderbare ist nun, daß die tatsächlich experimentell beobachteten „Ordnungszahlen“ vollkommen mit den aus der Quantentheorie vorausberechneten übereinstimmen. Der Stark-Effekt der Wasserstofflinien stellt einen der schönsten und überzeugendsten Beweise dafür dar, daß *ganzzahlige* Beziehungen alles atomphysikalische Geschehen beherrschen.

Die Emission von Spektrallinien setzt natürlich ganz allgemein eine vorherige Überführung eines Atoms in einen abnormalen Zustand voraus, in dem die Energie diejenige des Grundzustandes überragt. Am häufigsten erfolgt diese Überführung oder, wie man sagt, die Anregung durch Zusammenstöße mit anderen Atomen infolge der mit wachsender Temperatur immer heftiger werdenden Wärmebewegung. Man spricht in solchen Fällen von einem *Temperaturleuchten*[3]. In starken elektrischen Feldern kann die Anregung durch die Stöße rasch bewegter Ionen erfolgen, worauf das bekannte Leuchten verdünnter Gase in den Entladungsröhren beruht[4]. Einige Edelgase, vor allem *Neon*, geraten schon bei der Spannung des städtischen Lichtnetzes ins Leuchten, weshalb solche mit Edelgasen gefüllte *Glimmlampen* eine weite Verbreitung für Zwecke der Lichtreklame gefunden haben.

Auch durch Absorption von Licht können Atome angeregt werden. Die bekannte Erscheinung der *Fluoreszenz* beruht

---

[1] Selbstverständlich haben diese Ordnungszahlen nicht das geringste mit den Moseleyschen Ordnungszahlen zu tun!

[2] Üblicherweise wird diese Linie durch das Symbol H_γ bezeichnet.

[3] Durch starkes Erhitzen kann natürlich auch Ionisierung herbeigeführt werden.

[4] Elektronenstrahlen, die von der Sonne ausgehen und durch das *magnetische Feld der Erde* in bestimmte Bahnen in den Polarregionen gezwungen werden, rufen das *Polarlicht* (Nord- bzw. Südlicht) hervor, indem sie bei ihrem Eindringen in die Atmosphäre diese zum Leuchten bringen. Die Polarlichter liegen ca. 100 km über der Erdoberfläche.

darauf, daß Atome des leuchtenden Stoffes durch zugestrahltes Licht angeregt werden und stufenweise unter Ausstrahlung in den Grundzustand zurückkehren. Auf diese Weise kann eine ultraviolett bestrahlte Substanz sichtbares Licht aussenden.

Angeregte Atome verharren gewöhnlich nur durch eine ungemein kurze Zeit in ihrem abnormalen Zustand; im allgemeinen ist die *„Verweilzeit"* nur von der Größenordnung einer hundertmillionstel Sekunde. Die Rückkehr in den normalen Zustand kann auch strahlungslos erfolgen, in welchem Falle die frei werdende Energie lediglich den inneren Wärmevorrat des Körpers erhöht.

Wenn ein Atom in den Grundzustand von der nächsthöheren Energiestufe unter Strahlung zurückkehrt, so müssen wir auf Grund der Vorstellung der Lichtquanten erwarten, daß das Produkt aus dem elementaren Wirkungsquantum und der durch die Rückkehr hervorgerufenen spektralen Schwingungszahl gleich ist der Anregungsenergie, wie man sie aus den Versuchen über Elektronenstöße kennt. Man kann also die entsprechende Wellenlänge (bei Natrium handelt es sich z. B. um die bekannte helle gelbe Linie) sowohl direkt spektroskopisch als auch indirekt aus Elektronenstößen ermitteln. Daß durchwegs beide Werte untereinander *übereinstimmen*, bedeutet eine glänzende experimentelle Bestätigung der Grundlagen der Spektraltheorie und der Quantentheorie überhaupt.

69. Der Atombau.

Die quantentheoretischen Prinzipe, zu deren Auffindung die Physiker durch die Erforschung der Linienspektren geführt wurden, lieferten auch den Schlüssel zum Verständnis des *periodischen Grundstoffsystems*. Aus einem allgemeinen, von P a u l i im Jahre 1924 aus spektroskopischen Gesetzmäßigkeiten erschlossenen Grundsatz[1] folgt, daß es in einem

---

[1] Zum ungefähren Verständnis des Paulischen Prinzips sei bemerkt, daß die Kennzeichnung eines Elektrons in quantentheoretischer Hinsicht vier verschiedene Quantenzahlen erfordert. Die erste ist diejenige, die wir hier als Quantenzahl schlechthin bezeichneten, die zweite entspricht unseren

Atom bei gleicher Quantenzahl nicht mehr als zwei s-Elektronen, sechs p-Elektronen, zehn d-Elektronen und vierzehn f-Elektronen geben kann. Andererseits besteht, wie schon erwähnt wurde, für ein einquantiges Elektron nur die s-Möglichkeit, für ein zweiquantiges nur die s- oder p-, für ein dreiquantiges nur die s- oder p- oder d-Möglichkeit und so fort. Infolgedessen kann es in einem Atom höchstens zwei einquantige Elektronen geben, höchstens $2 + 6$ oder 8 zweiquantige, höchstens $2 + 6 + 10$ oder 18 dreiquantige und höchstens $2 + 6 + 10 + 14$ oder 32 vierquantige Elektronen. Die Zahlen 2, 8, 18 und 32, zu denen wir so gelangten, sind aber ganz dieselben wie diejenigen, die die Längen der einzelnen Perioden des Grundstoffsystems (vgl. die frühere Tabelle 2) charakterisieren.

Daß die erste Periode nur zwei Elemente (Wasserstoff und Helium) enthält, verstehen wir nun ohne weiteres als eine notwendige Folge des Paulischen Grundsatzes, der in keinem Atom mehr als zwei einquantige Elektronen zuläßt. Da es auch nicht mehr als acht zweiquantige Elektronen geben kann und in der Tat die zweite Periode acht Grundstoffe umfaßt, so müssen wir wohl annehmen, daß alle acht Elemente der zweiten Periode (Lithium bis Neon) im Grundzustand neben zwei einquantigen Elektronen nur zweiquantige enthalten; ein Neon-Atom enthält z. B. zwei einquantige s-Elektronen, zwei zweiquantige s-Elektronen und sechs zweiquantige p-Elektronen.

In der dritten Periode kommen dann dreiquantige s- und p-Elektronen hinzu. Bevor aber noch die dreiquantigen d-Elektronen hinzutreten, bricht die dritte Periode bereits mit dem achten Element dieser Periode, dem Argon, ab. Erst innerhalb der vierten Periode fügen sich auch die zehn dreiquan-

---

Buchstabensymbolen s, p, d, f, die dritte den beiden entgegengesetzten Möglichkeiten der Elektronenrotation, die vierte endlich der Möglichkeit der magnetischen Aufspaltung. Diese magnetische Quantenzahl kann, wie die Theorie zeigt, bei einem s-Elektron nur einen Wert annehmen, hingegen drei verschiedene bei einem p-, fünf verschiedene bei einem d- und sieben verschiedene bei einem f-Elektron. Das Paulische Prinzip oder „Pauli-Verbot" besagt nun, daß in einem Atom nie zwei Elektronen in allen vier Quantenzahlen übereinstimmen können.

tigen d-Elektronen ein. In ähnlicher Weise erhöht sich die vierquantige Gruppe erst innerhalb der fünften Periode von 8 auf 18 und gar erst innerhalb der sechsten Periode von 18 auf 32, womit sie vollständig wird. Die fünfquantige Gruppe wird in der fünften Periode nur bis zu 8 Elektronen ausgebildet, und erst in der sechsten Periode erhöht sich ihre Zahl auf 18.

Ebenso wie bei dem Wasserstoffatom die Elektronenbahnen um so größer sind, je höher die Quantenzahl ist[1], so stellen auch im allgemeinen in einem Atom die einquantigen Elektronen die innerste und die höchstquantigen die äußerste Gruppe dar. Diese *peripheren Elektronen* sind am lockersten gebunden, weil für sie die Anziehung des entgegengesetzt geladenen positiven Atomkerns zum großen Teil durch die abstoßende Wirkung der gleich geladenen inneren Elektronen kompensiert wird. Die peripheren Elektronen rufen die optischen Spektren hervor, sind aber auch für die *chemische Aktivität* maßgebend; denn diese entspringt einer Tendenz der Atome, durch Abgabe oder Aufnahme von Elektronen eine gewisse Abgeschlossenheit der Gruppierung herbeizuführen. Darum sind auch die Edelgase, die die Perioden des Grundstoffsystems abschließen, in chemischer Hinsicht nahezu völlig passiv.

Auch die merkwürdige Sonderstellung, die im Grundstoffsystem die *seltenen Erden* einnehmen, erklärt sich daraus, daß sich der Einbau der 14 vierquantigen f-Elektronen erst in der sechsten Periode vollzieht, also bei Vorhandensein fünf- und sechsquantiger Elektronen und somit schon ziemlich weit im Innern des Atoms. Darum ändert auch der Einbau dieser 14 Elektronen nicht wesentlich die chemischen und diejenigen physikalischen Eigenschaften, die durch die peripheren Elektronen bedingt sind. Während das 57. Element, das Lanthan, von dem 56., dem Barium, völlig verschieden ist, sind dem Lanthan die nächsten 14 Elemente ziemlich ähnlich, so daß es eben mit dem Lanthan *fünfzehn* seltene Erden gibt. Das Element Nr. 72, nämlich das erst 1922 ent-

---

[1] Für Kreisbahnen wächst im Wasserstoffatom der Radius wie das Quadrat der Quantenzahl.

deckte Hafnium, hat nichts mehr von dem Charakter der seltenen Erden.

Im allgemeinen kennzeichnen die den Alkalimetallen ähnlichen Elemente Kupfer, Silber und Gold (vgl. die frühere Tabelle 2) diejenigen Stellen, bei denen innerhalb der vierten, fünften und sechsten Periode der Ausbau innerer Elektronengruppen bereits abgeschlossen erscheint. Die durch theoretische Deduktionen gewonnenen Anschauungen über den Zusammenhang zwischen Atombau und periodischem System fanden eine vollkommene empirische Bestätigung durch die nähere Untersuchung der *Röntgenspektren*[1]; diese geben vor allem über die inneren Elektronengruppen ähnlichen Aufschluß, wie es die optischen Spektren über die periphere Gruppe tun[2].

Die Quantentheorie des Atoms ermöglichte auch ein tieferes Verständnis derjenigen Erscheinungen, die auf einer Wechselwirkung zwischen Licht und Materie beruhen. Das am längsten bekannte Phänomen dieser Art ist die schon von Newton entdeckte Farbenzerstreuung, die sogenannte *Dispersion* des Lichtes[3]. Eine befriedigende Theorie der Dispersion gelang erst seit etwa 1920 auf Grund der Erkenntnis, daß die Erscheinungen der Farbenzerstreuung keineswegs, wie man zunächst geglaubt hatte, von den wirklichen Umlaufsfrequenzen der Elektronen in den Atomen abhängen, sondern von der Gesamtheit sämtlicher für das Atom möglicher spektraler Schwingungszahlen. Ist die Einwirkung einer Lichtwelle auf ein umlaufendes Elektron genügend stark, so fliegt das Elektron aus dem Atom davon und gibt Anlaß zu dem Phänomen, das wir bereits als *lichtelektrischen Effekt* oder *Photoeffekt* kennenlernten. Auf Zusammenstößen zwischen Lichtquanten und den in den Atomen enthaltenen Elektro-

---

[1] Im Hinblick auf die Unterscheidung einer K-, L-, M- und N-Serie in den Röntgenspektren bezeichnet man auch die einquantige Elektronengruppe als K-Gruppe (oder „K-Schale"), die zweiquantige als L-Gruppe, die drei- und vierquantige als M- und N-Gruppe usw.

[2] Von besonderer Wichtigkeit ist in dieser Hinsicht auch ein Vergleich zwischen dem Spektrum eines neutralen Atoms und dem Spektrum des ionisierten Atoms von nächsthöherer Ordnungszahl.

[3] Vgl. Abschnitt 3.

nen beruht der merkwürdige, im Jahre 1922 durch den amerikanischen Physiker Arthur H. Compton entdeckte und nach ihm benannte Effekt. Er besteht darin, daß bei der Streuung von Röntgenstrahlen durch leichte Grundstoffe eine merkliche Vergrößerung der Wellenlänge auftritt, und zwar in einem Ausmaß, das von der Wellenlänge (also der Härte der Strahlen) unabhängig ist.

Während die Theorie der Atomhülle (also des atomaren „Planetensystems") in ihren Grundzügen abgeschlossen erscheint, ist zur Zeit (1933) die Erforschung der *Struktur der Atomkerne* über die ersten Anfänge noch kaum hinausgelangt. Wohl gewähren die Erscheinungen der Radioaktivität, der Isotopie und der sogenannten Hyperfeinstruktur der Spektrallinien[1] einige Aufschlüsse, auch ist es bereits gelungen, Atomkerne anzuregen und zur Emission von kurzwelligen Strahlen zu veranlassen, aber einstweilen fehlt noch jeder Einblick in Gesetzmäßigkeiten, die etwa denjenigen der chemischen Periodizität zur Seite gestellt werden könnten. Die Schaffung einer Quantenphysik der Atomkerne ist eine der nächsten großen Aufgaben der Physik, für deren glückliche Lösung vielleicht die jüngsten Entdeckungen des Neutrons und des positiven Elektrons einen verheißungsvollen Beginn darstellen.

70. Die Materiewellen.

Da die moderne Theorie der Lichtquanten dem Lichte wesentliche Eigenschaften der Materie, vor allem deren diskontinuierliche Struktur zuschreibt, so lag auch der umgekehrte Gedanke nahe, auf die Materie die vor allem für das Licht charakteristische Eigenschaft, nämlich dessen Wellennatur, zu übertragen. So ist als Gegenstück zu der Theorie der Lichtquanten im Jahre 1924 durch Louis de Broglie die Vorstellung der *Materiewellen* begründet worden. De Bro-

---

[1] In sehr stark auflösenden Apparaten erweisen sich die Spektrallinien mancher Elemente, insbesondere solcher von hohem Atomgewicht, als zusammengesetzt, wobei die Intervalle wesentlich kleiner sind als diejenigen, die durch die Rotationen der Planetenelektronen begründet sind; diese „Hyperfeinstruktur" ist also offenbar auf Wechselwirkungen zwischen den Atomkernen und den Planetenelektronen zurückzuführen.

glie nahm an, daß mit jedem bewegten Materieteilchen eine Welle verknüpft ist, deren *Wellenlänge* sich ergibt, indem man das elementare Wirkungsquantum durch das Produkt aus der Masse und der Geschwindigkeit des Teilchens dividiert.

Wenn diese Vorstellung richtig ist, so müssen ähnliche Interferenzerscheinungen, wie sie bei den Röntgenstrahlen beobachtet sind, auch bei Strahlen feststellbar sein, die aus Elektronen von ungefähr 10 bis 100000 Volt gebildet sind; denn diesen Spannungen entsprechen Geschwindigkeiten zwischen ungefähr 10^8 und 10^{10} cm pro Sekunde und somit zugehörige de Brogliesche Wellenlängen zwischen etwa 10^{-7} und 10^{-9} cm. In der Tat vermochten im Jahre 1927 die amerikanischen Physiker D a v i s s o n und G e r m e r *Elektroneninterferenzen* experimentell nachzuweisen. Sie konnten zeigen, daß Elektronenstrahlen bei ihrem Auftreffen auf *Kristalle* genau so in ausgezeichneten Richtungen reflektiert werden, wie dies seit Laue von den Röntgenstrahlen bekannt war.

Zahlreiche andere Forscher setzten die Experimente Davissons mit Elektronenstrahlen von verschiedenster Voltzahl fort. So beobachteten sie das Auftreten von Beugungsringen bei dem Durchgang von Elektronen durch dünne Metallfolien und durch Glimmerblättchen. R u p p ist es gelungen, an Elektronenstrahlen die Phänomene der *Totalreflexion* und der *Polarisation* zu demonstrieren; ja er vermochte sogar an gewöhnlichen *optischen* Gittern Elektronenbeugungen hervorzurufen und aus ihnen die zugehörigen de Brieschen Wellenlängen in Übereinstimmung mit der Theorie zu ermitteln. Abb. 73 zeigt als ein Beispiel Elektroneninterferenzen an einem Cadmium-Jodid-Kristall. Außer an Elektronenstrahlen wurden später Beugungserscheinungen auch an *Protonen-Strahlen*, ja sogar an Strahlen, die aus *Molekeln* zusammengesetzt sind, nachgewiesen. So können heute Interferenz und Beugung von Materiewellen als ebenso sichere experimentelle Erkenntnisse gelten wie die analogen, längst bekannten Phänomene der Lichtwellen.

Die Annahme der Materiewellen führt, wie schon de Broglie selbst bei der Aufstellung dieser Hypothese zu zeigen ver-

mochte, unmittelbar zu einer für die Atommechanik höchst
bedeutungsvollen Folgerung. Auf Grund der Vorstellung der
Materiewellen erscheinen nämlich periodische Bewegungen in
geschlossenen Bahnen nur dann möglich, wenn die Länge der
geschlossenen Bahn ein ganzzahliges Vielfaches der zugehörigen de Broglieschen Wellenlänge darstellt. Nur dann ist eine
periodische Bewegung möglich, ähnlich wie Töne von bestimmten Wellenlängen nur bei solchen Längen einer Saite
möglich sind, die ganzzahlige Vielfache der betreffenden hal-

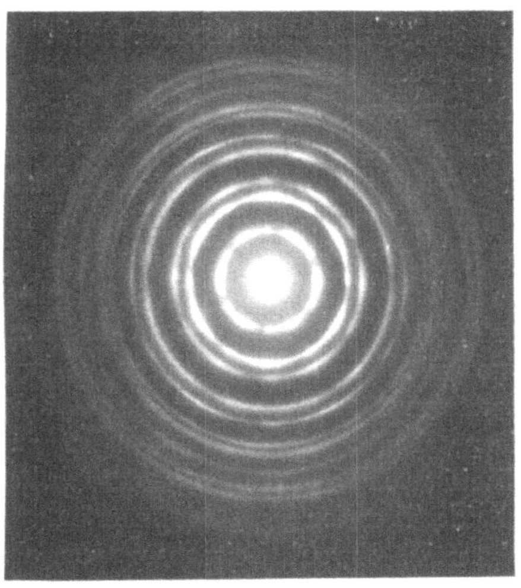

Abb. 73. Elektronen-Interferenzen an Cadmium-Jodid nach F. Kirchner.
(Ergebnisse der exakten Naturwiss. 11. Berlin: Julius Springer 1932.)

ben Wellenlänge sind. Durch die Annahme de Broglies löste
sich so in ungezwungener Weise das fundamentale Rätsel der
Quantentheorie, wieso in den Atomen nur ausgezeichnete
Bahnen möglich erscheinen, für die eine die Bewegung charakterisierende mechanische Größe ein ganzzahliges Vielfaches des elementaren Wirkungsquantums darstellt.

Da die Hypothese der Materiewellen eine weitgehende Analogie zwischen der Ausbreitung von Lichtquanten und von
Materieteilchen herstellte, so lag auch der Gedanke nahe, die
der Lichttheorie eigentümliche Unterscheidung zwischen einer

gröberen geometrischen Strahlenoptik und einer feineren physikalischen Wellenoptik auf das mechanische Gebiet zu übertragen. Schrödinger hat im Jahre 1925 zuerst den Gedanken entwickelt, daß die traditionelle Mechanik in ähnlicher Weise mangelhaft sein könnte wie die Strahlenoptik; daß sie also zwar für größere, wie man sagt, makroskopische Bereiche richtige Ergebnisse liefert, daß sie aber hinsichtlich ihrer Anwendungen auf Bereiche von atomaren Dimensionen durch eine vollkommenere „physikalische“, durch eine „undulatorische“ Mechanik zu ersetzen sei, aus der sich wiederum die traditionelle „Strahlenmechanik“ als Sonderfall ergeben müßte.

Die von Schrödinger in Durchführung dieses Gedankens geschaffene „*Wellenmechanik*“ ist in mathematischer Hinsicht allerdings recht kompliziert; aber sie lieferte die für die Atomphysik fundamentale Energiestufung als notwendige Folge mathematischer Gesetzmäßigkeiten und gestattete es dadurch, eine Fülle rein mathematischer Erkenntnisse, die als fertiges Material schon seit der Mitte des 19. Jahrhunderts vorlagen, ohne weiteres zur Lösung atomphysikalischer Probleme zu verwerten[1]. In einem engen Zusammenhang mit der Schrödingerschen Wellenmechanik steht auch die ungefähr gleichzeitig von Heisenberg entwickelte „*Quantenmechanik*“. Beide Theorien sind, wie man bald darauf feststellte, gleichwertig, obwohl Heisenberg von einer Auffassung ausging, die derjenigen Schrödingers gerade entgegengesetzt war. Schrödinger war bestrebt, eine Brücke von der klassischen zu der atomaren Physik zu schlagen. Heisenberg war umgekehrt von der Überzeugung durchdrungen, daß nur ein völliger Bruch mit den Vorstellungen der klassischen Physik und nur ein völliger Verzicht auf Anschaulichkeit eine Lösung atomphysikalischer Probleme ermöglichen könne.

---

[1] Die Schrödingersche Wellengleichung, die die Grundlage seiner Mechanik bildet, ist eine sogenannte Differentialgleichung von einem Typus, der den Mathematikern schon längst bekannt war und der im allgemeinen endliche Lösungen nur dann zuläßt, wenn in der Gleichung auftretende Größen (Parameter) ganz bestimmte Werte besitzen; diese nennt man die „Eigenwerte“ der Gleichung. Den Eigenwerten der Schrödingerschen Grundgleichung entsprechen aber ganz bestimmte Werte der Energie.

Daß trotz so entgegengesetzter Ausgangspunkte beide Theorien gleichwertig sind, erklärt sich aus der Interpretation, die man, wie Born erkannte, den Materiewellen geben muß. Born deutete die bei Schrödinger völlig abstrakte Größe, die sich in den Materiewellen ähnlich ausbreitet wie etwa die elektrische Feldstärke in den elektromagnetischen Lichtwellen, als die *Wahrscheinlichkeit*, die dafür besteht, daß sich zu einer gegebenen Zeit ein Materieteilchen an einer gegebenen Stelle befindet. Die Wahrscheinlichkeit als solche ist eine statistische Größe, für die die Schrödingersche Anschauung durchaus berechtigt erscheint, während für den statistisch geregelten *Einzelvorgang* als solchen die Heisenbergsche Auffassung zutrifft.

Schon in den Jahren 1926 und 1927 hat die neu entstandene Wellenmechanik[1] ihren großen Nutzen durch mannigfache Anwendungen in der Atomphysik erwiesen; sie sind allerdings zu schwierig, um hier besprochen werden zu können. Eine besonders bemerkenswerte Folgerung, zu der die Wellenmechanik führt, ist die, daß zwischen atommechanischen Vorgängen wegen ihres undulatorischen, also schwingungsartigen Charakters Resonanzerscheinungen möglich sind. Durch Berücksichtigung der *wellenmechanischen Resonanz* ist z. B. Heisenberg eine befriedigende Erklärung für das früher rätselhafte spektroskopische Verhalten des neutralen (also nicht ionisierten) Heliumatoms gelungen; in ihm findet Resonanz zwischen den beiden umlaufenden Planetenelektronen statt.

71. Die Molekeln.

Seit der Begründung der Elektronentheorie lag der Gedanke nahe, die *chemischen* Vorgänge im wesentlichen auf *elektrische* Kräfte zurückzuführen, die zwischen entgegengesetzt geladenen, also ionisierten Atomen wirken. Neben derartigen Bindungen muß die Atomphysik jedenfalls aber auch solche zwischen neutralen Atomen annehmen, und die wich-

---

[1] Die Unterscheidung zwischen Wellen- und Quantenmechanik hat heute natürlich nur noch historische Bedeutung.

tigsten Beispiele von Bindungen der zweiten Art stellen diejenigen zwischen Atomen desselben Grundstoffes dar.

Daß zahlreiche *Grundstoffe zweiatomige Molekeln* besitzen, haben die Chemiker schon im Beginne des 19. Jahrhunderts auf Grund des Avogadroschen *Gesetzes* erkannt, nach dem bei gegebenem Druck und gegebener Temperatur gleiche Volumina verschiedener Gase die *gleiche Zahl von Molekeln* enthalten[1]. Es zeigt sich z. B., daß sich ein Liter Wasserstoff und ein Liter Chlorgas zu zwei Litern Chlorwasserstoffgas verbinden. Gemäß dem Avogadroschen Gesetz müssen nun nach der chemischen Reaktion ebensoviel Chlorwasserstoff-Molekeln vorhanden sein, als die Summe der ursprünglich vorhandenen Wasserstoff- und Chlormolekeln betrug. Da aber die Chlorwasserstoff-Molekeln aus zwei Atomen bestehen müssen, nämlich einem Chlor- und einem Wasserstoffatom, so müssen auch die Molekeln des Chlors und ebenso die des Wasserstoffs, selbst aus je zwei Atomen zusammengesetzt sein[2].

Die moderne Atomtheorie hat nun gezeigt, daß in solchen zweiatomigen Grundstoffmolekeln die *wellenmechanische Resonanz* zwischen den beiden gleichen Atomen eine wesentliche Rolle spielen muß, und dieser physikalischen Erkenntnis verdankt die Chemie die ungemein interessante Entdeckung des *Parawasserstoffs*. Aus spektroskopischen Beobachtungen und quantentheoretischen Überlegungen erkannten 1927 Dennison und Mac Lennan, daß Wasserstoff eine Mischung von zwei verschiedenen Molekelarten darstellen muß: in den sogenannten *Ortho*-Molekeln rotieren die beiden in der Molekel vereinigten Wasserstoffkerne in demselben Sinne, stellen also gleichgerichtete Magnete dar[3]; in den Para-Molekeln rotieren sie entgegengesetzt, so daß sie antiparallele Magnete sind[4]. Aus der Quantentheorie folgte ferner, daß bei normalen Tem-

---

[1] Vgl. Abschnitt 72.

[2] Die Molekeln der Dämpfe der Elemente der ersten Gruppen des periodischen Systems sind fast durchwegs einatomig; bei Phosphor und Arsen wurden vieratomige, bei Schwefel gar achtatomige Molekeln festgestellt. Ozon ist eine dreiatomige Modifikation des Sauerstoffs.

[3] Die Rotation der Protonen ist in diesem Falle von ganz derselben Art wie die früher besprochene Elektronenrotation; vgl. Abschnitt 68.

[4] Also zwar parallel, aber hinsichtlich der Lage der Pole entgegengesetzt!

peraturen dreimal soviel Ortho- wie Para-Molekeln vorhanden
sein müssen, daß aber mit abnehmender Temperatur eine
Anreicherung des Parawasserstoffs stattfindet. Bonhoeffer
und Harteck ist nun im Jahre 1929 in der
Tat bei der Temperatur des flüssigen Wasserstoffs die Gewinnung von praktisch reinem
Parawasserstoff gelungen; sein Nachweis gelingt dadurch, daß er sich vom gewöhnlichen
Wasserstoff (also der normalen Mischung mit
25%igem Para-Anteil) in der spezifischen
Wärme und der Wärmeleitfähigkeit unterscheidet.

Die wichtigsten Aufschlüsse über die Struktur der Molekeln gewähren ganz allgemein
deren Spektren. Die *Molekularspektren* sind
viel komplizierter als die Spektren der Atome;
es ist dies darin begründet, daß sich die
Energie einer Molekel aus drei Bestandteilen
zusammensetzt, deren jeder für sich abgestuft
erscheint. Der erste Bestandteil ist diejenige
Energie, mit der die Molekel selbst rotiert;
der zweite die Energie der Schwingungen, die
innerhalb der Molekel die miteinander verbundenen Atomkerne ausführen; der dritte
Bestandteil rührt von den Umlaufsbewegun-
gen der Elektronen in den Atomen her.

Die Physik kennt in der Tat sogenannte
Rotationsspektren (z. B. bei Wasserdampf),
die durch alleinige Veränderung des ersten
Bestandteils hervorgerufen werden und dem
fernen Ultrarot angehören. Recht gut sind,
namentlich bei den Wasserstoff-Halogen-Verbindungen, die sogenannten *Rotationsschwingungsspektren* erforscht, die im näheren Ultrarot liegen und dann entstehen, wenn sich ohne Änderung der
Elektronenenergie die beiden anderen Bestandteile der molekularen Energie gleichzeitig ändern. Die sogenannten *Bandenspektren*, die dem optischen und dem ultravioletten Gebiete

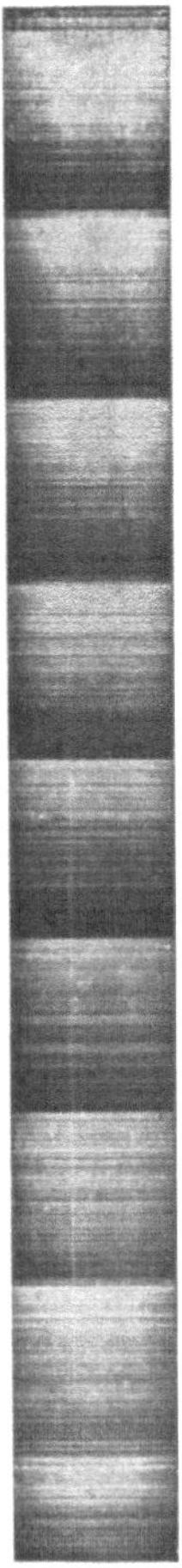

Abb. 74. Spektrum der Jodmolekel. (Aus Handb. d. Physik 21. Herausgeg. von H. Geiger und Karl Scheel. Berlin: Julius Springer 1929.)

angehören, entstehen, wenn gleichzeitige Änderungen aller drei Bestandteile zusammenwirken.

Die Bandenspektren bestehen aus zahlreichen Folgen eng benachbarter, konvergierender Linien. Als ein Beispiel einer Linienfolge eines molekularen Spektrums zeigt Abb. 74 eine Partie aus dem Spektrum der Jod-Molekel (J_2). Die Erforschung der Bandenspektren stellte die theoretische Physik vor noch viel schwierigere Aufgaben als das Studium der Linienspektren der Atome; gleichwohl konnte um das Jahr 1925 eine befriedigende und recht vollkommene Theorie der Molekularspektren geschaffen werden.

Abb. 75. Raman-Effekt nach Raman und Krishnan; oben Spektrum des einfallenden Lichtes, unten Spektrum des an Tetra-Chlor-Kohlenstoff gestreuten Lichtes. (Aus Kohlrausch, K. W. F.: Der Smekal-Raman-Effekt. Berlin: Julius Springer 1931.)

Einen schönen Beweis für die Richtigkeit der spektraltheoretischen Grundvorstellungen liefern die Molekularspektren durch die Möglichkeit einer *optischen* Bestimmung von *Dissoziationswärmen*. Wenn die zweiatomigen Molekeln eines Grundstoffs, z. B. von Joddampf, in Paare einzelner Atome zerfallen, so wird durch diesen Vorgang Dissoziationswärme frei; ihr Betrag, z. B. auf ein Liter bezogen, kann in der üblichen Weise durch thermochemische Messungen ermittelt werden. Die Quantentheorie der Spektren bietet aber nun auch eine Möglichkeit, die Dissoziationswärme indirekt aus den

Eigentümlichkeiten des Spektrums der Molekel zu berechnen. Es hat sich gute Übereinstimmung zwischen den direkt thermochemisch und den indirekt optisch ermittelten Werten ergeben.

Die *molekularen „Eigenfrequenzen"*, mit denen innerhalb der Molekeln die verbundenen Atomkerne schwingen und die, wie schon erwähnt, dem *Ultrarot* angehören, konnten in zahlreichen Fällen aus den Rotationsschwingungsspektren ermittelt werden. Eine viel bequemere Methode zu ihrer Erforschung bietet aber der im Jahre 1928 von einem indischen Physiker entdeckte und nach ihm benannte R a m a n - *Effekt*. Als Raman einfarbiges Licht durch verschiedene Flüssigkeiten hindurchsandte, fand er in dem Spektrum der durch Streuung entstehenden Strahlung scharfe Linien, die gegen die ursprüngliche Strahlung Frequenzunterschiede aufwiesen, die sich als unabhängig von der ursprünglichen Frequenz ergaben. Raman fand auch seine Vermutung bestätigt, daß einige der von ihm festgestellten Frequenzdifferenzen mit bereits bekannten ultraroten Eigenfrequenzen der betreffenden Molekel übereinstimmen. Abb. 75 zeigt als ein Beispiel den Raman-Effekt an Tetra-Chlor-Kohlenstoff (CCl_4). Die eingehende Untersuchung des Raman-Effektes an den mannigfachsten anorganischen und organischen Verbindungen hat in der Tat ein ungeheures Material über die charakteristischen Eigenfrequenzen der Molekeln geliefert.

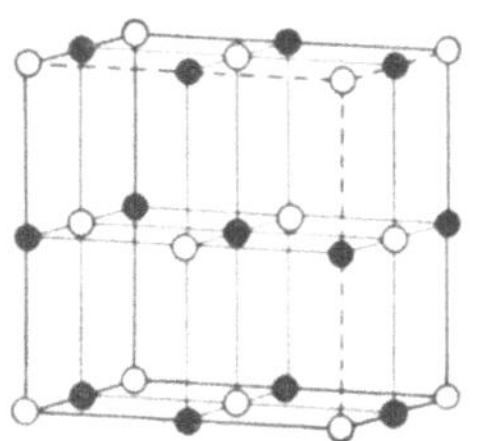

Abb. 76. Gitter des Steinsalzkristalls. (Aus Born, M.: Der Aufbau der Materie. 2. Aufl. Berlin: Julius Springer 1922.)

Als ein besonderer Fall der Molekelbildung sind auch die den *Kristallen* eigentümlichen *Atomgitter* anzusehen. Abb. 76 zeigt als ein Beispiel das Gitter des Steinsalzes (Chlornatriums); die Natrium- und Chlor-Atome sind abwechselnd würfelartig in gleichen Abständen angeordnet; wie man aus der Dichte des Steinsalzes und den absoluten Gewichten der Atome leicht ermitteln konnte, beträgt die Gitterkonstante, nämlich der Abstand zweier unmittelbar benachbarter Atome (verschiedener Art) $2{,}81 \cdot 10^{-8}$ cm. Neben dem überaus einfachen Typus, den das Gitter des Steinsalzes darbietet, gibt es natürlich noch viele andere[1], darunter recht komplizierte; ihre Erforschung auf röntgenspektroskopischer Grundlage wurde 1913 von W. H. und W. L. Bragg (Vater und Sohn) begründet. Die Kristalle stellen eigentlich Riesenmolekeln dar, denen aber gleichwohl wegen der regelmäßigen Anordnung der Atomgitter bestimmte chemische Formeln zugeschrieben werden können.

72. Die kinetische Theorie der Materie.

Schon im Beginne des 19. Jahrhunderts hat Rumford die Auffassung begründet, daß die Wärme mechanischer Natur sei, indem sie auf Bewegungen kleinster Materieteilchen innerhalb der Körper beruhe. Als dann in der Mitte des 19. Jahrhunderts die Äquivalenz von Wärme und mechanischer Arbeit entdeckt wurde, war die Grundlage gegeben, auf der sich seit 1850 die kinetische Theorie der Materie, und zwar zunächst als *kinetische Gastheorie* entwickeln konnte.

Der Grundgedanke der vor allem von Clausius ausgebildeten Gastheorie ist die Vorstellung, daß bei den Gasen die Bewegung der Molekeln eine lediglich fortschreitende ist, ohne daß die Molekeln an bestimmte Gleichgewichtslagen gebunden wären, wie man es bezüglich des festen und flüssigen Aggregatzustandes annahm. Man hat sich daher ein Gas als einen Schwarm von rasch nach allen Richtungen dahinschießenden Teilchen zu denken, die in ihrer Bewegung nur durch die Gefäßwände und durch Zusammenstöße mit anderen Teilchen beeinflußt werden. Die Molekeln selbst dachte man sich als vollkommen elastische Kugeln, die bei Zusammenstößen ihre Bewegungsenergie bewahren und sich sonst geradlinig mit gleichbleibender Geschwindigkeit fortbewegen.

Der *Gasdruck* erscheint nach dieser Auffassung durch das ständige Aufprallen der rasch bewegten Molekeln gegen die

---

[1] Als ein weiteres Beispiel sei noch angeführt, daß sich im Gitter des Diamanten stets je vier beliebig herausgegriffene benachbarte Kohlenstoffatome zu einem Tetraeder vereinigen lassen.

Gefäßwände verursacht. Wird die Dichte eines Gases verdoppelt, so prallen natürlich doppelt soviel Molekeln in der gleichen Zeit auf ein Stück der Wand; der Druck muß also unter sonst gleichen Umständen der Dichte proportional oder, anders ausgedrückt, dem Volumen umgekehrt proportional sein, wie es ja das bereits in der Mitte des 17. Jahrhunderts durch B o y l e empirisch gewonnene Gesetz[1] lehrt.

Die kinetische Gastheorie liefert auch das fundamentale *„Gasgesetz"*, wonach das Produkt aus Druck und Volumen, das bei gegebener Temperatur konstant ist, ganz allgemein gleich ist dem Produkte aus der Anzahl der *„Mole"*, der absoluten Temperatur und einer universellen Konstanten, die als die Gaskonstante bezeichnet wird. Unter einem Mol versteht man eine Menge von so viel Gramm des betreffenden Stoffes, als sein Molekulargewicht beträgt[2]. Umgekehrt folgt natürlich aus dem Gasgesetz, daß bei gegebenem Druck und gegebener Temperatur ein gegebenes Volumen eines beliebigen Gases stets die gleiche Zahl von Molen und somit (wie es das Avogadrosche Gesetz lehrt) die gleiche Zahl von Molekeln enthalten muß (denn die Zahl der Molekeln ergibt sich, indem man die Zahl der Mole mit der Loschmidtschen Zahl[3] multipliziert). In einem Kubikzentimeter sind bei 0^0 und Atmosphärendruck stets $2{,}71 \cdot 10^{19}$ Molekeln enthalten.

Die Temperatur erscheint nach der kinetischen Gastheorie durch den Mittelwert der auf eine einzelne Molekel entfallenden Bewegungsenergie bestimmt; für eine einatomige Molekel ergibt sich nämlich dieser Durchschnittswert gleich dem anderthalbfachen Produkt aus der absoluten Temperatur und der sogenannten B o l t z m a n n schen Konstanten, die man erhält, indem man die Gaskonstante durch die Loschmidtsche Zahl dividiert[4]. Bei einer Temperatur von 0^0 hat z. B. eine ein-

---

[1] Vgl. Abschnitt 41.

[2] Ein Mol Stickstoff (N_2) wiegt z. B., da das Atomgewicht des Stickstoffs 14,008 beträgt, 28,016 Gramm; in 100 Gramm Stickstoff sind somit 3,569 Mole enthalten.

[3] Vgl. Abschnitt 57.

[4] Die Boltzmannsche Konstante spielt auch in dem Boltzmannschen Entropiegesetz (Abschnitt 44) eine wesentliche Rolle. Das Produkt aus ihr und dem (natürlichen) Logarithmus der (entsprechend definierten) statistischen Wahrscheinlichkeit stellt nämlich die Entropie dar.

atomige Molekel eine durchschnittliche Bewegungsenergie von $5,6 \cdot 10^{-14}$ Erg, welches auch immer das einatomige Gas ist.

Die *molekulare Geschwindigkeit*, die mit der Quadratwurzel aus der Temperatur wächst, ist um so größer, je leichter die Molekel ist. Bei 0^0 beträgt sie für Wasserstoff rund 1700, für Stickstoff etwa 450 und für Sauerstoff etwa 420 Meter in der Sekunde. Im Jahre 1920 ist es übrigens S t e r n gelungen, direkt die Geschwindigkeit der einatomigen Molekeln zu messen, die von verdampfendem Metall, wie Silber, in Form von „*Atomstrahlen*" fortfliegen; er fand in der Tat dieselben Werte, wie sie bei der Temperatur des Dampfes aus der kinetischen Gastheorie folgen.

Der Ausbau der Gastheorie führte um das Jahr 1860 zu der Erkenntnis, daß die Molekeln eines Gases bei gewöhnlichem Druck und gewöhnlicher Temperatur einige milliardenmal in der Sekunde mit anderen Molekeln zusammenstoßen; die Strecke, die im Durchschnitt zwischen zwei Zusammenstößen zurückgelegt wird, die sogenannte *freie Weglänge*, ist nur von der Größenordnung von etwa einem hunderttausendstel Zentimeter. Die Berechnung gelang M a x w e l l durch Benutzung der die innere Reibung der Gase betreffenden experimentellen Daten. Indem dann L o s c h m i d t überdies die bei der Verflüssigung der Gase eintretende Volumverringerung berücksichtigte, war er, wie schon erwähnt, 1865 als erster imstande, die absolute Größe der Molekeln und Atome ungefähr zu ermitteln.

Während die kinetische Theorie der Materie die Wärme der Gase auf eine fortschreitende molekulare Bewegung zurückführte, erblickte sie die Ursache der Wärme *fester Körper* in den von den Atomen des Körpers ausgeführten *Schwingungen*[1]. Die sogenannte klassische Theorie hatte ergeben, daß die auf ein Grammatom bezogene spezifische Wärme, die sogenannte *Atomwärme*, bei konstantem Volumen dreimal so groß wie die Gaskonstante sein müsse, ungefähr gleich sechs Kalorien (unter einem Grammatom versteht man dabei eine Menge von soviel Gramm, als das Atomgewicht beträgt).

---

[1] Wir sprechen hier absichtlich von Atomen und nicht von Molekeln, im Hinblick auf die Vorstellung der Atomgitter.

In der Tat hatten schon 1819 auf empirischem Wege Du-
long und Petit gefunden, daß für fast alle festen Körper
die Atomwärme diesen Wert aufweist[1].

Die *Abweichungen* von dem Dulong-Petitschen Gesetz, die
man zunächst bei den leichteren Grundstoffen, wie bei Beryllium und vor allem bei dem Diamanten, und später bei
tiefen Temperaturen bei allen festen Stoffen feststellte[2], fanden eine befriedigende Erklärung, als durch Einstein im
Jahre 1907 die *Quantenvorstellung* in die kinetische Theorie
der Materie eingeführt wurde. Einstein nahm an, daß sich
die Schwingungsenergie der festen Körper aus Energie-
elementen nach Analogie der Lichtquanten zusammensetze
und ein einzelnes Energieelement dem Produkt aus dem elementaren Wirkungsquantum und der Frequenz der Atom-
schwingungen gleich sei[3]. Aus der „Quantenstatistik", die
derart in der kinetischen Theorie der Materie die frühere,
minder genaue „klassische" Statistik ersetzte, ließen sich in
der Tat die angegebenen scheinbaren Anomalien deduzieren.
Die für sie maßgebenden atomaren Frequenzen decken sich
natürlich mit bestimmten, optisch ermittelten Schwingungszahlen, wodurch sich interessante Zusammenhänge zwischen
Wärmelehre und Spektroskopie ergeben; andererseits wurden
auch Zusammenhänge zwischen diesen Frequenzen und den
elastischen Eigenschaften der festen Körper klar. Die feinere
kinetische Theorie der festen Körper muß natürlich von den
schon erwähnten Atomgittern ihren Ausgang nehmen.

Sehr deutlich offenbart sich der innere Bewegungszustand
der Materie in der sogenannten Brownschen *Bewegung*.
Kleine in einer Flüssigkeit oder in einem Gase schwebende
Teilchen führen, wie zuerst 1827 der Botaniker Brown an
winzigen, in Wasser schwimmenden Pflanzenpollenkörnern
erkannte[4], lebhafte und unregelmäßige Zickzackbewegungen

---

[1] Tatsächlich wird die spezifische Wärme bei konstantem Druck gemessen, die den für die spezifische Wärme bei konstantem Volumen geltenden
Wert der dreifachen Gaskonstanten um etwa 10 v. H. übersteigt.

[2] Vgl. Abschnitt 48.

[3] Je leichter ein Atom ist, desto größer sind die Frequenz und die Energieelemente; darum sind auch die Anomalien bei den leichten Elementen besonders stark.

[4] Die Lineardimension solcher Teilchen beträgt etwa $1/_{200}$ mm.

aus. Diese stellen allerdings nicht die eigentlichen, durch die Wärme verursachten Lagenschwankungen des Teilchens dar, welche sich durch ihre Schnelligkeit der Beobachtung entziehen; wohl aber äußern sich in der Brownschen Bewegung die Verschiebungen, die in solchen Intervallen resultieren, die das menschliche Auge noch zu unterscheiden vermag. Die Theorie der Brownschen Bewegung gestattet es übrigens, aus den beobachteten resultierenden Verschiebungen die Loschmidtsche Zahl mit großer Genauigkeit zu berechnen.

73. Die Metalle.

Als gegen Ende des 19. Jahrhunderts die Vorstellung der Elektronen zu einer sicheren Erkenntnis der Physik wurde, befestigte sich immer mehr die Auffassung, daß das eigentümliche Verhalten, das in elektrischer Hinsicht die *Metalle* zeigen, auf das Vorhandensein *freier Elektronen* in ihrem Innern zurückzuführen sei. D r u d e hat im Jahre 1900 zuerst versucht, diese Vorstellung zu einer umfassenden Theorie auszugestalten, indem er *gastheoretische* Methoden auf die freien Elektronen anwandte.

Die Drudesche Theorie lieferte eine sehr einfache und plausible Ableitung des schon in einem früheren Abschnitt[1] kurz erwähnten Wiedemann-Franzschen Gesetzes, wonach das Verhältnis zwischen dem Wärmeleitvermögen und der elektrischen Leitfähigkeit eines Metalls gleich ist dem Produkte aus der absoluten Temperatur und einem von der Natur des Metalls unabhängigen universellen Faktor. Das Gesetz ergab sich in der Drudeschen Theorie aus der Erkenntnis, daß jeder Schwarm von Elektronen sowohl elektrische Ladungen als auch Bewegungsenergie mit sich führt und somit gleichzeitig einen elektrischen Strom und einen Wärmestrom darstellt.

Gleichwohl sah sich die Drudesche Elektronentheorie der Metalle einer scheinbar unüberwindlichen Schwierigkeit gegenüber. Nach der klassischen Statistik müßte nämlich ein freies Elektron dieselbe durchschnittliche Bewegungsenergie

---

[1] Vgl. Abschnitt 49.

258

wie eine einatomige Molekel besitzen, und da die Zahl der
freien Elektronen kaum wesentlich kleiner als die Zahl der
Metallatome angenommen werden kann, müßten die freien
Elektronen einen merklichen Beitrag zu der Wärme der
Metalle liefern. Da eine solche Folgerung in offenkundigem
Widerspruch zu der Erfahrung steht, geriet die Drudesche
Metalltheorie allmählich in Vergessenheit. Ihre Wieder-
erweckung verdankte sie erst neuen quantentheoretischen
Ideen, die im Jahre 1926 durch Fermi in die theoretische
Physik eingeführt wurden. Auf der Grundlage der soge-
nannten *Fermi-Statistik* hat im Jahre 1927 Sommerfeld
eine neue Metalltheorie begründet, die die erwähnte Schwierigkeit nicht kennt und der seitdem eine erfolgreiche Entwicklung beschieden war.

Aus der Fermi-Statistik, auf deren etwas schwierige Einzelheiten hier nicht eingegangen werden kann[1], ergab sich
nämlich die wichtige Folgerung, daß auch bei noch so weit-
gehender Annäherung an den absoluten Nullpunkt Energie
und Druck eines Gases oberhalb einer gewissen „Nullpunkts-
energie“ und oberhalb eines gewissen „Nullpunktsdrucks“
bleiben müssen. Die Folge hiervon ist auch bei vollkommenen
Gasen das Auftreten gewisser „Entartungserscheinungen“.
Während sich aber diese bei wirklichen Gasen nur bei sehr
hohem Druck und Temperaturen von ganz wenigen Graden
über dem Nullpunkt, also unter schwer realisierbaren Versuchsbedingungen, offenbaren könnten, muß nach der Fermi-
Statistik das „Elektronengas“ auch schon bei gewöhnlicher
und selbst bei höherer Temperatur völlig entartet sein. Es ist
dies darin begründet, daß die Masse eines Elektrons rund
4000mal geringer als diejenige der leichtesten Molekel ist.

Für den inneren Druck des Elektronengases ergibt die
Theorie den überraschend hohen Wert von etwa 100 000 atm.,
und man kann daraus ersehen, daß beträchtliche Kräfte von
dem Atomgitter der Metalle ausgeübt werden müssen, um
die Elektronen am Entweichen aus dem Metall zu verhindern.
Die spezifische Wärme des Elektronengases ergibt sich rund

---

[1] Die Fermi-Statistik knüpft an das früher (Abschnitt 69) erwähnte
Paulische Prinzip an.

70mal kleiner, als sie nach der klassischen Statistik zu erwarten ist; dadurch entfällt völlig die Schwierigkeit, die für die klassische Metalltheorie unüberwindlich gewesen war.

Zu den durch die Annahme eines entarteten Elektronengases gut erklärbaren Erscheinungen gehören, wie schon erwähnt, die Elektrizitäts- und die Wärmeleitung der Metalle; ferner die schon mehrmals erörterte und für die Radiotechnik so wichtige Elektronenaussendung durch glühende Metalle; dann das magnetische Verhalten der Metalle und vor allem auch die thermo-elektrischen und die thermo-magnetischen Effekte, unter denen die schon vor langer Zeit von Seebeck und von Peltier entdeckten am wichtigsten sind. Seebeck hatte schon 1821 gefunden, daß in einem aus zwei verschiedenen Metallen zusammengefügten Leiterkreis ein *„thermoelektrischer"* Strom dann auftritt, wenn die beiden Lötstellen verschiedene Temperatur haben. Umgekehrt hatte 1834 Peltier entdeckt, daß in einem aus zwei Metallen gebildeten Leiterkreis, bei dem Fließen eines Stromes, an der einen Lötstelle Erwärmung und an der anderen Abkühlung eintritt.

74. Die Unbestimmtheit des atomaren Geschehens.

Die moderne theoretische Physik ist, wie wir bei vielen Gelegenheiten sahen, auf der Vorstellung aufgebaut, daß sich bei allen Prozessen die Wirkung, die durch ein Produkt aus einer Länge, einer Masse und einer Geschwindigkeit darstellbar ist[1], ganzzahlig aus elementaren Quanten zusammensetzt. Aus dieser Vorstellung ergibt sich nun, wie im Jahre 1927 Heisenberg entdeckte, die für die moderne physikalische Weltanschauung fundamentale Erkenntnis, daß es unmöglich ist, das mechanische Verhalten eines materiellen Urteilchens, also z. B. eines *Elektrons,* genau zu beschreiben. Eine solche Beschreibung erfordert nämlich eine genaue Bestimmung sowohl der Lage als auch des „Impulses", wenn wir unter letzterem in üblicher Weise das Produkt aus Masse und Geschwindigkeit verstehen. Die Quantentheorie führt indessen zu der Folgerung, daß bei jedem Versuche einer gleichzeiti-

---

[1] Man denke z. B. an die Festlegung der Elektronenbahn im Wasserstoffatom; s. Abschnitt 67.

gen Bestimmung von Lage und Impuls das Produkt der *Ungenauigkeiten*, mit denen die beiden Bestimmungen behaftet sind, notwendigerweise gleich sein müsse dem elementaren Wirkungsquantum, dividiert durch die Zahl 2π. Eine besondere Schärfe in der Lagenbestimmung muß daher mit einer besonderen Unschärfe in der Impulsbestimmung erkauft werden und umgekehrt. Keinesfalls können beide Bestimmungen zugleich scharf sein.

Wenn auch die dadurch bedingte „Unbestimmtheit" für die praktische Physik bedeutungslos ist, so ist sie doch von entscheidender Bedeutung für alle Prozesse, die sich innerhalb der Atome abspielen. Für solche Vorgänge erweist sich nämlich die unvermeidliche Ungenauigkeit als ebenso groß wie das, was wir innerhalb der Atome messen wollen. Im Bereiche der Atome verlieren infolgedessen die Begriffe der gewöhnlichen Mechanik ihren Sinn. Es erscheint *unmöglich*, die Elektronen zu *lokalisieren* oder ihnen eine bestimmte *Gestalt* oder *Umgrenzung* zuzuschreiben. Wohl war es unserem Zeitalter beschieden, die Hypothese der Atome zu einer völlig gesicherten Erkenntnis der Physik zu gestalten; das Heisenbergsche Ungenauigkeitsprinzip hat indessen die Physiker davon überzeugt, daß Wirklichkeit den Atomen nur in einem anderen Sinne zugeschrieben werden kann als den Gegenständen, die uns im alltäglichen Leben umgeben und deren wir durch unsere Sinnesorgane gewahr werden.

Als ein unerschütterliches Dogma der Physik war nun stets das *Kausalitätsprinzip* angesehen worden, nach dem durch den augenblicklichen Zustand eines physikalischen Systems alle seine zukünftigen Zustände ebenfalls bestimmt sind. Wenn aber der gegenwärtige Zustand notwendigerweise indeterminiert sein muß, wird natürlich auch das Kausalitätsprinzip gegenstandslos. Ein großer Teil der Physiker neigt heute der Auffassung zu, daß es in der Natur überhaupt keine andere Gesetzlichkeit als eine rein statistische gibt und keine anderen determinierbaren Größen als solche, die aus statistischen Gründen den an sich willkürlichen und zufälligen Individualprozessen der Physik zuzuordnen sind.

75. Masse und Energie.

Zu den wichtigsten Begriffen der Naturlehre gehören die der *Masse* und der *Energie,* seit in dem Prinzip der Erhaltung der Masse das Fundament der Chemie und in dem Satze von der Erhaltung der Energie das Fundament der Physik errichtet worden war; doch erst dem Beginne des 20. Jahrhunderts war die Erkenntnis der *Identität* der beiden so bedeutungsvollen Begriffe beschieden. Ihren Ausgang nahm diese Erkenntnis von der Einsteinschen Relativitätstheorie, und die empirische Grundlage dieser Theorie bildete wieder die im Jahre 1881 durch den amerikanischen Physiker Michelson festgestellte Tatsache, daß die Erdbewegung keinerlei Einfluß auf die Lichtausbreitung hat[1].

Aus dem Michelsonschen Experiment leitete im Jahre 1905 Einstein sein berühmtes *Relativitätsprinzip* ab. Es besagt, daß die *Zeitangaben,* mittels deren ein physikalischer Vorgang beschrieben wird, relativ und von dem Standpunkt des beschreibenden Beobachters abhängig sind; daß aber die Zeitangaben durch die Forderung bedingt sind, daß sich für jeden Beobachter das Licht stets nach allen Richtungen mit derselben konstanten Geschwindigkeit ausbreiten muß[2].

Aus dem Relativitätsprinzip ergaben sich nun, wie Einstein zeigen konnte, mehrere für die Physik sehr bedeutungsvolle Folgerungen. Hierzu gehört zunächst der Satz, daß eine *mechanische Geschwindigkeit* die *Lichtgeschwindigkeit* nicht völlig erreichen und noch weniger sie je übersteigen kann. In der Tat haben Messungen an Beta-Strahlen für deren Geschwindigkeiten Werte bis zu etwa 99,8 v. H. der Lichtgeschwindigkeit, aber nicht darüber hinaus ergeben.

Eine weitere wichtige Folgerung, zu der das Relativitätsprinzip führt, ist die, daß die *Masse* eines bewegten Körpers von seiner *Geschwindigkeit* abhängt. Wenn sich die Geschwindigkeit der Lichtgeschwindigkeit nähert, so *wächst* die Masse

---

[1] Der Michelsonsche Versuch wurde mehrmals wiederholt, so mit besonderer Genauigkeit im Jahre 1929.

[2] In der ursprünglichen, der sogenannten „speziellen“ Relativitätstheorie aus dem Jahre 1905 galt dieses Prinzip allerdings nur für zwei gleichförmig gegeneinander bewegte Beobachter. Erst 1915 gelang Einstein die Aufstellung einer „allgemeinen“ Relativitätstheorie.

sehr rasch, derart, daß ein Beobachter einem Körper, der gegen ihn mit Lichtgeschwindigkeit bewegt wäre, eine unendlich große Masse zuschreiben müßte. Nach der relativistischen Massenformel muß bei einer Geschwindigkeit vom halben Werte der Lichtgeschwindigkeit die Masse bereits um 15 Prozent größer als bei langsamen Bewegungen sein, während bei einer Schnelligkeit von 99,8 Prozent der Lichtgeschwindigkeit die Masse gar auf das 16fache der normalen steigen muß. Die relativistische Massenformel erscheint in der Tat durch Messungen an Beta-Strahlen gut bestätigt[1].

Das Relativitätsprinzip führt schließlich, wie Einstein erkannte, auch zu der bedeutungsvollen Erkenntnis, daß jede *Änderung der Energie* eines Körpers zugleich seine *Masse* ändert, und zwar um einen Betrag, der gleich ist der durch das *Quadrat der Lichtgeschwindigkeit* dividierten Energieänderung. Vermindert sich z. B. der Energieinhalt eines Körpers durch Wärmeausstrahlung, so vermindert sich dabei auch seine Masse in dem angegebenen Ausmaß; umgekehrt erhöht sie sich durch Absorption von Strahlung.

Hieraus ergab sich die weitere Folgerung, daß überhaupt jeder Energie als solcher Masse und umgekehrt jeder Masse eine sogenannte *Eigenenergie* zukommt; sie ergibt sich durch Multiplikation der Masse mit dem Quadrate der Lichtgeschwindigkeit. Masse und Energie werden zu identischen Begriffen, die nur ein universeller Proportionalitätsfaktor unterscheidet. Der einst von Lavoisier aufgestellte Satz von der Erhaltung der Masse und der Mayer-Joulesche Satz von der Erhaltung der Energie wurden so durch die Relativitätstheorie zu einem einzigen Prinzip verschmolzen. Als Konstante erscheint nach der neuen Auffassung die Summe aus der gesamten im Universum enthaltenen Energie und aus der mit dem Quadrate der Lichtgeschwindigkeit multiplizierten Gesamtmasse der Welt.

Die mit beobachtbaren Energieänderungen verbundenen Massenänderungen sind allerdings viel zu klein, als daß sie

---

wahrgenommen und gemessen werden könnten; aber gleichwohl ist der Satz von der Masse der Energie von großer Wichtigkeit für die Physik der *Atomkerne*. Berechnet man das Massenäquivalent der Bewegungsenergie eines von einem radioaktiven Atom fortgeschleuderten Alpha-Teilchens, so findet man hierfür fast ein Prozent von der Masse eines Wasserstoffatoms. Die innere Energie der Atomkerne ist somit wohl so groß, daß ihr Massenäquivalent einen merklichen Einfluß auf das *Atomgewicht* haben kann. Während die groben Abweichungen der Atomgewichte von der Ganzzahligkeit durch die Entdeckung der Isotopie ihre Aufklärung fanden, erscheinen die geringen Abweichungen, die auch die Massenzahlen der einzelnen Isotopen zeigen, durch den relativitätstheoretischen Satz von der Masse der Energie begründet. Umgekehrt ermöglicht eine Vergleichung von Atomgewichten eine Bestimmung der inneren Energie der Kerne.

In jedem Gramm der Materie schlummert an Eigenenergie der ungeheure Betrag von $9 \cdot 10^{20}$ Erg oder rund 20 Billionen Kalorien. Stellen wir uns vor, daß wir eine Wundermaschine besitzen würden, die durch die Eigenenergie von irgendwelchem in die Maschine eingeführten Stoff betrieben werden könnte! Es würde dann genügen, in diese Maschine stündlich einige wenige Gramm von irgendeiner Substanz, Stahl oder Wolle oder Wasser oder gar Luft, einzuführen, um eine ebenso große Zahl von Pferdestärken zu gewinnen wie aus den riesigsten Wasserkraftwerken der Gegenwart.

76. Das Weltall.

Ebenso wie die Frage der Kleinheit der Atome hat seit den frühesten Zeiten auch das entgegengesetzte Problem die Physiker und Philosophen lebhaft beschäftigt, nämlich die Frage der *Größe des Weltalls*. Es muß als ein besonderer Erfolg der modernen Physik angesehen werden, daß sie in der Beantwortung dieser Frage vage Spekulationen durch exakte Gedankengänge und sogar durch zahlenmäßige Angaben zu ersetzen vermochte.

Das astronomische Weltbild hat sich seit etwa 1910 in einem raschen, früher kaum geahnten Tempo erweitert. Immer größer und gewaltiger wurden die Distanzen, bis zu denen die exakte Forschung vordrang, und immer mehr schrumpfte im Vergleiche mit ihnen die an sich enorme Entfernung zusammen, die die Sonne von der Erde trennt. Etwa 8 Minuten braucht das Licht von der Sonne zu uns — zur Zurücklegung von 150 Millionen Kilometern —, etwa 4 Jahre von dem nächsten Fixstern und 850 000 Jahre von dem noch mit freiem Auge sichtbaren Andromeda-Nebel, einem der nächsten der bereits außerhalb des Milchstraßensystems liegenden Objekte, die uns meist in der Form von *Spiralnebeln* erscheinen. Seit etwa 1930 konnten bei manchen Nebeln bereits Entfernungen gemessen werden, zu deren Zurücklegung das Licht 100 bis 200 Millionen Jahre benötigt. Zu solchen Distanzen verhält sich der Abstand zwischen Erde und Sonne ungefähr so wie zu diesem Abstand die Breite eines Fingers.

Doch nicht nur durch die Feststellung so ungeheurer Entfernungen wurde die Vorstellung des Weltalls in entscheidender Weise beeinflußt; in noch höherem Grade geschah dies durch die Untersuchung des Doppler-Effektes der Spiralnebel, wodurch, wie schon erwähnt[1], der Entfernung proportionale *Fliehgeschwindigkeiten* bis zu 24 000 Kilometer in der Sekunde (gleich 8 Prozent der Lichtgeschwindigkeit) offenbar wurden. Die Fliehgeschwindigkeit erweist sich gleich 180 km pro Sekunde, multipliziert mit der in Millionen Lichtjahren ausgedrückten Entfernung.

Hieraus folgt nun, daß sich alle Distanzen im Weltall innerhalb einer Million Jahre um den 1700sten Teil ihrer selbst vergrößern oder, anders ausgedrückt, sich innerhalb von etwa 1300 Millionen Jahren verdoppeln. Dies bedeutet eine recht stürmische *Expansion des Weltalls;* denn die Entfernung des fernsten gemessenen Nebels nimmt alle zwei Stunden um eine Strecke zu, die dem Abstand zwischen Erde und Sonne gleich ist.

Die physikalische Theorie des sich expandierenden Universums führte auf der Grundlage der Einsteinschen relati-

---

[1] Vgl. Abschnitt 9.

vistischen *Gravitationstheorie*[1] zu einer verhältnismäßig einfachen Beziehung, die es gestattet, die *Gesamtmasse der Welt* unter der Voraussetzung der Richtigkeit dieser Theorie zu berechnen. Man findet hierfür $2 \cdot 10^{55}$ Gramm. Die Weltmasse erweist sich etwa zehn Billionen (10^{13}) mal so groß wie die durchschnittliche Masse eines Spiralnebels und etwa 10^{22} mal so groß wie die ungeheure Masse der Sonne. Für die Gesamtzahl der Elektronen in der Welt finden wir etwa 10^{79}.

Während in den Jahren 1917 bis 1932 die Physiker eher geneigt waren, einen in sich geschlossenen Raum in dreidimensionaler Analogie zur zweidimensionalen Kugelfläche anzunehmen[2], scheint sich gegenwärtig (1933) unter dem Eindruck neu entstandener Theorien eher eine Abkehr von dieser Auffassung vorzubereiten.

Ein sehr schwieriges Problem stellt der physikalischen Kosmologie die Frage des *Alters der Welt* dar. Physiker und Astronomen fanden durch verschiedene Überlegungen, daß die Expansion des Weltalls erst vor etwa einer oder einigen wenigen Milliarden Jahren begonnen haben kann. Das wäre nicht viel mehr als das Alter irdischer Mineralien; aber es ist sehr merkwürdig, daß, wie schon erwähnt wurde[3], auch Bestimmungen an Meteoren, die von außen in unser Sonnensystem kamen, kein höheres Alter ergaben.

Das Problem der Struktur des Weltalls gehört wohl zu den interessantesten Gegenwartsfragen der Physik; aber wohl für keinen Zweig der Physik treffen mehr als für die Kosmologie die Worte Goethes zu, daß es das höchste Glück des denkenden Menschen sei, das Erforschliche erforscht zu haben und das Unerforschliche ruhig zu verehren.

---

[1] Die auch als allgemeine Relativitätstheorie bezeichnete Einsteinsche Gravitationstheorie entstand 1915.

[2] Selbstverständlich ist es unmöglich, eine Anschauung mit einer solchen abstrakten Vorstellung zu verbinden.

[3] Vgl. Abschnitt 64.

Namenverzeichnis.

Sachverzeichnis.